パワー・オブ・ネットワーク

人々をつなぎ社会を動かす6つの原則

CHRISTOPHER G. BRINTON & MUNG CHIANG

THE POWER OF NETWORKS

SIX PRINCIPLES THAT CONNECT OUR LIVES

共訳
臼井翔平
鬼頭朋見
浅谷公威
坂本陽平
高野雅典
伏見卓恭
池田圭佑

解説
鳥海不二夫

共著
クリストファー・G・ブリントン
ムン・チャン

森北出版

●本書のサポート情報を当社 Web サイトに掲載する場合があります.
下記の URL にアクセスし，サポートの案内をご覧ください.

http://www.morikita.co.jp/support/

●本書の内容に関するご質問は，森北出版 出版部「(書名を明記)」係宛に書面にて，もしくは下記の e-mail アドレスまでお願いします. なお，電話でのご質問には応じかねますので，あらかじめご了承ください.

editor@morikita.co.jp

●本書により得られた情報の使用から生じるいかなる損害についても，当社および本書の著者は責任を負わないものとします.

ケイトとサミーに　――クリス

ノヴィア、オーガスタン、ヴィヴィアに　――ムン

まえがき

今の時代，ネットワークはいたるところにあります．私たちが思いもよらないような場所にもネットワークは存在しています．Facebook 上で誰と友達であるか，またどうやって私たちのメッセージがインターネットを通じてほんの数ミリ秒で伝達されるかなど，ありとあらゆる興味深い話の基礎には——社会ネットワークであれ，通信ネットワークあるいは経済ネットワークであれ——ネットワークがあるのです．おすすめの映画の提示，デバイスの電力レベルの制御，ビデオクリップのバイラル化（大流行）等，一見それぞれ異なるようですが，これらやその他の機能の仕組みの内部には，あらゆる種類のネットワークに共通して見られる 6 つの隠れた原則があります．

本書では，これらの原則とネットワークがもつパワーについて，誰にでもわかりやすい言葉で説明します．ネットワークの数学的な詳細や技術的な仕様については，すでに多くの素晴らしい本のなかで解説されています．本書にはそのような解説は出てきません．その代わりに，ネットワークの背景にある主要なアイディアについて，物語や挿絵，たとえ話を用います．さらに，グーグルのエリック・シュミット，ベライゾン・ワイヤレスの元 CEO であるデニス・ストリグル，「インターネットの父」と呼ばれるヴィントン・サーフとロバート・カーンとの対談を含む歴史的なエピソードも交えて説明していきます．挿絵は，文章を補足するために 200 点近く用いられています．また，ネットワークを日常生活のなかのさまざまな出来事になぞらえた比喩もたくさん登場します．郵便制度とインターネットルーティング，交通渋滞とネットワークの混雑，一時停止標識と WiFi のランダムアクセス，といった具合で，きっと読者の皆さんはこれらがいかに似ているかに驚くことでしょう．

本書でも数学をまったく扱わないわけではありません．数値を用いた例は，ネットワークがどのように動いているかを理解するのに非常に役立ちます．とはいえ，ここで用いるのは足し算や掛け算といった基本的な演算だけで，それより複雑な計算は出てきません．この本を読むにあたって必要なのは学ぶ意欲だけです．

*

本書は 6 部から構成されています．各部はそれぞれ，私たちの生活をつなぐネットワーキングの 6 つの原則に対応しています．さらに各部を構成する 2 ～ 3 の章では，その原則についての興味深い話題が紹介されています．

さて，6 つの原則とはいったい何なのでしょうか．それらはネットワークがどう設計され，構築され，管理運営されているのかを大きくまとめたもので，それぞれシンプルなフレーズで表現されます．

1 つ目の原則は『共有は難しい（第 I 部）』です．携帯電話で通話をしたり WiFi を用いてインターネットのページを閲覧したりする際には，電波などのネットワーク媒体を他の多くの利用者と共有しなくてはなりません．他の人の接続を邪魔することなくそのような共有を実現するには，携帯電話の伝送レベルの制御からデータ送信に対する課金にいたるまで，さまざまな共有と調整に関する効果的な技術が求められます．

2 つ目の原則は『ランキングは難しい（第 II 部）』です．今日の多くのウェブサイトは，項目を効率的にランキングするために，大量の生データを解析しなくてはなりません．Google のような検索エンジンは，検索結果をどのような順番で表示しているのでしょうか？　ウェブサイトは，どのようにして広告主に広告スペースを割り当てているのでしょうか？　こうしたランキングは，ランクをつける項目の性質が複雑になればなるほど困難になります．

3 つ目の原則は『群衆は賢い（第 III 部）』です．アマゾンや Netflix のようなオンラインの小売業者やエンターテインメント会社は，非常に多くの顧客をもっています．この大きな「群衆」の意見を，製品の評価や推薦をもっと正確で有用なものにするために活用することはできるでしょうか？　答えは「イエス」です．しかしそのためには，群衆の意見について，そしてそれらの意見がどのように生成されたのかについて，一定の仮定をおく必要があります．

その仮定が成り立たないときに考慮すべきなのが，4つ目の原則『群衆はあまり賢くない（第Ⅳ部）』です．インターネットや口コミを通してビデオクリップが急速に広まるのは，人々が互いの行動や意思決定に影響を及ぼし合うからです．社会ネットワークのなかでは，特定の人が他の人よりも影響力をもっているのですが，ではどのような人に影響力があるかというと，必ずしも私たちの直感どおりの人でなかったりすることを見ていきます．

『分割統治（第Ⅴ部）』が5つ目の原則です．インターネットが，その機能——ルーティングや誤り訂正など——と規模の両方を効率的にスケールアップできるのは，この概念によります．インターネットは地理的な面でも機能的な面でも，小さな要素にうまく分割されており，それぞれの要素が別々に統治できるようになっているのです．

そして最後6つ目の『エンド・ツー・エンド（第Ⅵ部）』は，ネットワークが大きな空間でどのように動作するのかに関する原則です．私たちがもっている端末は，インターネットのなかでさまざまな機能（たとえば輻輳制御など）がはたしてどのように実現されているのかについて，たいていの場合は知らないですし，知る必要もありません．ネットワーク上のどこでジョブが実行されているのかだけが重要なのです．

＊

本文全体を通して，本書のウェブサイト：www.powerofnetworks.org への参照が何度か出てきます．ここには章ごとにQ&Aがまとめられていて，各章の内容を補足する情報が載っています．もしも文中で紹介する例や歴史，あるいは各原則についての基礎的理解を超えた技術的内容などについて，もっと深く知りたい場合は，このウェブサイトを見てください[†].

本書はいわゆる一般向けのポピュラーサイエンスの本ですが，それだけではなく，専攻や分野にかかわらずネットワークというものに興味のある大学生や高校生の方々に，基礎を理解するための入門書として使っていただけるでしょう．教材は，本書のウェブサイトもしくはlearnPoN@gmail.com 宛にメールをしていただくことで入手できます．実は本書で紹介している内容は，すでに大規模公開オンライン講座（Massive Open Online Course：MOOC）で使用されており，2013 年から今日までに 10 万人以上の学生が受講しています．

私たちはとても楽しみながらこの本を書き上げました．読者の皆さんにも同じくらい楽しんでいただければ幸いです．

謝辞

この本のさまざまな部分について意見をくださった方々：Bree，Hank，Kirsten，Loretta，Ray，Suzan，Vickie，Yixin に感謝の意を表します．初期の段階の原稿を構成してくださった多くの方々：Ethan，Harvest，Kate，Mo，Pranav，Rohan，母と父，そして誤字を見つけてくれた MOOC の熱心な学生たちにも感謝します．また，私の iTunes ライブラリーに入っている音楽のアーティストたちにもお世話になりました．とくにアンディ・マッキー，イーグルス，ジャーニー，レーナード・スキナード，ヴァン・ヘイレンのおかげで、私は書き続けることができました．そして最後に何よりも，この本は私の婚約者と家族，友人たちの無条件の愛とサポートなしには完成しませんでした．これらの素晴らしい人たち一人ひとりに，深い感謝の気持ちを捧げたいと思います．

2016 年 6 月　クリス

[†] 訳註：ウェブサイトは英語のみ．日本語版では Q&A への参照は適宜脚注としました．

長年にわたり，私の先生方と生徒たちは私に，学ぶということについて教えてくれました．ネットワークに関するテーマについて仕事をともにしてきたたくさんの私の同僚たち，そして私との対談に応じてくださった 4 人の先駆者たちに，お礼を申し上げます．また，グッゲンハイム奨励金による支援にも感謝致します．

私は，さまざまな寄り道をしながら好奇心の赴くままに自分の世界に浸ることに，家族と過ごすべき時間を割いてきました．私の妻と両親は，度がすぎてしまうそんな私をいつも許容してくれています．私の子供たちに関しては，ノヴィアはたぶんこの本のことを，私のいつものスピーチと同じく，長すぎると思うことでしょう．オーガスタンは本をビリビリと破いて楽しむでしょう．ヴィヴィアは……そうですね，私は横着をして，この本を 2016 年 11 月の彼女の最初の誕生日のプレゼントの 1 つにしようかと思います．

2016 年 6 月　ムン

目次

第 I 部

共有は難しい

SHARING IS HARD

最初に少しだけ，携帯電話のない生活を想像してみてください．遠隔地にいる上司や家族に連絡するたびに，固定電話を使わなければならないのは大変でしょう．家に電話がない時代までさらにさかのぼりましょう．この時代では，手紙は郵便配達員が通りから通りへ，電車が町から町へ，船が港から港へと移動する速さ以上で届くことはありませんでした．もはや想像するのも困難かもしれませんが，有線と無線での通信が存在する前は，何千年もの間，人々はこのように生活をしていました．これらの通信技術は会話を非常に高速化した一方で，ネットワークリソースを多くの人々でどのように「共有」するかという新たな挑戦をもたらしました．

本書の第Ⅰ部では，携帯電話通信（第 1 章）と WiFi（第 2 章）の 2 種類のワイヤレスネットワークを見ていきます．これらのネットワークを見ていくに当たって，私たちはコミュニケーションするためのリソース（この場合は空中の電磁スペクトル）を共有するための 2 通りの方法を取り上げます．ここでは，互いの会話の干渉を制御することは非常に重要です．そのためには，さまざまなシチュエーションにおいて，私たちがいつ，どれだけ会話するかを知る方法が必要となります．また，ネットワークに対する価格設定（第 3 章）は，より効率的なリソース共有を行う有効な方法です．ここでは，ネットワークプロバイダーが私たちのリソース消費に対して価格を設定する方法を見ていきます．

1 電力を調節する

Controlling Your Volume

携帯電話は現在，私たちの生活の一部となっています．図 1.1 は 2015 年中頃における数カ国の**モバイル普及率**（mobile penetration），つまり 1 人あたりの携帯電話の平均保有台数を示しています．左端の 5 つの国では，保有率は 100％を上回っており，これは人の数よりも携帯電話の台数が多いことを意味しています．

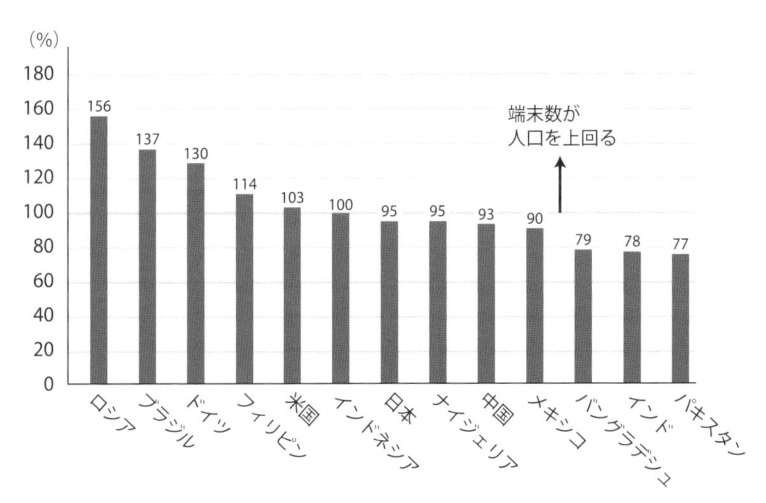

図 1.1 いくつかの国における 2015 年 6 月時点でのモバイル普及率（人口に対する携帯電話数の割合）．6 カ国では 100％を超えており，人の数より多くの携帯電話が存在する．

また，図 1.1 の 13 カ国ではいずれも 2015 年の携帯電話の契約数が 1 億件以上であり，当時の全世界の携帯電話の契約数はのべ 68 億件に上ります．この圧倒的に大きな数字を聞くと，なぜ私たちは互いに干渉することなく電話やインターネットを利用することができるのか疑問に思えてくるのではないでしょうか．第 I 部では「共有」の手法をいくつか紹介していきますが，本章ではまず，その 1 つである送信電力（話す音量）の制御について見ていきましょう．

現代の携帯電話システムは，この何十年かの技術革新の成果です．モバイル機器を 1940 年代 ～ 1980 年代の贅沢品から 21 世紀の必需品にまで移行させるためには，エンジニアたちは電波領域を共有するためのさまざまな手法を考案する必要がありました．

固定電話から携帯電話へ

ワイヤレスネットワークと携帯電話の登場以前は，コミュニケーションネットワークはもっぱら**有線**（wireline）によるものでした．有線は**無線**（wireless）の対義語であり，電線を利用したコミュニケーションを指します．世界初の有線電話による通信は 1876 年 10 月 9 日にアレクサンダー・グラハム・ベルによって行われました．これは，ボストンからケンブリッジまでの 2 マイルの距離を隔てた会話でした．翌年，ベルはベル電話会社（現：AT&T）を設立し，**公衆交換電話網サービス**（public switched telephone network service）を提供した世界初の企業となりました（これは今では通常「固定電話」と呼ばれます）．

ベルは電話を設計する前に，無線通信としては電話以前の発明である電報を使った実験をしていました．それは，「多重電信」，つまり複数の**送信者**（transmitter）と**受信者**（receiver）が 1 本の電線を利用できる仕組みの実験でした．

ここでちょっと考えてみましょう．図 1.2 では，1 本の電線を，アンナとベン，チャーリーとダナの 2 組が共有しています．どうやって共有しているのでしょうか？　他の会話と混線してしまわないのでしょう

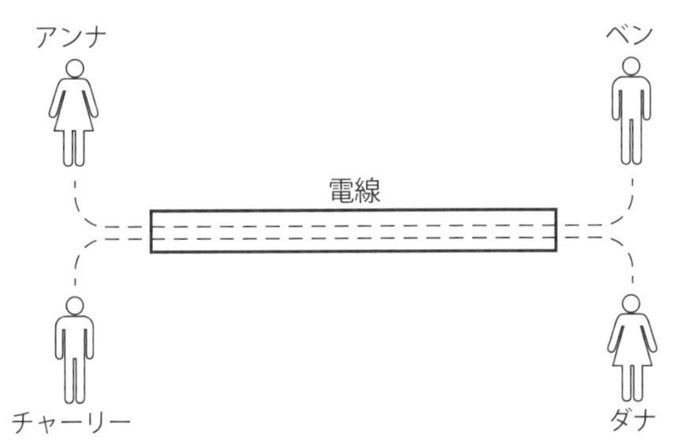

図 1.2 アンナとベン，チャーリーとダナがそれぞれ通話する．どうしたらお互いに干渉することなく同じ電線を使って会話することができるのか．

か？

必ずしもそうなりません．彼らは同じ空間（すなわち電線）を共有していますが，この空間はいくつかの次元に分けることができます．最も直感的に理解しやすいのは時間でしょう．アンナとベンが電線を少し使った後，チャーリーとダナが少し使い，またアンナとベンが使うといった具合で，時間を分ければ共有することができます．また，言語による分離も可能でしょう．アンナとベンは英語で会話し，チャーリーとダナはスペイン語で会話すれば，同時に会話していても自分が使う言語だけを聞くことができるでしょう．この場合，一方の組の声が大きすぎて，他方の声をかき消してしまう心配はありますが．

ここであげた時間や言語の次元を使った通信は，**多重接続**（multiple access）技術の極めて単純な例です．これらの技術は同一のネットワーク媒体（たとえば電線や電波）を複数人で共有することを可能にします．これらについて，より詳細に見ていきましょう．

周波数の共有

電報は異なる周波数で会話を分割します．これは**周波数分割多元接続**（frequency division multiple access：FDMA）と呼ばれるものです．FDMA は図 1.3 のように，リンクと呼ばれる送信機と受信機のペアに，

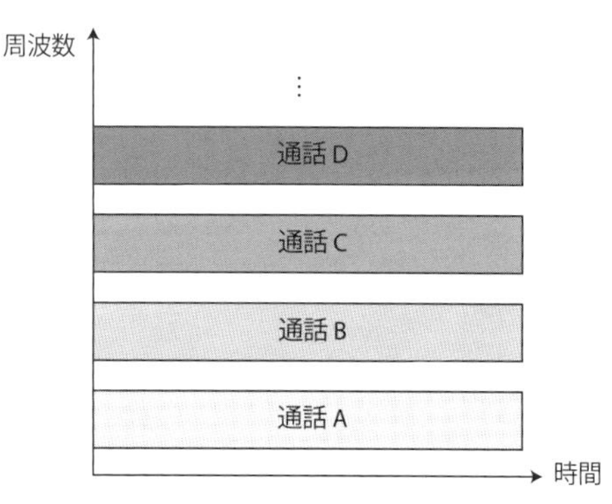

図 1.3　FDMA の例．FDMA の周波数によるそれぞれの通話の区別．通話 A と異なるチャンネルを通話 B が用いる．

会話ができる個別の**周波数チャンネル**（frequency channel）を割り当てます．

ところで，「周波数」とは何でしょうか？　人が耳で聞くことができる音域では，それは音の高さの違いとして現れます．周波数は，波の 1 秒あたりのサイクル数であり，単位は**ヘルツ**（Hz）です．つまり，10 Hz は 1 秒間に 10 サイクルを意味しています（図 1.4）[†]．周波数の単位は第 I 部内で何度も出てきますが，実際に扱うのはヘルツよりも数

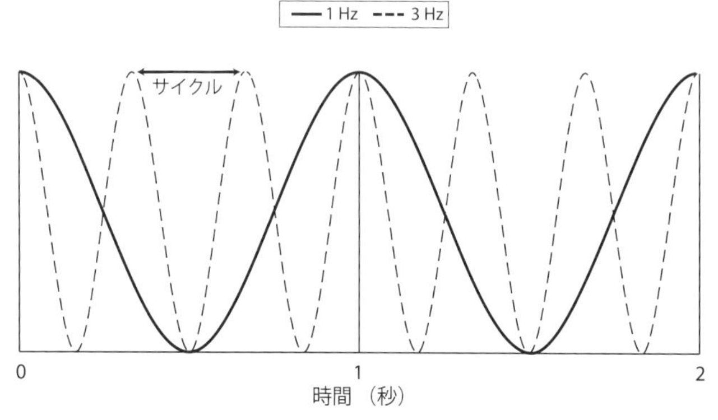

図 1.4　異なる周波数（1 秒間の波のサイクル数）をもつ 2 つの波．実線は周波数 1 Hz の波を，破線は周波数 3 Hz の波を示す．

[†] 周波数チャンネルについて，より詳細は原書ウェブサイトの Q1.1 を参照．

桁大きいものです．無線周波数帯域は通常，数百万ヘルツ（メガヘルツ：MHz）から数十億ヘルツ（ギガヘルツ：GHz）です．人間が聞くことのできる最大周波数が2万ヘルツであることを考えれば，これがどれくらい高い値かが想像できるでしょう．

1920年代から1930年代の最初期の携帯電話は，FDMAを使用していました．これらの携帯電話は**アナログ**（analog）方式でした．すなわち，信号の電気的波形がそのままの形で電波中を横断していました．1946年，モバイル・テレフォン・サービスと呼ばれる最初の「携帯電話」ネットワークが，ベル電話会社によって導入されました．これはFDMAシステムであり，1964年の後継機種も同様でした．この技術は，現在使用されているのが4G技術であるのに対して，第0世代または0Gと呼ばれます．

世界初のポータブル型携帯電話

1970年代，モトローラ社のマーティン・クーパーはポータブル型携帯電話の将来性を確信しました．1973年に彼のチームは90日を費やし，初のポータブル型携帯電話であるDynaTACを制作しました．

DynaTACは，今日私たちがポータブル型携帯電話と聞いて思い浮かべるものとはかなり違っています．重量約2ポンド（900グラム），値段は約3,000ドルで（1973年当時の物価で！），充電しなければ30分も通話できないものでした．2016年現在のiPhoneは，重量3分の1ポンド（約150グラム）以下，約150ドル（ただしモデルやワイヤレス契約の種類に依存）の価格で，一度の充電で数時間の音声通話とアプリケーションを使うことができます．

1990年代半ばには，市場は，それまでの自動車搭載型から本格的にポータブル型へと舵を切りました．そして，デジタルネットワークと同様に，電子部品の劇的なコストダウンによって，手のひらサイズの携帯電話は普及していきます．コストダウンの要因の1つは需要の高まりであり，そうした需要自体，携帯電話のさまざまな技術が可能にしたアプリケーションがもたらしたものです．

「セルフォン」の「セル」

1976年には，ニューヨークだけで500人の携帯電話契約者がおり，その6倍以上の待機者がいました．そのため，**ネットワーク容量**（network capacity）を増やす必要がありました．そこで，ネットワーク事業者はどうしたでしょうか？　現実に，彼らがもっていた選択肢は，多くのスペクトルを獲得するために米国通信委員会（Federal Communications Commission：FCC）に請願するか，同じスペクトルをより多くのユーザーで使える方法を見つけ出すかの2つしかありませんでした[†]．

より多くの人が同じスペクトルを使えるようにするには，どうしたらいいでしょうか？　チャンネルを再利用するというのは一見無謀に思えます．互いに隣り合ったリンク（送受信機）が同じチャンネルを利用したら，それらは確実に干渉するでしょう．しかし，もし隣り合っていなかったらどうでしょう．もし，それらが十分に離れていたら，同じチャンネルを利用できるのでしょうか？　答えはイエスです．信号が電波を（または電線を通って）伝わるとき，それらの電力レベルは**減衰**（attenuate）します．つまり，図1.5のように距離が遠くなるにつれて縮小していきます．

一般的に，減衰といえば望ましくない性質であるとみなされています．信号が弱くなれば，長距離を伝送するのが難しくなるからです．しかし，減衰はここではまさに必要な性質です．もし，あなたと私が十分に離れたところにいれば，空間中で混線することなくそれぞれ電話をかけることができるのです．

エンジニアたちは，この減衰の性質をもとに，モバイル領域を地理的に（しばしば「六角形」で表現される）**セル**（cell）に分割しました．任意のセルでは，隣接しているセルで使われていない周波数セットを割り当てられるようにするという考えです．このようにして，同じチャンネルを使用しても問題にならないようなセル同士の距離が確保され，利

[†] FCCライセンスプロセスの詳細は，原書ウェブサイトQ1.2を参照．

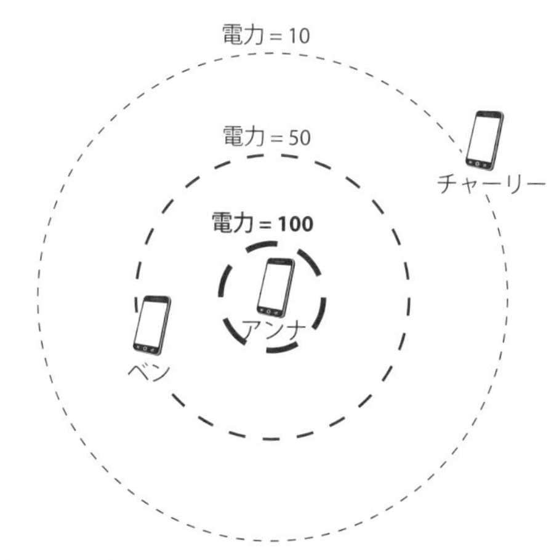

図 1.5 信号が空間を伝わるときの，電力レベルの減衰．電力 100 で送信を行うアンナの電話の周囲．ベンが信号を受け取るとき，電力は 50 となっており，チャーリーの時点では 10 となる．

用可能なリソースをより効率的に運用できるようになりました．

図 1.6 はセル型ネットワークの例を示しています．同じ濃淡のセル同士は，十分に距離が離れており混線しないため，同じ周波数を割り当て

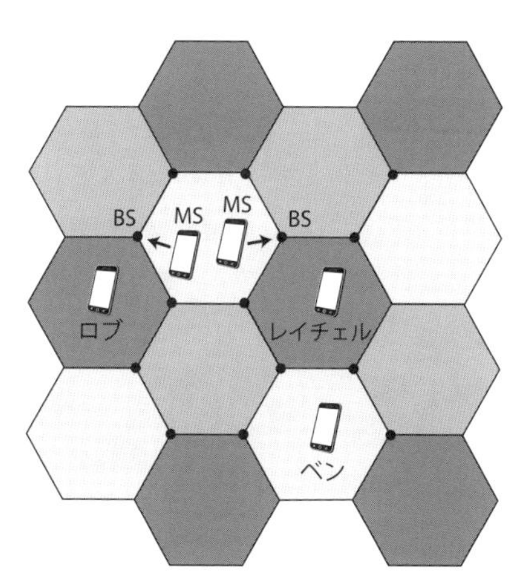

図 1.6 セル型ネットワーク図．各セルは六角形で，複数の移動局（MS）と基地局（BS）を含む．セルの濃淡は，そのセルが使用する周波数を表している．隣り合うどの 2 つのセルも同じ濃さではない．すなわち，干渉を避けるため，別の周波数を使用している．

ることができます．たとえば，濃いグレーのセルにチャンネル 1 ～ 4 を，中間の濃さのセルにチャンネル 5 ～ 8 を，薄いグレーのセルにチャンネル 9 ～ 12 を割り当てた場合を考えてみましょう．ロブは濃いグレーのセルでチャンネル 2 を利用しています．このセルではまだチャンネル 1 や 3 や 4 を利用することができます．レイチェルは別の最も濃いグレーのセルでチャンネル 2 を利用することができます．なぜなら，彼女はロブから十分に離れているからです．ベンは中間の濃さのセルにいますが，彼はチャンネル 2 を使うことはできません．なぜなら，彼はレイチェルのいる濃い色のセルに近すぎるからです．これらのセルに色（周波数）を割り当てる際，できる限り少ない種類の色を使いたいということが多々あります．この組み合わせを求めるのは非常に困難な問題です．とくにセル数が膨大な数になると非常に難しくなります．

ところで，このセルとは何を表すのでしょう？　各セルには，**基地局**（base station：BS）と**移動局**（mobile station：MS）が設置されています．移動局は，携帯電話標準規格に従って送受信ができる携帯電話やタブレット，その他のデバイスを指します．各セルの基地局の一方は有線コアネットワークおよびインターネットに接続され，他方は割り当てられたそれぞれの移動局に接続されます．

このセルの仕組みは，米国で 1G 技術の始まりを告げることとなった，先進的な携帯電話のシステムにおいて初めて導入されました．このシステムのもと，モバイル加入者の数は急増しました．1990 年代には，米国だけで 2,500 万人の加入者がいました．こうして需要が高まり，それに容量が追いつかなくなったことは，もはやアナログ方式を切り捨てるしかないことを意味していました．

デジタルへ

再びアナログネットワークが混雑し始めると，米国および他の国々はアナログの代わりとなる**デジタル**（digital）システムの実験を開始しました．アナログ信号は**ビット配列**（bit sequence），つまり 1 と 0 の配

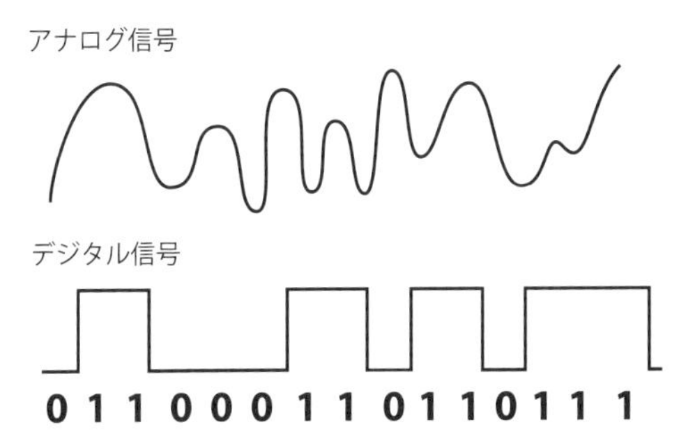

図 1.7　アナログ信号とデジタル信号．アナログ信号は時間とともに連続的に変化するのに対し，デジタル信号は一連のビット（1 と 0）で表される．

列によって「デジタル化」されます（図 1.7）．

デジタルシステムは，次に説明する 2 つの多元接続技術の使用を可能にし，それにより容量の面で大きな利点がありました．1980 年代後半以前には，これらのネットワークを実現するのに必要な，微細なエレクトロニクス技術はまだコストがかかりすぎて利用することはできませんでした．

時間（と周波数）による共有

アナログからデジタルへの移行は，1G から 2G への進化の核心をなすものです．最初の 2G 標準規格は，1982 年に始まった GSM（global system for mobile communications）であり，1987 年までにアナログ方式の 3 倍の容量を達成しました．

デジタル符号化は複数の会話を 1 つの配列に圧縮するため，1 つのセル内の同じ周波数チャンネルを複数の人々が共有することを可能にします．そのためには，すでにある次元にもう 1 つ別の次元を足せばよく，その候補として最初に思いつくのは時間です．すなわち，複数のユーザーは同じ周波数のチャンネルを共有するために，交代で使用する必要があるということです．それぞれのユーザーに異なるタイムスロットが割り当てられるこの方法は，**時間分割多元接続**（time division multiple access：TDMA）と呼ばれます．図 1.8 に，TDMA の例を示します．

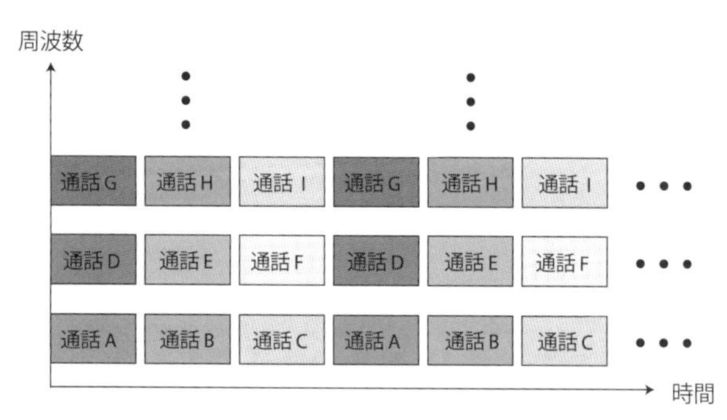

図 1.8　TDMA の例．TDMA では複数（この場合は 3 つ）の通話が同じ周波数を共有する．A，B および C は同じ周波数チャンネルを共有しているが，時間で分けられている．

EU が共通の標準規格の開発を支持したため，GSM はかなり早くにヨーロッパの多くの国で採用されました．現在でも世界の一部の国で，主に 900 ～ 1,800 MHz の周波数帯域で利用されています．また，GSM は携帯電話のコストを引き下げることに成功し，携帯電話をテキストメッセージ，ゲーム，その他のエンターテインメントを提供するものへと変えました．

コードによる共有

米国における 2G 標準採用の経緯はさらに興味深いものでした．容量の需要が増加していることを認識した米国携帯電話通信産業協会は 1988 年，一連の性能要件を提示しましたが，それは企業が目指すべき，世界初のデジタル方式の携帯電話通信標準規格でした．主な要件の 1 つは，それまでのアナログネットワークの 10 倍の容量が見込めることでした．

当時，米国のほぼすべてのネットワーク事業者と端末メーカーは，TDMA が最善の方法だと考えていました．しかし，クアルコム社だけは違い，**符号分割多元接続**（code division multiple access：**CDMA**）を推していました[†]．CDMA では，図 1.9 に示すように，時間と周波数のどちらでも区別されず，ユーザーは「コード」の次元で分けられます．

[†] CDMA のより詳細な仕組みは，原書ウェブサイトの Q1.3 を参照．

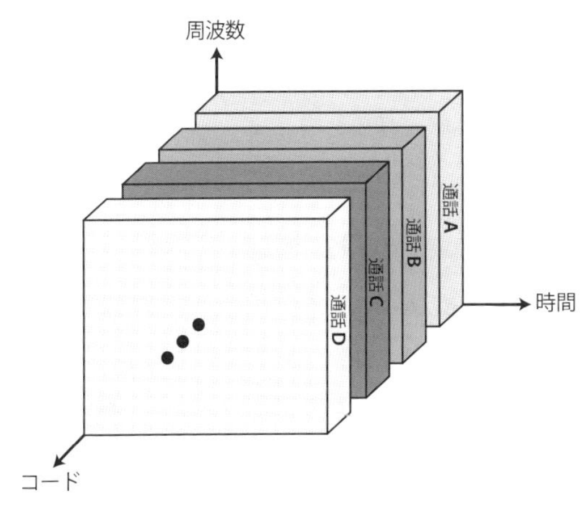

図 1.9 CDMA の例．CDMA では通話は「コード」という次元によって区別される．すべての通話がネットワーク内で唯一となるコードを割り当てられるため，同じ周波数で同時に通話することができる．

ここで，コードとは，言語にたとえるのがよいかもしれません．つまり，それぞれのリンクで話すための異なる言語を与えたようなものです．

各コードは鍵のようなものだとイメージしてください．送信者はメッセージに鍵をかけて送信し，受信者にだけその鍵を渡します．このとき，信号を開ける鍵が唯一でなければならないことに，このコードを設計する難しさがあります．もし他の受信者が自身の鍵を使ってこのメッセージを開錠しようとしたら，それはノイズとして現れなければなりません．このように，自分以外のコードを「打ち消す」性質をもつ種類のコードのことを，**直交符号**（orthogonal code）と呼びます．

当初の予測では，CDMA はアナログネットワークの 40 倍の容量改善が期待できると主張されていました．この予測にもかかわらず，多くの技術者，製造業者，および通信事業者は CDMA の採用を拒みました．その 1 つの理由としては，携帯電話通信ネットワークのプロトタイプでの CDMA のデモンストレーションがまだ行われていなかったことがあげられます．

1989 年，無線通信の業界団体である CTIA（Cellular Telecommunications

Industry Association）は，TDMA を米国で最初の 2G デジタル基準として認可しました．CDMA が認可されるまでには，その後 4 年間にわたるさらなる実証実験が必要となりました．

カクテルパーティーの比喩

ここまで見てきた技術を理解するのには，カクテルパーティーの比喩が役立ちます．カクテルパーティーが大きな豪邸で開かれたことを想像してください．この豪邸には部屋がたくさんあり，多くの人たちが会話をしています．全員が同じ部屋に詰め込まれたら，相手が何を話しているのかを聞き取ることは難しいでしょう．この状況を何とかするため，パーティーの主催者に最善の方法をとるように頼むとしましょう．

主催者はまず，各部屋では会話をできるのは 2 人（= 1 組）のゲストまでと決めたとします．それぞれの組は会話が終わるまで部屋を使います．ほかの部屋の声は届く前に減衰するため，快適な音量で話すことができます．しかし，この部屋がセルだとすれば，これは 1 セルにつき同時に 1 リンクしか許容できないことを表しています．部屋よりも多くのゲストがいた場合には，この方法では部屋が割り当てられない組が多く発生し，望ましいとは言えないでしょう．

この問題を解決するために，主催者はそれぞれの部屋を多くの組で（1 つのセルを多くの人で）共有することを考えるかもしれません．そのためにまず，それぞれの組に話す時間を割り当てる方法を伝えます．たとえば，どの部屋も，最初の組が 30 秒話している間，他の組は静かにし，次の組が話すということを繰り返し行います．こうすれば会話が他人の会話と重なることはないので，好きなだけ大きな声で会話することができるでしょう．これは，すべてのセルにおいてタイムスロットを割り当てる TDMA に相当します．

タイムスロットを割り当てるのではなく，主催者は各部屋の各組に異なる言語を使うようにお願いすることもできます．すると，各組は 1 つの言語だけを聞こうとするため，全員が同時に話すことができます．これは，各言語が異なるコードを表すCDMAに当たります（図1.10）．しかし，ここでは話されている言語にかかわらず，すべての人が他のすべての会話を聞くことができるため，音量の調整が問題となります．すなわち，互いの距離に応じて個々の音量を調節するような，何らかの調整が必要となります．

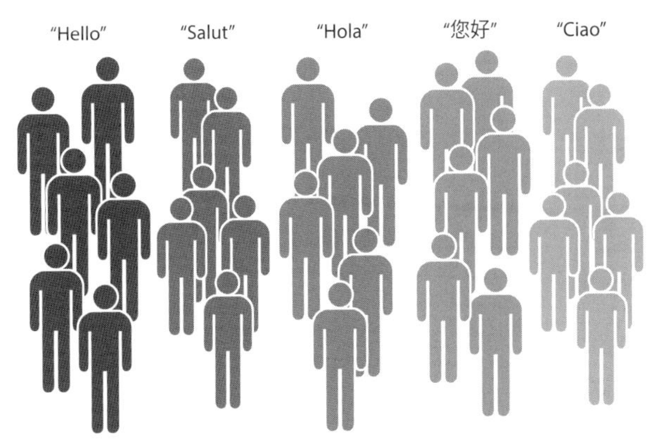

図1.10 CDMAにおける各コードは言語のようなものである．カクテルパーティーの比喩においては，複数の会話において別々の言語が使われていれば，同時に会話することができる．ここでは，話す音量の調節が問題となる．

電力調整

CDMAにも，それなりに問題点があります．1990年代初頭にCDMAが克服しなければならなかったいくつかの主要な問題をここで探っていきましょう．

遠近問題

信号が同時に送られているとき，互いの**干渉**（interference）を避けることはできません．この問題は，基地局からの距離を考慮するとより複雑になります．基地局から1キロ離れた人が，数メートル離れたところにいる人に邪魔されずに通話をするにはどうすればよいでしょうか？

図1.11のように，この人の信号は大きな減衰にさらされるだけでなく，信号の経路上の多くの障害物（木など）に防げられるかもしれません．これは各**チャンネル品質**（channel quality）にばらつきを与えます．

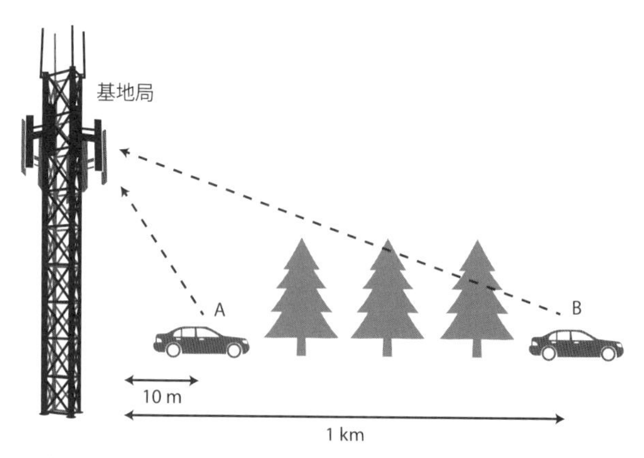

図1.11　送信機は受信機から遠いほど，高い減衰を受け，経路を邪魔する障害物も多くなる．Aは塔から近く，障害物もないのに対し，Bまでの長い経路は障害物（たとえば木々）によって妨げられる．

この問題は**遠近問題**（near-far problem）として知られています．この問題に対処するには，伝送電力を調整してチャンネルの品質の差を補うためのいくつかのメカニズムが必要となります．これによって，効率的に電波を共有することができるようになります．

これを解決するために最初に提案されたのは，**送信電力制御**（transmission power control：TPC）アルゴリズムでした．これは次のようにして，チャンネル間の受信信号電力を等しくする試みです．基地局は各送信機から受け取る信号を測定し，これを求められる電力と比較し，デバイスに調整するようにフィードバックメッセージを返します．

受信機で測定される電力とはどのようなものでしょうか？　受信機は，1秒あたりに送信されるエネルギーの量，つまり**ワット**（W）を測定します．本章では，基本的にはワットの1,000分の1にあたるミリワット（mW）と百万分の1にあたるマイクロワット（μW）を使用します．

さて，TPCアルゴリズムに戻りましょう．ここで，基地局が求める電力レベルが10 mWだとしましょう．図1.12のように2台の携帯電話，仮にAとBがこの電力を送り始めるとします．Aの電力は半分に，Bの電力は10分の1に減衰し，基地局がそれぞれ5 mWと1 mWの電力を受信します．これを等しくするために，TPCはAに2倍の，Bに10倍の送信電力を要求します．つまり，Aは2 × 10 = 20 mWを，Bは10 × 10 = 100 mWの電力を送信します．

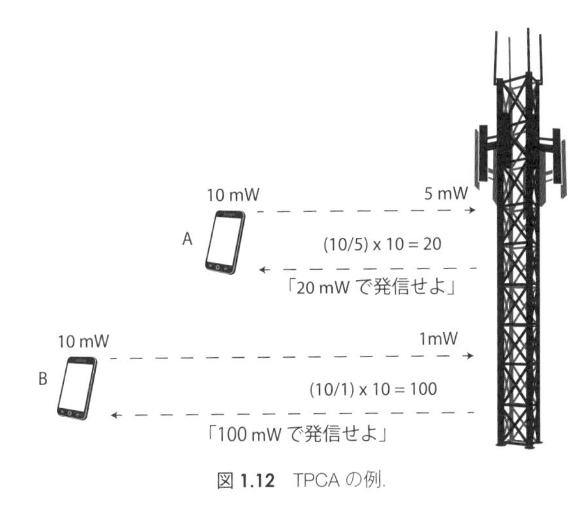

図 1.12　TPCAの例．

一般的には，TPCアルゴリズムは以下の式に基づきます．

次の電力 =「比率」× 今の電力

ここで，「比率」は要求電力（例では10 mW）を受信電力（5 mWおよび1 mW）で割った値となります．

電力よりも品質

TPCの目的は，送信電力を増幅することによって，受信信号電力を等価にすることです．これは必ずしも「最善策」とは言えないでしょう．なぜなら，図1.13のように，受信信号は他の電話機からの干渉も受けるからです．つまり，リンクAの送信電力が高かったとしても，リン

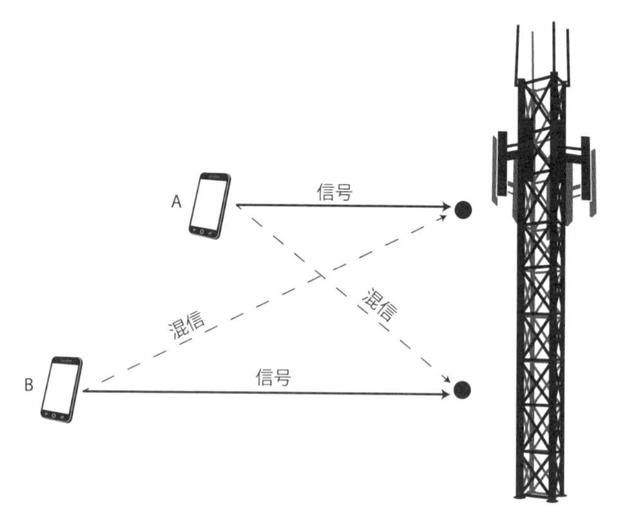

図 1.13　理想的には，受信機はリンクする送信機からの電力のみを受け取る．しかし，現実はそうではない．ここでは，A の送信電力の一部は B の受信機で受信され，その逆もまた生じる．

ク B からの干渉も同時に高ければ，A が受け取る信号の品質は低くなってしまいます．これは，私たちが本書で垣間見る，1 つめのネットワーク化がもたらす影響の事例です．この場合は，同じ通信媒体に接続する複数のユーザーに影響が生じます．

モバイル通信の場合，私たちが均一にしたいのは電力よりも品質です．では，リンクの受信信号の品質をどのように測ればよいでしょう？　品質は下記の 3 つの要素の組み合わせとして見ることができます．

1. 要求された送信機から受信する信号の電力．これは大きくしたい．
2. 要求していない送信機から受信する信号の電力．これは小さくしたい．
3. 各受信機に固有の雑音．

品質は望ましい項目（項目 1）を望ましくない項目（項目 2 および 3）で割ったもので測ります．これは**信号対混信比**（signal-to-interference ratio：SIR）と呼ばれています．

軍拡競争にしないために

送信機の電力を単純に増加させても，目標とするSIRをすべてのリンクで同時に満たすことができないため，目標SIRを同時に満たすことは目標電力値を同時に達成するよりも困難です．Aの送信機の電力を増加させることは，AのSIRを増加させることになりますが，他のリンクへの干渉を強め，他のリンクのSIRを下げることになります．つまり，SIRを増加させるために送信機の電力を増加させると，他のすべての送信機に与える干渉が強くなる可能性があります．その結果，必然的に「軍拡競争」状態になり，最大電力を出した人が勝つということになってしまいます．これは，電力を全体で共有するための効果的な方法ではありません．

もしそれぞれのデバイスが目標SIRを設定する場合，すべての目標SIRを満たすような電力値の組み合わせを見つけることはできるでしょうか？　答えは，目標SIRが**実現可能**（feasible）であり，お互いに両立可能である場合に限り，つまり非現実的に高いSIRを同時に要求していなければ，「イエス」です．この解決法は**分散電源制御**（distributed power control：**DPC**）と呼ばれ，次のように行われます．

1. 各デバイスはそれぞれの初期送信電力から始める．
2. 受信機は各送信機のSIRを測定する．
3. 目標と測定されたSIRとの比に基づいて，各送信機はその電力レベルを調整する．
4. 必要であれば手順2と3を繰り返し行う．

これは，先に解説した遠近問題におけるTPCアルゴリズムが一ステップで完結したのとは異なり，何度も繰り返し行う**反復アルゴリズム**（iterative algorithm）です．与えられた目標SIRが実現可能であれば，DPCアルゴリズムはいずれ**収束**（converge）します．つまり，いずれ電力レベルの更新は終了します．実際，収束した電力レベルは，最小のエネルギー総量という意味で，**最適**（optimal）なものとなります．

分散電源制御の働き

ここで，図1.14のように，1つのセル内に3つの移動局A，B，Cがある状況を考えます．実線はそれぞれの送信機－受信機対に対する直接の**チャンネル利得**（channel gains）を示しています．チャンネル利得とは，電力がどれだけ**増幅**（amplify）されたかを表し，要するに，電力が発信元から目的地にいたるまでに何倍になったか（実際には信号は減衰するので，何分の一になったか）を表す値です．直接のチャンネル利得は，意図した会話が聞こえるためには，可能な限り高くなくてはなりません．一方，破線は干渉チャンネル利得，つまり各受信機が意図しない送信機から受け取る信号です．図1.15および図1.16に，チャンネ

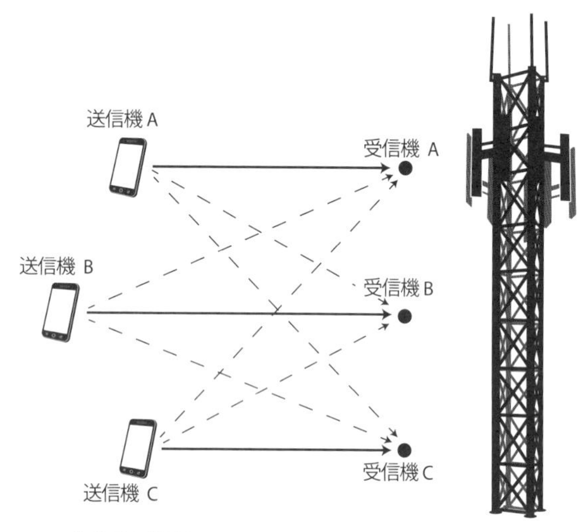

図1.14　3つの移動局と基地局の間のチャンネル．実線は，チャンネルの直接利得を，破線は干渉利得を表している．

リンクの発信機	リンクの受信機 A	B	C
A	0.9	0.1	0.2
B	0.1	0.8	0.2
C	0.2	0.1	0.9

図1.15　DPCにおけるチャンネル利得の例．

リンク	SIR 目標値	ノイズ (mW)
A	1.8	0.1
B	2.0	0.2
C	2.2	0.3

図 1.16 DPC における SIR とノイズの例.

ル利得, 目標 SIR, そして受信機のノイズの例を示します（これらの数値は説明用の一例であり, セル型ネットワークで一般的に見られる数値というわけではありません）.

DPC アルゴリズムの最初の数ステップを見てみましょう. 送信機の電力を更新するために, DPC アルゴリズムでは, 16 ページで紹介した TPC に似た直感的な式を採用していますが, チャンネル品質ではなく SIR を扱います. 各送信機の更新は以下の式で行います.

$$\text{次の電力} = \text{「比率」} \times \text{今の電力}$$

ここで,「比率」は目標 SIR を測定した SIR で割った値です.

この更新は極めて理にかなったものです. もし, 測定した SIR が目標 SIR よりも低かった場合,「比率」は 1 よりも大きくなります. このとき, 送信電力は均等化するように増やされます. 逆に, 測定された SIR が目標 SIR よりも高い場合,「比率」は 1 より小さくなり, 送信電力は減らされます. この送信機は最小限の送信電力となるため, 他の送信機の SIR を改善することにもつながります. 最後に, 測定された SIR と目標 SIR が等しい場合,「比率」は 1 となり, 送信機の電力はそのままとなります. 目標に対してすでに合致していますので, 変える必要がありません.

なぜこのような更新が必要なのでしょう？ セル内では, 各デバイスは他のデバイスに干渉することで, **負の外部性**（negative externality, ある人の決定が他の人に影響を及ぼすこと）を生み出します. つまり, 自身の利益を達成する一方で, デバイスはネットワーク上の残りのデバイスにもいくらかの「ダメージ」を与えます. そこで, この更新は, デバイスをチェックし続け, SIR が必要以上に高くなると電力レベルを低下させ，低くなりすぎれば，電力レベルを上げます．

この，正しい電力配分を実現するための，基地局とデバイス間の「メッセージの受け渡し」の調整プロセスは，**ネガティブフィードバック**（negative feedback）の一例です（図1.17）．送信機はルールに従って，負の外部性，すなわち送信機が引き起こす干渉を内部化させます．

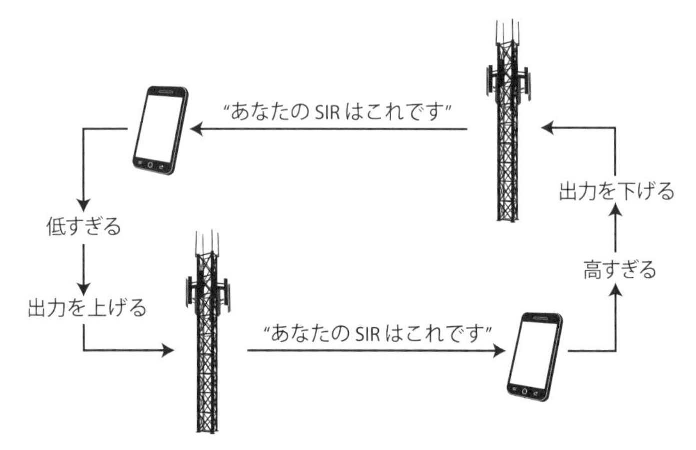

図 1.17　タワーは各デバイスに受け取った SIR をネガティブフィードバック信号として伝える．これを用いて，各デバイスは送信電力を即座に更新する．

ネガティブフィードバックと負の外部性は，本書で繰り返し登場するコンセプトです．一般的にネガティブフィードバックとは，出力の変動を検知しそれを相殺することによって，システムの**平衡**（equilibrium）を維持する方法です．逆に平衡から離れる方向に加えられる制御はポジティブフィードバックと呼ばれ，これも後ほど出てきます．

さて，例に戻りましょう．DPC の式に必要な値のうち，目標 SIR 値（図1.16）は与えられており，初期送信電力は 2 mW としておくとします．残るは，SIR の測定値です．それぞれのリンクについて，SIR は以下の式で計算することができます．

$$\text{SIR の測定値} = \frac{\text{信号}}{\text{干渉} + \text{ノイズ}}$$

「信号」,「干渉」,「ノイズ」はどのように得られるかを,リンク A について見てみましょう.

- 信号:送信機 A から受信機 A への直接利得と送信電力を掛けたものです.図 1.15 の例では,$0.9 \times 2\,\mathrm{mW} = 1.8\,\mathrm{mW}$ です.
- 干渉:これは,他のすべての送信機から受信機 A が得る間接利得の総計に送信電力を掛けた値です.図 1.15 の例では,B から A への間接利得 0.1 と C から A への間接利得 0.2 を用いて,$0.1 \times 2\,\mathrm{mW} + 0.2 \times 2\,\mathrm{mW} = 0.6\,\mathrm{mW}$ となります.
- ノイズ:これは受信機のノイズです.図 1.16 の例では 0.1 mW です.

したがって,リンク A の SIR は以下のように計算できます.

$$\frac{1.8}{0.6 + 0.1} = \frac{1.8}{0.7} = 2.57$$

実際には,物理的に SIR を測定することができるので,この計算を行う必要はありません.

リンク B についてはどうでしょう? 送信機 B から受信機 B への直接利得は 0.8 で,信号電力は $0.8 \times 2\,\mathrm{mW} = 1.6\,\mathrm{mW}$ です.送信機 A から得られる間接利得は 0.1 であり,送信機 C から得られる間接利得は 0.1 です.すなわち,干渉電力は $0.1 \times 2\,\mathrm{mW} + 0.1 \times 2\,\mathrm{mW} = 0.4\,\mathrm{mW}$ です.最後に,リンク B の受信ノイズは 0.2 mW です.したがって,リンク B の SIR の測定値は $1.6/(0.4 + 0.2) = 2.67\,\mathrm{mW}$ となります.

同じ手順でリンク C の SIR を計算すると以下のようになります.

$$\frac{0.9 \times 2}{0.2 \times 2 + 0.2 \times 2 + 0.3} = \frac{1.8}{1.1} = 1.64$$

これらの値を目標 SIR と比較してみましょう.リンク A については,目標値は 1.8 であるため,測定値の 2.57 は $2.57 - 1.8 = 0.77$ だけ高すぎます.同様に,リンク B に関しては,$2.67 - 2.0 = 0.67$ だけ高すぎ,リンク C に関しては $2.2 - 1.64 = 0.56$ だけ低すぎます.

DPC式を使って新しい電力レベルを計算することができます．比率は，各リンクについて目標値を測定値で割って求めます．すなわち，A：1.8/2.57 = 0.7，B：2.0/2.67 = 0.75，C：2.2/1.64 = 1.34となります．予想されるとおり，測定値が高すぎたリンクA，Bに関しては1より小さい値となり，測定値が低すぎたCに関しては1より大きい値となりました．これらの値を使用し，それぞれについて次の電力レベルを計算します．

$$\begin{aligned} &\mathrm{A}：0.70 \times 2\,\mathrm{mW} = 1.40\,\mathrm{mW} \\ &\mathrm{B}：0.75 \times 2\,\mathrm{mW} = 1.50\,\mathrm{mW} \\ &\mathrm{C}：1.34 \times 2\,\mathrm{mW} = 2.68\,\mathrm{mW} \end{aligned}$$

ネガティブフィードバックは予想どおりAとBの電力レベルを下げ，Cの電力レベルを上げました．

次のステップでは，22ページの式を用いて，これらの新しい電力レベルでSIRを計算します．さらに，21ページの更新式を用いて電力レベルの調整をします．これ以降のステップでは，同じ手順で計算します[†]．

図1.18にDPCアルゴリズムを30回繰り返したときの，送信機の電力とSIRの推移を示します．約10回の繰り返しの後，いずれの値も大きな変化が見られなくなり，平衡に収束したことがわかります．SIRの目標値A：1.8，B：2.0，C：2.2に対して，測定値はA：1.26 mW，b：1.31 mW，C：1.99 mWに収束し，目標値を達成できました．

リンクCの電力レベルだけ他の2つよりも非常に高くなっています．これは，高いノイズ値（0.3 mW）と，他のリンクからの高い干渉値（ともに0.2）と高い目標値（2.2）に起因します．これらの不利な点を克服するために，高い送信電力が必要となったのです．

なぜこのアルゴリズムは収束するのでしょうか？　測定されたSIRが目標SIRと同じとなると，更新式の「比率」が1となり，電力がそれ以上変化しません．そのため，ネガティブフィードバックは，ネット

[†] 手計算の詳細は，原書ウェブサイトのQ1.4を参照．

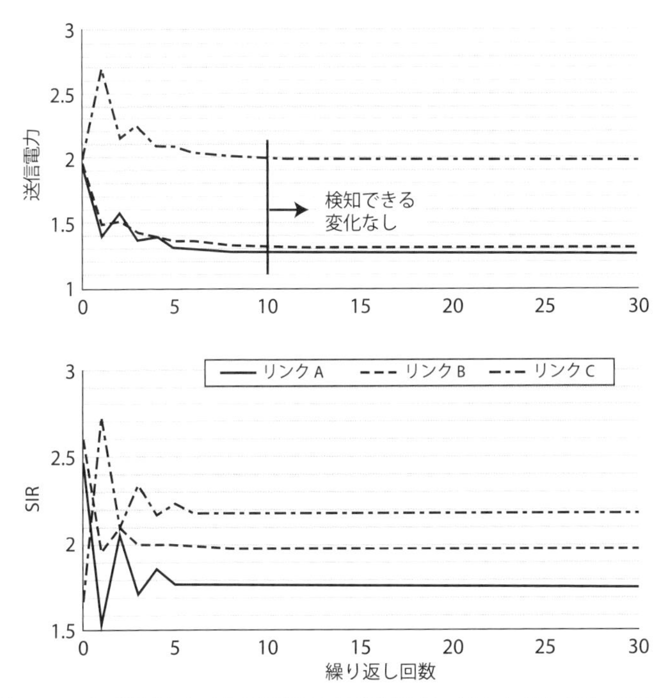

図 1.18 アルゴリズムの 30 回反復間における送信電力（上）と SIR（下）の値のグラフ．

ワークに平衡状態をもたらします．この平衡状態では，デバイスは効果的に品質を共有しています．平衡状態は，デバイスの干渉状態が変化したときや，新しいデバイスがセルに入るとき，または既存のデバイスがセルを離れるときなど，ネットワークに変化が起きるまで保たれます．

容易に想像できるように，実際のセルでは，何百ものデバイスが存在し，会話を開始したり，終了したり，人が場所を移動したりして，リンクからリンクへのチャンネルの状況や SIR の値が絶え間なく変化します．その結果，最大で 1 秒間に 1,500 回の電力制御を実施する必要があります．DPC アルゴリズムの 1 つの利点は，それぞれのデバイスが他のリンクがどのように動作しているのかを知らなくてもよい点にあります．現在の送信電力と目標 SIR と SIR の測定値さえ知っていれば次の電力レベルを計算できます．これらはすべてデバイス自身のパラメータであり，決定を独立して行うことができます．言い換えれば，DPCは，この後見ていく他の**中央集中アルゴリズム**（centralized algorithm，第5章におけるGoogleのPageRankなど）とは異なり，完全な**分散アルゴリズム**（distributed algorithm）であると言えます（図1.19）．

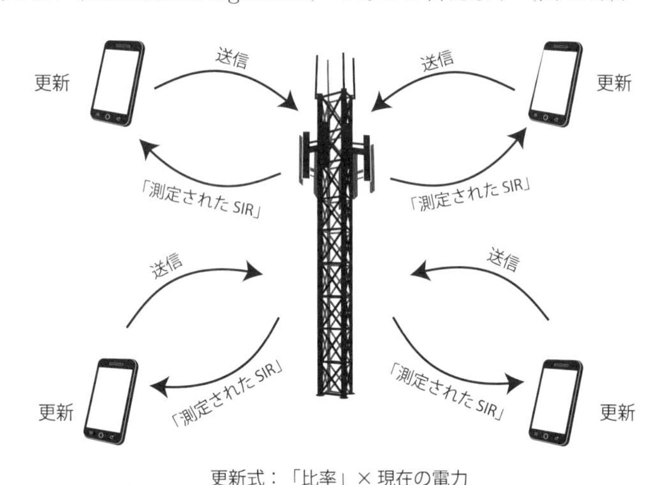

図 **1.19**　完全分散型アルゴリズムとしてのDPC．

規格としてのCDMA

DPCアルゴリズムは，CDMAの干渉問題を扱うために提案されました．米国では，大手ネットワーク事業者がDPCアルゴリズムを支持するにいたるまでには，数回の大規模なデモンストレーションが必要でした．

ようやく1993年，CDMAはIS-95の2G標準規格としてcdmaOneという名称で承認されました．3年後，米国で最初にCDMAを商業的に大規模で展開したのはSprint PCSでした．現在は，主に3G企画にアップグレードされていますが，IS-95とその改訂版は未だ世界中で利用されています．

止まらない拡大と前進：3G，4G，その先へ

この数十年でのモバイル加入者数は驚異的に増加しました．米国だけでも，1985年には340,000件であったのが，30年後の2015年には3億2,700万件と約1,000倍に増加しました．米国のモバイル普及率は2011年には100%を超えました．

21世紀に入って以来，3G携帯電話は世界中で勢いを増しています．2000年に発表された国際電気通信連合（International Telecommunication Union）の3Gに関する仕様書では，携帯電話はポータブルなコンピューターとして機能することが求められました．すなわち，電話やテキストメッセージだけでなく，インターネットやビデオ通話，モバイルTVとして機能することが要求されているのです．

代表的な3G標準規格に，主にヨーロッパや日本や中国で使われたUMTSと，米国と韓国でとくに用いられたCDMA2000の2つがあります．どちらの技術もCDMAをもとにし，通常は1.9〜2.1 GHzの周波数帯域で運用されています．

2012年初頭には世界人口の50%が，2015年の初頭にはおよそ70%が少なくとも1つの3Gネットワークでカバーされました．2020年には5人に4人（80%以上）が3Gにアクセスできると予想されており，そうなればほぼ全世界に普及したと言えるでしょう†．

1Gネットワークが1980年代に商用利用を開始して以来，新世代の携帯電話ネットワークが約10年ごとに登場しています．この成長のなか，4Gのパフォーマンス要求が2008年にリリースされました．これには，3G仕様よりも高い速度要求と容量が課されています．それ以降に登場した主要な標準規格は，"long-term evolution"（**LTE**）と呼ばれています．また，LTEはCDMAの代わりに，**直交周波数分割多重方式**（orthogonal frequency division multiplexing：**OFDM**）と呼ばれる技術に基づいています．

† スマートフォンの登場にまつわる情報は，原書ウェブサイトのQ1.5を参照．

米国最初のLTEスマートフォンは2011年後半に登場しました．2015年初頭，世界中のおよそ25%を4Gネットワークがカバーし，2020年までには60%以上にまで拡大すると予測されています．3G以上の通信サービスは2017年までに10億人のユーザーを獲得すると予想されています．世界中の4Gネットワーク到達範囲は，2016年現在ではまだ3Gより小さいですが，それは3Gにも増して迅速なペースで広がっています．

*

この携帯電話の進化の物語は，ネットワーク技術が消費者の要求する容量を満たすために何年にもわたって努力を続けてきたことを示すよい例です．周波数，時間，コードなど，無線チャンネルを共有するためのさまざまな手法が開発されてきました．たとえこの複雑なプロセスの存在に気づいていなくても，私たちの通話時の電力をリアルタイムに更新し制御することは，携帯電話通信ネットワークの運用にとっては不可欠です．媒体を共有する方法を思いつくのは簡単ではないですが，非常に重要なことです．

分散電源制御は，ネットワーク工学や本書において繰り返し出てくるいくつかのテーマを例示しています．すなわち，ネガティブフィードバック，システム平衡，分散調整といったテーマです．またそれは，本書で何度も目にすることになる次の大事な概念も例示しています．それは，各ユーザーに自己利益に基づいて独立に意思決定を行わせた結果，すべてのユーザーにとって公平で効率的な状態が達成されるというアイディアです．

次の章では，別の種類の無線ネットワークであるWiFiに目を向けます．WiFiでは，携帯電話とは趣の異なる共有の仕組みを用いています．WiFiにおいては，同じ場所にいるユーザー間の干渉に対処するために，厳格な電力制御アルゴリズムではなくランダムアクセスという方法をとっています．

2

ネットワークへの「ランダムな」アクセス

Accessing Networks "Randomly"

1990 年代半ばまで，第 2 世代の携帯電話は世界中で普及の勢いを増していました．ネットワーク容量の改善が望まれるなか，2 つの競合技術――TDMA と CDMA――はそれぞれ大きな貢献をもたらしました．

この頃技術者たちは，電波を共有するのにもっと根本的に異なる方法があるのではないだろうかと考え始めました．そうした新たな方向性への努力が，WiFi 技術の発明につながったのです．

信号機 vs 一時停止標識

まずはじめに，WiFi での共有の仕組みが携帯電話通信の場合とどう違うのかを見るために，簡単なたとえとして車での移動を考えてみましょう．

あなたは車を運転していて，図 2.1 のような交差点に差し掛かりました．もし交差点が信号機で制御されていたなら，青信号のときにはあなたがいる側の道路の車だけが進行できます．これは，携帯電話通信において特定の人が通話をするセッションに，時間や周波数，またはコードが割り当てられることと似ています．

もう一方の道路にも交通量がある限り，赤信号には意味があります．しかし，もしもう一方の道路にまったく車が走っていないのに，信号に

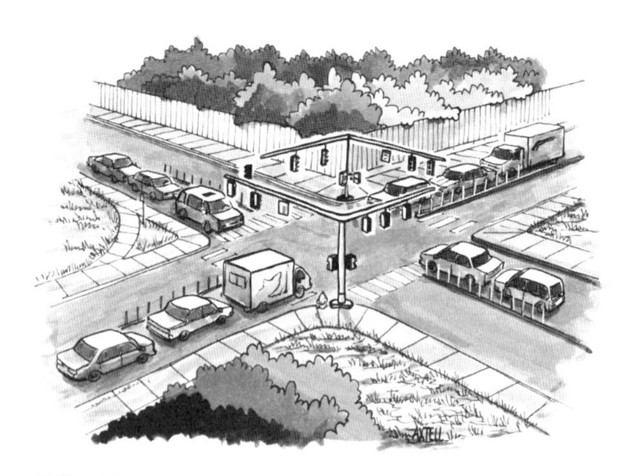

図 2.1　携帯電話通信と WiFi でのリソース共有方法の主な違いは，信号機と一時停止標識の違いに似ている．一時停止標識（WiFi）は交通量が少ないときにより効率的だが，車（デバイス）数の増加にはうまく適応できない．その場合には，交差点（リソース）を一度に 1 つの道路だけ専有させるような信号（携帯電話通信）制御のほうがうまくいく．

引っかかったら？　なぜそのままその交差点を通過してはいけないのかと，随分無駄なことをしている気がして苛立たしいですよね．そのような状況では，信号機よりも一時停止標識のほうがより効率的な交通制御の手段となります．道路を走行中，標識があったら停止し，両側を目視し，誰も来ていなければそのまま通過する．必要なのは，事故の可能性を最小化するためのある種の調整（この場合，目視するために停まること）だけです．

一時停止標識は，交差点の通行を信号などで割り当てるのではなく，皆に（車がランダムにやってくる限りは）共有させるというものです．この方法は，交通量が少なく変動するような場合により効率的です．一時停止標識は WiFi の仕組みと似ています．つまり WiFi では，デバイスがデータ送信する前に，それ専用のリソースを割りつけるのではなく，デバイスに「聴かせる」（つまり，「両側を目視させる」）ことで，他との衝突を防いでいるのです．

ただしこの一時停止標識の方法では，通信量が増加すると問題が生じます．回線（道）が混雑してきたとき，1つずつ「停止」，「進行」をするというやり方では，とくにもう一方の道に停止標識がない場合，非常に長い待ち時間が生じてしまいかねません．これから見ていくように，WiFiではこれと似たような問題があります．デバイスの数が増えるに従って，そのパフォーマンスは著しく低下してしまうのです．

WiFiの出現と進化

どうにかして，近くにいてそれほど高速で移動していない人々にワイヤレスインターネット接続を提供するための，小さな拠点（ステーション）をつくれないだろうか？　図2.2に示すように，この発想がWiFiの基礎になっており，これはランダムアクセスによる利点を利用したものとなっています．

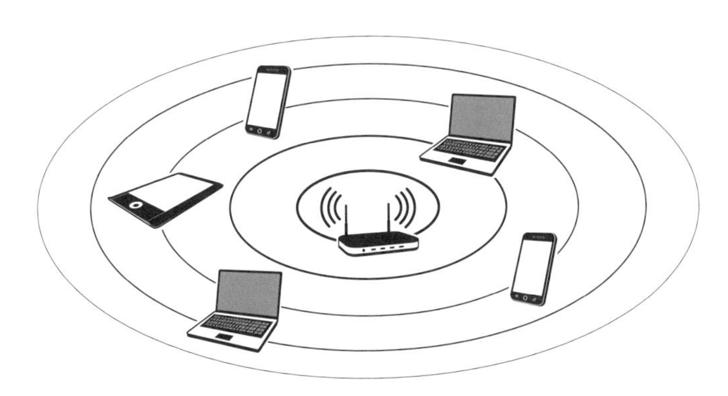

図2.2　WiFiは，アクセスポイントの近くにあるデバイス（ノートパソコン，携帯電話，タブレットなど）に無線接続を提供する．

1985年，FCCはいくつかの周波数帯を一般向けに開設しました．企業が高いライセンスを支払って購入し運営しなくてはいけない携帯電話用のものと違い，これらの周波数帯は（規則に従う限り）誰でも使えるものです．2.4 GHzと5.8 GHzを中心とし，これらはISMバンド（産業科学医療用バンド，industrial, scientific, and medical frequency bands）と呼ばれています．技術者はこの機に乗じてISMバンドをデバイス間のコミュニケーションに利用し，これが進化して後にWiFiとなりました．技術者たちはまた，この周波数帯を他のアプリケーションにも利用しました．実のところ，私たちが今日最も多く目にするISMデバイスは電子レンジです．ちょうどこの周波数が水分子の運動を活発化させるのに適しているためです．

WiFiは，米国電気電子技術者協会（Institute of Electrical and Electronics Engineers, IEEE）が定める標準規格から名前をとり，正式にはIEEE 802.11と称されています．802の部分は短距離であるということを反映してローカル・エリア・ネットワークを表しており，.11の部分はワイヤレスであることを表しています．WiFiというのは「ワイヤレス・フィデリティー（wireless fidelity）」の省略形としてつくられた造語ですが，より魅力的であったために用語として定着しました．

複数の異なるグループがWiFi技術の開発をしていくなかで，WiFiを使う製品間の相互運用性を保証する必要がありました．その目的のため，WiFiアライアンス（WiFi Alliance）という業界団体が1999年に設立され，IEEE 802.11標準規格に準拠するデバイスにWiFiロゴを押すようになりました．

アルファベットだらけのWiFi規格

携帯電話通信と同様，WiFiも短期間で劇的な改良がなされました．相次ぐアップグレードで，利用者の接続速度は大幅に向上しました．この接続速度は，1秒あたりのビット数，bpsで測られます．最近のWiFi速度はたいてい，百万bpsを意味するMbpsの単位で表されます．

最初のWiFi標準規格は1997年に導入され，2.4 GHzあたりの周波数帯で2 Mbpsの速度で機能するものでした. WiFiがアップグレードされるたびに802.11の末尾にアルファベットが1字足されるのですが，厄介なことに，以下に紹介するように，そのアルファベットは時系列どおりではありません．

- 1999年，2.4 GHzの周波数帯を利用し，11 Mbpsまでの通信が可能である 802.11b がリリースされました．そして同じ年，5 GHz 周波数帯で 54 Mbps までの通信を可能にする 802.11a が導入されました．

- 2003 年に導入された 802.11g では，2.4 GHz 帯での通信速度が 54 Mbps にまで向上しました．
- 2009 年には 802.11n が登場し，2.4 GHz と 5 GHz の両方の周波数帯において 100 Mbps を超える通信速度を実現しました．
- 最も新しいものとしては 2013 年，5 GHz 帯において 1 Gbps（1,000 Mbps）のピーク速度を実現する 802.11ac がリリースされました．

この進歩について，図 2.3 にまとめてあります．ただし，最大定格速度とは理論上到達可能な速度のことで，現実的な状況下では，ここで謳われている理想的な速度の何分の一かしか得られません．

標準規格	年	周波数 (GHz)	最高通信速度 (Mbps)
-	1997	2.4	2
b	1999	2.4	11
a	1999	5	54
g	2003	2.4	54
n	2009	2.4 & 5	450
ac	2013	2.4 & 5	1,300

図 2.3 WiFi 標準規格の時間的発展とそれぞれの特徴．ただしここに載せてないものも存在している．

通信速度が向上するにつれ，WiFi サービスへの要求も増加し続けています．2011 年までには世界中で 10 億を超える WiFi デバイスが利用されるようになり，さらに毎年何億ものデバイスが新たに加わり続けています．2014 年までにはこの数字は世界中で 40 億に達し，2016 年末までに 70 億になると予想されています．

WiFi の配備

すでに述べたとおり，WiFi の「電波共有」の方法は携帯電話通信のそれとは大きく異なっていますが，その配備のされ方は実はかなり似ています．

- WiFi ネットワークのユーザーは，セルではなく**サービスセット**（basic service set, **BSS**）あるいは extended service set（**ESS**）と呼ばれるネットワークのなかにいます．
- それぞれのサービスセットで，ユーザーは基地局ではなく**アクセスポイント**（access point, AP）と直接やりとりをします．

この WiFi ネットワークの配備図を示したのが図 2.4 です．デバイスが WiFi 接続を探すとき，伝送距離内にどのアクセスポイントがあるかを見つけるためのメッセージを送信します．これによってデバイスのスクリーンには，選択肢となるネットワーク名のリストが表示されることになります．これらの名前はそれぞれ，ユーザーがサービスセットを特定しやすいようにわかりやすくつけられており，一般に**サービスセット識別子**（service set identifiers：SSIDs）として知られています．たぶんあなたも，シグナル強度が強い SSID が見つかったのにその隣に鍵マー

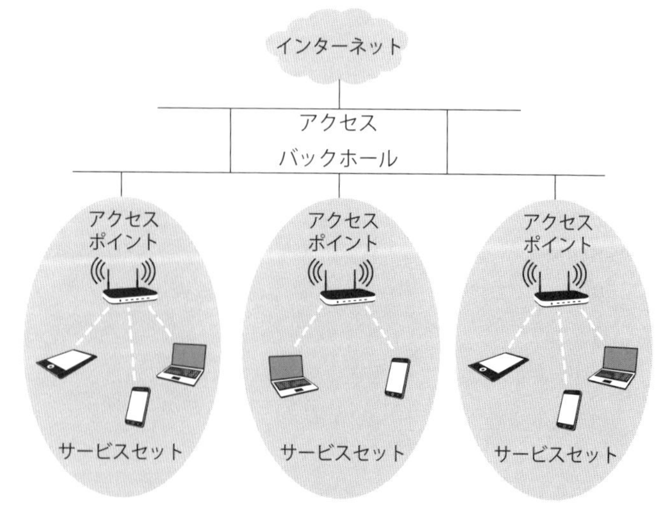

図 **2.4**　典型的な WiFi 配備の略図.

クが表示されていて，イライラさせられたことが一度や二度はあるでしょう. SSID がパスワードで保護されている場合は，ユーザーが何者であるかを証明するパスワードをもっていなければ，そのアクセスポイントにアクセスできません.

各アクセスポイントは通常，**バックホール**（backhaul）と呼ばれるものにつながっています. バックホールは有線設備で, 大概は**イーサネット**（Ethernet）という IEEE 802 の（より古くから存在する）規格の 1 つが用いられます．ここからイーサネットはアクセス網につながり，WiFi 設備からインターネットへの接続を提供しているのです.

*

WiFi ネットワークでデータを送受信するためには，デバイスはいくつかのことに対処しなくてはなりません．まず，伝送範囲内にあるアクセスポイントを選択し, 正しい周波数チャンネルを選ぶ必要があります. アクセスポイントの伝送速度はチャンネルの状態に大きく依存するため，デバイスは接続中のアクセスポイントに伝送速度を尋ねなくてはいけません[†].

本章のこれ以降では，デバイスがここまでのことができた後にやらなくてはいけない残りの仕事，つまりどう干渉を扱うかという問題について議論します．これについては，WiFi の方法は携帯電話通信と非常に異なっており，こちらも共有の仕組みとして重要です.

ランダムアクセスの方法

2 つの伝送器が互いに干渉する範囲内にあって，同時にデータを送ろうとすれば，2 つの信号は衝突を起こすでしょう．より正確には，衝突し合うのはデジタルデータ送信の 1 単位であるフレームです（これについては第 11 章で述べます).

† 詳細は原書ウェブサイトの Q2.1 ～ Q2.3 を参照．WiFi 設備についての詳細な情報は Q2.4 ～ Q2.6 を参照.

フレーム同士の**衝突**（collision）が起きると，3つの結末が考えられます．1つ目は最悪の場合で，両方のデータが失われます．つまりどちらのフレームの受信者も，データを正しく判読することができません．2つ目は**キャプチャー**（capture）と呼ばれ，強いほうのフレームだけが受信されます（図2.5）．ここで言う「強さ」とは，第1章で紹介した信号の質を測るSIR（信号対混信比）の値を指します．3つ目は**ダブルキャプチャー**（double capture）と呼ばれ，両フレームとも正しく受信される場合です．これが最も望ましいケースです．

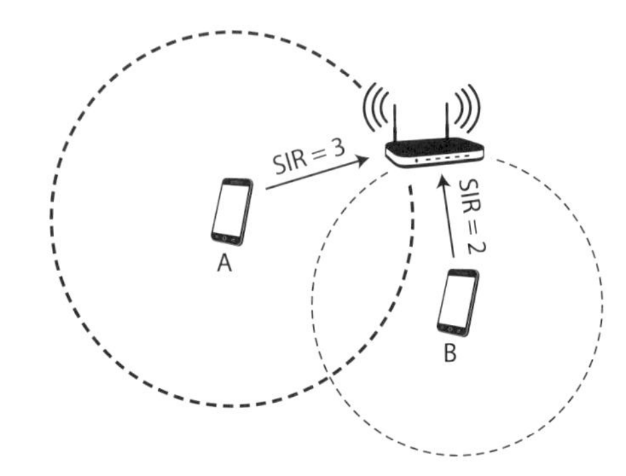

図2.5　近くにある2つのWiFi移動ステーションが同じときにフレームを送信すると，フレームは衝突する．AのほうがSIR（信号対混信比）がBより高いため，Aのフレームのほうが受信される確率が高い．

では，どの結末になるのが一般的なのでしょうか？　それはいくつかの要因に非常に強く依存します．ここでは保守的な立場をとって，最悪の場合を考えましょう．つまり衝突が起きるたび，両方のフレームが失われるとします．

第1章では，3G方式がどのように干渉を——それぞれに異なるコードを付与し，音量調節のために電力制御を使うことにより——制御しているのかを見ました．同じ方法がここでも使えるでしょうか？　そうはいきません．WiFiがもっているいくつかの特徴のために，電力制御は効率的な解にはならないのです．

その特徴の1つは，WiFiの周波数帯が免許不要帯域であることです．

つまり誰でも自由に使ってよい領域となっているため，制御できる程度を遥かに超えた干渉が起きているのです．また，セルの大きさがずっと小さいこともその特徴としてあげられます．各サービスセットは数人しか使っていないため，そこに新たに1人が加わることは干渉の状況に大きな変化をもたらします．さらにもう1つの特徴は，最大送信電力が小さいことです. ISM バンドは免許不要帯のため，電力をあまり上げることができないのです．

電力制御ができないとなると，どのようにして干渉を制御すればよいのでしょうか？　WiFi はまったく異なるアプローチをとっています．それは，そもそも干渉が起きることを回避する，というものです．

調整こそが鍵

第1章で紹介した TDMA を考えましょう．各リンクには送信のためにそれぞれタイムスロットが割り当てられています．ここに A，B，C の3つの送信機があるとしたとき，送信の順序はたとえば A，B，C，A，B，C，… のようになります．各ユーザーは自分のタイムスロットがくるたびに，データ伝達媒体を独占できることが保証されています．これは交通のたとえで言えば，交差点を信号機で制御し，ある時間には片方の道路だけが走行できるようにしていることに相当します．

WiFi においても，時間の次元は重要です．ただし，タイムスロットを割り当てる代わりに，WiFi はチャンネルがデバイスにとって待機状態に見えるときはいつでも送信ができるようにしています．言い換えれば，WiFi はデバイス間の衝突を防ぐため，デバイスに対して常に他のデバイスがどのような状態であるかを認識しておくことを要求するのです．これは運転者にとっての一時停止標識のようなものです．左右を確認して，誰も来ていないことを確認してから進む必要があるのです．

これらの技術はどちらも，**媒体アクセス制御**（medium access control）の方法です．TDMA が専用アクセスの方式であるのに対し，WiFi は**ランダムアクセス**（random access）によって制御されています．

ここでもう一度，カクテルパーティーの比喩で考えてみましょう（図

図 2.6　再度，カクテルパーティーの比喩.

2.6)．ゲストたちの声が空気中で重なり合っています．干渉が酷いと，あなたは友達が何を言っているのかを聞き取ることができません．TDMA はゲストに異なる時間枠を割りつけて，時間をずらして話させるような方法でした．ランダムアクセスも，ゲストを時間軸のなかで分離するのですが，時間枠を割りつけるのではなく，その時点ごとに，各ゲストは他に誰も話していない限り話すことを許可する方法だと言えます．

ランダムアクセスにおいて，各デバイスはいつどれくらいの長さの通信をするのかを決める特定の手順に従わなくてはいけません．どのデバイスも，他のデバイスが占有していないかぎりいつでも伝達媒体を使うことができますから，タイムスロットはすべてのデバイス間で共有されていることになります．すなわち，WiFi のプロトコルは各デバイスに対してある種の「作法」としての手続きの遵守を要求するのです．この手続きは，各デバイスがチャンネル内の他のデバイスの存在を「検知」しようとすることから，**搬送波検知多重アクセス**（carrier sensing multiple access：CSMA）と呼ばれています．

第1章に出てきたDPCのように，CSMAは完全なる分散的手続きです．各デバイスは，各自でチャンネルを確認して得た情報を用いて，手続きを局所的に実行します．意思決定を助けるための集中型の調整役は必要がなく，ネットワーキングの主要テーマである分散調整のもう1つの例となっています．

WiFiでは，デバイスの数が少ないときは素晴らしく速い伝送速度を得られるのですが，同じアクセスポイントに対して多くのデバイスが競合し始めると途端に，速度が落ちてしまいます．CSMAの詳細について見ていく前にまず，なぜデバイス数が増えるとパフォーマンスが低下するのかを定量的に捉えられるような，単純なランダムアクセスのプロトコルについて考えてみましょう．

アロハ（ハワイより）

図2.7を見てください．3つの送信機A，B，Cがあり，2つのアクセスポイントD，Eがあります．AとBはDに通信を送ろうと試み，CはEに送ろうと試みていますが，全員がお互いの干渉領域通信のなかにある状態です．

タイムスロットの開始時，各デバイスは次の問いに直面します．自分

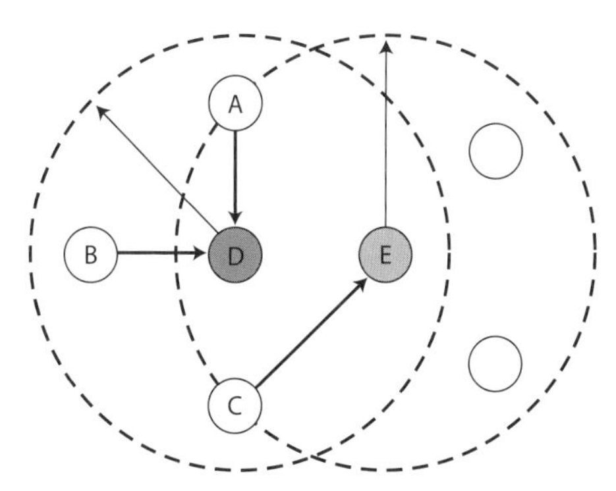

図2.7 WiFi接続の例．2つのアクセスポイントD，Eのアクセス領域を点線の円で示した．

はフレームを送信すべきか否か？　この「意思決定」過程の結果としてありえるものが，図 2.8 に描かれています．もしすべての WiFi **ステーション**が常にこの問いに対して「イエス」と答えたら，衝突は常に起きることになり，これは明らかに望ましくない状態です．各局は，他の局もデータを送れるように，ときには送信を控えなくてはいけません．その代わり，自分がデータを送れるように，他の局も送信を控えるだろうと考えるでしょう．

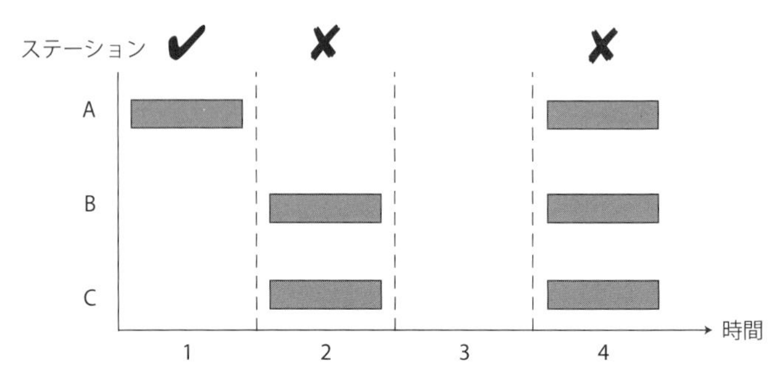

図 2.8　図 2.7 における A ～ C の，4 つの送信タイムスロットの例．3 つ目のスロットは誰も送信していないため「無駄になった機会」である．

ある局が送信を行うかどうかは，さまざまな条件に基づいて決める方法がありえます（たとえば，最近衝突があったか否かなど）．では，各タイムスロットにおいてある局が送信できる機会を，一定の確率で割り当てたらどうでしょうか？　もしこの確率が 50％なら，局は半分のタイムスロットで送信し，あと半分は送信を控えることになります．もし 10％なら，この局は平均して 10 回に 1 回は送信し，9 回は控えます．この方法は実は，**ALOHA プロトコル**（Additive Links On-line Hawaii Area）という，1971 年にハワイ大学の（だからこの頭字語なのですね！）ノーマン・エイブラムソンによって発明されたプロトコルの基礎になっています．図 2.9 は ALOHA において，送信確率を上げたときに何が起きるかを示しています．この確率が高いほど，より多くのフレームが送信され，かつ衝突の確率も高くなります．しかしあまりに送信確率が低いと，無駄な時間が多くできてしまいます．問題は，**スループット**

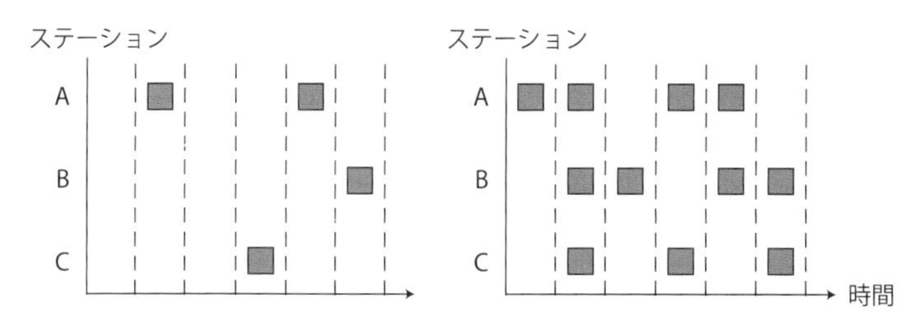

図 **2.9** 送信確率が上がったときに何が起きるかを表した図.

(throughput, メッセージ送信の成功割合) をできるだけ高くするにはどうすればよいかです.

結局すべてはスループット

各タイムスロットにおいて, 起きうる結果は次の3通りです:(i)送信成功 (1つのステーションだけが送信する), (ii)衝突 (2つ以上のステーションが送信する), (iii)送信なし (どのステーションも送信しない). スループットの設計に際し, 私たちが実現したいのは(i)です.

送信成功のためには, 2つのことが必要です. 1つ目は, 誰かが送信をすること. どのステーションにおいても, これが起きる確率はつまるところ送信確率です. 2つ目は, 他のステーションが送信しないこと. この確率はすなわち, 送信確率の逆です. たとえば, あるステーションの送信確率が40%であれば, 送信しない確率は60%となります. あるステーションが送信する際, 他のすべてのステーションが送信しない必要がありますから, この確率を掛け合わせることになります. 2つのステーションが送信しない確率は $0.6 \times 0.6 = 0.36$ (36%), 3つのステーションが送信しない確率は $0.6 \times 0.6 \times 0.6 = 0.216$ (21.6%), という具合です.

それでは, 1つのステーションの送信成功確率はどうなるでしょうか? この計算は, そのステーションの送信確率に, 他のステーションの送信しない確率を掛け合わせる, つまり,

$$\text{送信確率} \times \text{送信しない確率} \times \cdots \times \text{送信しない確率}$$

となります．たとえば，ステーションがA，B，Cのみで，それぞれ送信確率が40%の場合，Aの送信成功確率は$0.4 \times 0.6 \times 0.6 = 0.14$で14%となります．

この，ステーションがあるタイムスロットで送信成功する確率というのが，ALOHAの各ステーションのスループットの測り方です．上にあげた例では，Aは干渉がない場合に対して14%の割合でチャンネルを利用できます．

システム全体のスループットを計算するには，ステーションごとのスループットを足し合わせます．上の例のようにA, B, Cの3ステーションの場合は$0.14 \times 3 = 0.42$で42%です．全体として見るとシステムが得られるスループットは，干渉がない場合に達成可能なスループットの半分以下ということになります．

送信するべきかしないべきか

さて，ここまでにALOHAのスループットに影響する要因として，

- ステーションがあるタイムスロットにおいて送信する確率
- 干渉領域に存在するステーションの数

の2つを見てきました．WiFi領域に人々がいつ出入りするのかを制御することは困難ですが，送信確率を「作法」の一部として設定し遵守させることは可能です．ではどうやってこの確率の値を選ぶべきでしょうか？

ではまずステーションの数を固定し，送信確率を変えることで何が起きるのか見てみましょう．図2.7をもう一度見てください．AからEのうち，どれがステーションでしょうか？　実はすべてです．上の議論では話を簡単にするために，デバイスだけに焦点を当ててきましたが，実際はデバイス（A，B，C）だけでなくアクセスポイント（D，E）も，データを送る必要があるからです．

図2.10は，この5つのステーションがある状況において，送信確率を変化させた場合に，全体とステーションごとのスループットがどのように変化するかを示したものです．左端から始まってしばらくは，送信

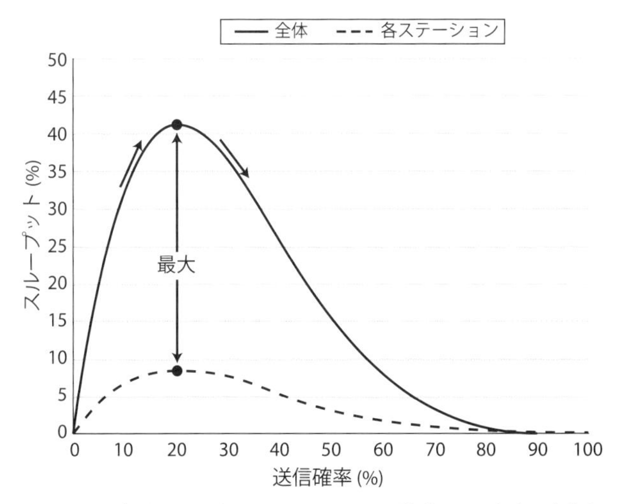

図 2.10 ALOHA プロトコルにおいて，ステーション数が 5 つのときの全体とステーションごとのスループットのグラフ．

確率が上がるにつれ全体のスループットも上がるのがわかります．送信確率が小さいと，衝突はまったくないかあっても少ないため，空いているタイムスロットが埋まっていくことでスループットが上がるからです．送信確率が 20%まで上がったとき，全体のスループットは最大値である 40%に達します．その後は，送信確率が上がると衝突が増えるため，スループットは下がっていきます．

よってステーションの数が 5 のときは，最適な送信確率は 20%で最大スループットは 40%ということになります．ということは，タイムスロット 5 個のうちせいぜい 2 個において無事に送信ができれば上々ということになり，すでにあまり効率的ではありません．さらにステーション数が増えるとどうなるでしょうか？　そうなると干渉の可能性がさらに増えるため，それに対抗すべくステーションごとの送信確率を下げることになります．その結果，全体としての最大の達成可能スループットはほぼ変わらず，ステーション数が非常に多くなるにつれ徐々に 37%まで低下する程度です[†]．

[†] 詳細な変化のグラフについては，原書ウェブサイトの Q2.7 を参照．

概して，ALOHA はユーザー数の増加に対してうまく適応できません．これは WiFi の一般的な課題であり，単純なプロトコルを使うことに対して私たちが支払う代償です．

検知の導入

WiFi は ALOHA を使うことで多くの問題がありました．これらの問題は改善されたのでしょうか？　現在の WiFi プロトコルは CSMA を使っており，これによってスループットはよくなっているので，多少改善されていると言えるでしょう．

ALOHA は複数のステーションの送信を調整することを一切せず，それぞれのステーションが送信回数をランダムに少なくすることで，衝突の回数を減らしています．しかし，もし私が今データを大量に送りたくて，かつちょうど誰も何も送信しておらずタイムスロットが空いているとしたとき，それでも私のランダムな「コイントス」が送信するなと言ったら，私は送信しないのです．これはせっかくの送信の機会を無駄にすることになります．同様に，チャンネルが現在占有されていたら，私はそれを把握して送信を控えることができるべきです．

ALOHA の問題は，純粋にランダムな方法をとっており，状況の検知をしないことです．一時停止標識のたとえで言えば，目隠しをして，他の車が来ているかどうかを見ることなくランダムに，いつ発車するかを決めているようなものです．これは明らかに衝突のリスクが高く，非常に危険です（もちろん，車の衝突に比べたらデータフレームの衝突はそこまで大きな損害ではありませんが）．

搬送波の検知

CSMA のもとでは，送信機がフレームを送信する前に，定期的に電波の状況を検知します．これは**搬送波検知**（carrier sensing）と呼ばれています．図 2.11 に例を示しました．A と C は，現在電波が使用中であることを知ることができ，B が使用を終えるまで送信を控えます．

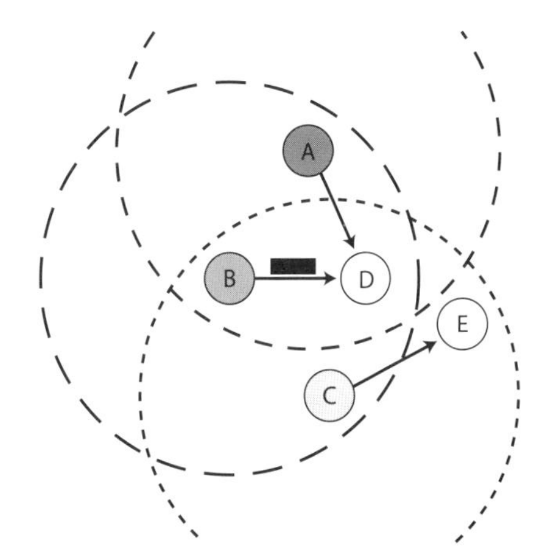

図 **2.11** CSMA において，ステーションは搬送波を検知し，自分の近傍で何が起きているかを把握することができる．ステーションを囲む点線の円は，そのステーションが検知できる範囲を表す．

ただし，ステーションが一度空いているチャンネルを見つけたら，すぐに送信を始められるかというと，そうではありません．ステーションはまず，待ち受け時間と呼ばれる期間，観察をします．ステーションは，待ち受け時間中の任意の時間において，チャンネルが使用中であることを検知した場合，しばらく何もしません（図 2.12 の B）．これは，普段の会話で起きていることと似ています．誰かが話し終わったなと思ったとき，それに応答する前に数秒開けるのが礼儀ですよね．

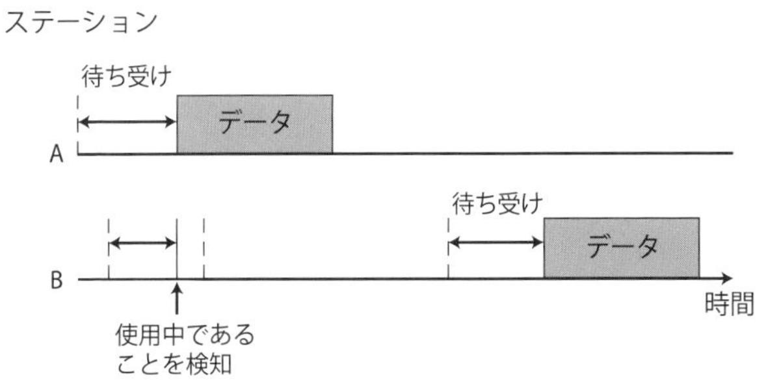

図 **2.12** 送信する前にステーションは，待ち受け時間の間，他の送信を検知しないことを確認しなくてはいけない．

待ち受け時間の間, 誰も検知しなかった場合には, ステーションはチャンネルは空いていると判断して送信を始めます. 図2.12において, まずAが送信を始め, 後からBが送信することになります. もちろん, ステーションが待ち受け時間分待った後でも, フレーム間の衝突が起きることはありえます. 他のステーションも同時刻に待ち受け時間を開始して, 同じタイミングで送信を始めようとした場合などです.

ステーションは, 自分が送信したフレームがちゃんと受信されたかを, フィードバックを通して知ります. CSMAでは, フレームが受信されると, 受信者は確認メッセージあるいはACKフレームというものを送信者に送り, 無事に通信がなされたことを知らせます. ACKフレームの送信前にも待ち受け時間があります. もし送信者がACKフレームを受信者から受け取らなければ, 衝突が起きたと考えられます. これを図示したものが図2.13です.

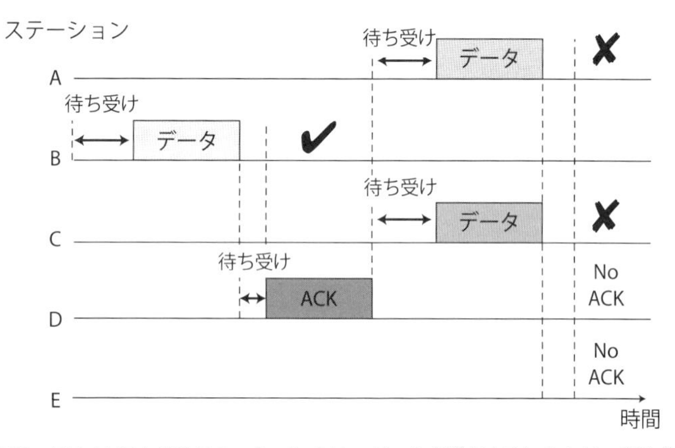

図2.13　図2.11におけるステーションBは, データを送信するにあたり, 電波が空いていることを検知し, 待ち受け時間の間待機し, その後データをDに送信する. Dは確認メッセージ(ACK)をBに返信する. Bはこれを受け取り, 通信がうまくいったことを知る. AとCはこれについて何も検知せず, それぞれ待ち受け時間の間待機し, 同じ時間に送信しようとする. これによって衝突が起こり, AとCはACKが返ってこないことでそれを知る.

忍耐は美徳

衝突が起きた場合はどうするのでしょうか？　各ステーションは，後ほどフレームを送れるときまでいったん引き下がります．問題は，再度送信を試みるタイミングをどう決めるかです．複数のステーションが同じタイミングを選んでしまったら，また衝突が起きてしまうだけです．

CSMA では，ステーションが再送信する時間をランダムに選ぶ方法を定めています．この時間は，現在の**コンテンション・ウィンドウ**（contention window）のサイズによって決められます．もしあるステーションの現在のコンテンション・ウィンドウが 3 ならば，このステーションは 0 から 3 の間でランダムな数字を選び，再送信の前にその数のタイムスロット分だけ待ちます（たとえば 2 を選んだ場合は，タイムスロット 2 個分待ちます）．

これを説明したものが図 2.14 です．2 つのステーションがデータを送信しようとして衝突を起こしています．まずステーションはそれぞれ，2 回目の待ち受け時間が経過するのを待ちます．その後，0 からウィンドウサイズ（この場合 15）の間のランダムな数字を選び，次にいつ再送信を試みるか決めます．

このようにランダムな選択を入れることで，ステーション同士が再び

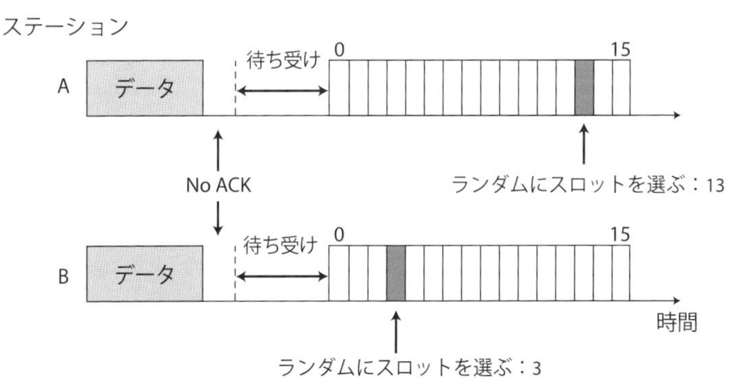

図 2.14　A と C が衝突が起きたことを知ったとき，それぞれコンテンション・ウィンドウのサイズ（ここでは 15）に基づいて決めたスロット分，引き下がって待機する．

衝突することを避けられます．もちろん，複数のステーションがまた同じスロットを選んでしまうことはありますし，まったく別のステーションと衝突してしまうこともありえます．もしフレームが衝突し続けてしまうなら，電波の干渉条件が非常に悪いと言えます．その場合，継続的に衝突が起きてしまっているステーションは，より積極的に引き下がる必要があります．その方法が，コンテンション・ウィンドウのサイズを大きくすることです．

より理解しやすくするため，再びカクテルパーティーの比喩に戻りましょう．あなたは部屋で何人かと会話をしており，何か言いたいことがあるとします．今話している誰かが話し終えたとき，あなたのなかで「待ち受け時間」が開始されます．その人がまだ話し足りないか，あるいは他の誰かが割って入って何か言わないかを，2秒ほど待つとしましょう．

その2秒が終わった後，あなたが話し始めます．しかし他の人も同時に話し始めようとし，衝突が起きます．あなたたちは2人とも不意を突かれ躊躇します．あなたはいったん引き下がり，2秒待ち，そして「再送信」しようとします．しかし相手も2秒待って同じように話し始め，あなたたちはまた衝突してしまいます．今回あなたは，より引き下がって長く，たとえば4秒ほど待つことにします．ところがまたもや相手も同様に行動し，また衝突してしまいます．あなたは礼儀正しく振る舞うべく，今度は8秒待つことにします．ようやく相手は，あなたと干渉することなく話し始めることができます．

ここで起きていた問題は何でしょうか？　なぜはじめの何回か，「引き下がる」ことでうまくいかなかったのでしょうか？　なぜなら2人ともたまたま同じ時間だけ待ってしまったからです．2秒，4秒の後，やっとあなたたちは互いのメッセージを感じ取り，あなたは8秒待って相手は短い間しか待たない選択をしました．これはランダム選択の重要さを示しています．

2，4，8，… という2の倍数の数列は，CSMAでのウィンドウサイズの増加を表します．線形な増加（2，3，4，…）というのも1つの方法ですが，これでは十分に積極的ではないと考えられ，CSMAでは乗法的に待ち時間を増やす方法がとられています．2の倍数になっているため，**2進指数待機法**（binary exponential backoff）と呼ばれています．

図2.15はこの待機法を説明したものです．現在のウィンドウサイズは，前回のスロットの数に2を掛けて1を引くことで得られます．1を引くのは，0も候補に入れたいからです．0が選ばれれば，待ち時間なしですぐに再送信が行われます．この図の場合，はじめに0～7の計8個のスロットがあるため，ウィンドウサイズは7です．次の段階ではスロットは0～15の16個となります．乗法的待機法は，第13章で輻輳制御（congestion control）について議論する際にまた出てきます．

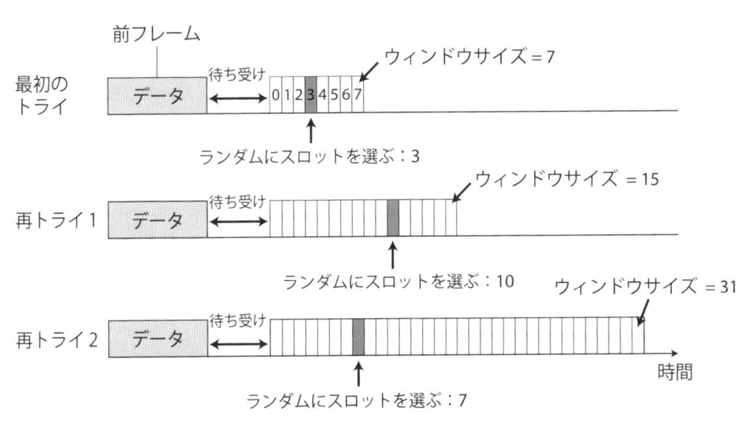

図2.15 WiFiの搬送波検知多重アクセスにおいて，繰り返し待機となる例．衝突によってコンテンション・ウィンドウの長さが倍になる．

CSMAについては，ここでは紹介しきれないほどまだいろいろと複雑な要素があります．その一例は，**隠れ端末問題**（hidden node problem）という，検知できない端末との干渉です．これは何らかの予防策がとられないかぎり生じてしまう問題です．

ALOHAとの比較

パラメータが正しく調整できれば，CSMAはALOHAに比べて明らかによいパフォーマンスを発揮します．ステーションの数を増やすたびに，ステーションごとのスループットは低下することに変わりはありませんが，その程度はALOHAに比べて緩やかです．またCSMAにおいては実は，最初の数個のステーションを追加するときには全体のスループットは増加するのです．

しかしCSMAは，衝突問題のすべてを解消するわけではありません．実際，最初の数個の後は，ステーションを追加するにつれてCSMAでもやはり全体のスループットは低下していきます．ALOHAに比べれば改善されてはいるものの，ステーションの追加ごとにスループットが低下する割合はかなり大きくなってしまいます．

結局のところ，CSMAでもALOHAでもWiFiデバイスの数が非常に大きい場合には適応できません．利用者がたくさんいるとWiFiホットスポットの接続状況が非常に悪くなるのはこのためです．これがネットワークを大勢で使うことへの代償です．

*

本書のここまでの話は，私たちがネットワーク媒体（とくに電波）を共有できるようにするために開発されてきた，さまざまな方法論について焦点を当ててきました．しかし，私たちが消費するリソースに対して課せられる料金を決める方法については，まだ何も議論していません．ネットワークの価格決定も，より効率的な共有を実現するのに有効な手段であるため，次にそれについてお話ししましょう．

3 賢いデータ価格設定

Pricing Data Smartly

データ料金は，私たちの携帯電話代の請求額のなかで大きな割合を占めます．携帯電話プロバイダーはどのようにしてこの価格を設定しているのでしょうか？　本章では，使用量に応じた価格設定が，定額の「ビュッフェ」方式に比べてよりよいフィードバックを私たちに返し，その結果よりよい共有につながる様子を見ていきます．価格決定はネットワークを管理する強力な手段となりえます．

ビュッフェのような価格設定

私たちの携帯電話のデータプランは，消費したデータのバイト数に応じていくら払うかを定めています．これらのプランが携帯電話プロバイダーによって導入された当初は，データ消費はテキストメッセージのためだけでしたが，今ではネットサーフィンや動画ストリーミング，ビデオチャットなど，私たちが携帯電話で用いるあらゆるインターネットアプリケーションでデータが通信され，その費用が請求されています．

これらのプランはどのようにつくられているのでしょうか？　まず，電気，水道，ガスなどの公共料金の請求がどうなっているかを考えてみましょう．通常はこれらの請求は，サービスを使用した量に応じて決められます．たとえば電力会社が 1 キロワット時あたり 10 セントとしていれば，500 キロワット時使用すれば 50 ドル，消費量を半分に減らせば 25 ドルとなります．この「使った分だけ支払う」タイプの価格設定は直感的ですが，データプランはこのようになっているのでしょうか？実は，近年ますますこの方式が採用されてきていますが，それはあくまでここ数年のことです．携帯電話通信の容量を提供するのは費用が多くかかり増量が困難であるにもかかわらず，かつて米国などいくつかの国では，消費者はどれだけデータを消費しても月に一定額だけ払えばよかったのです．そのような仕組みを**定額制**（flat-rate pricing）と言います．

ビュッフェでよい？

定額とは，支払う額がどれだけ消費したのかに依存しないという意味です．レストランでいうところのビュッフェ方式のようなもので，入店の際に一定の金額を支払えば，その後は好きなだけ食べることができます（図 3.1）．1 皿食べようと 2 皿食べようと 5 皿食べようと，1 ペニーも多く払わずに済むため，あなたはとにかく食べられる限り食べるでしょう．

図 3.1　レストランのビュッフェ方式は，定額制に基づいている．

ビュッフェは，空腹な客にとってはとてもよい仕組みです．しかし，もしお腹が空いていなかったら，少量の食事にビュッフェ料金を支払うことになるので，よいとは言えません．これをレストラン側の視点から考えてみたとき，客が再来店するたびにさらに多くの量食べるようになったらどうでしょうか．毎年食べる量が倍になっていったとしたら，レストランは同じ価格でビュッフェを提供し続けることができるでしょうか？

何年もの間，携帯電話業界では，通話料は定額制ではないにもかかわらず，データプランは定額制でした．その理由は，過去何十年の間，通話とテキストメッセージが携帯電話の主要な用途で，データ利用は二の次，おまけの機能だったからです．たとえば30ドルなりを毎月払うことで，ネットワークは人々にとってのビュッフェになり，いくらでも好きなだけデータを消費してよい状況でした．携帯電話でのデータ消費量が少なかったため，この仕組みはプロバイダーにとって都合がよかったのです．

スマートフォンの普及によってこの状況は一変しました．携帯用端末でネットサーフィンや音楽・動画のストリーミング，その他データ量を要するアプリケーションを使用することができるようになり，データ需要は急激に増加しました．たとえば2007年の初代iPhoneの登場によって，携帯電話通信データの需要は50倍に跳ね上がりました．多くのアプリケーションは，人間が直接操作しなくてもバックグラウンドで稼働することができるようになりましたし，マシン同士，デバイス同士のコミュニケーションが実現することで今後もさらにデータ需要は増加するでしょう．アプリケーション抜きに考えても，単にスマートフォンの利用者の増加だけでデータ需要はどんどん増えていきます．

ジョブズがもたらした不均衡

図3.2は，モバイルデータの通信量が2015年までどれだけ増加し，2019年までにどうなるかの予測を表したグラフです．データサイズを測る単位は**バイト**（byte）ですが，音楽ファイルはたいてい数百万バイトで，動画となると億の単位になってきます．そのため通常私たちは，百万バイトを表すメガバイト（MB）や十億バイトを表すギガバイト（GB）を使います．図3.2で用いられている単位はエクサバイトで，1エクサバイトは10億ギガバイトです．つまり2015年にはすでに，1ヶ月に42億GBがインターネット上を流れていたのです！　この量はど

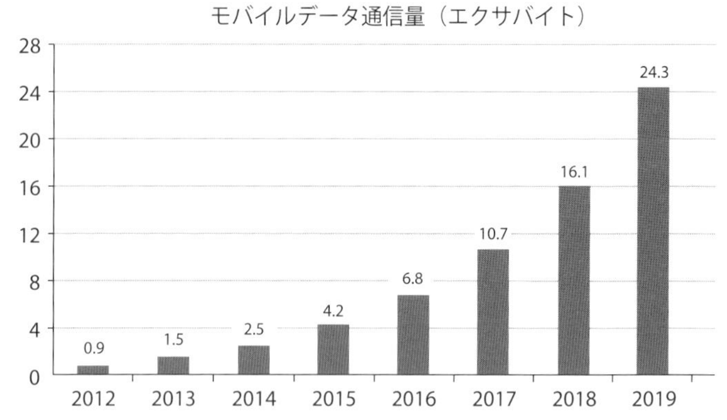

図 **3.2**　月々のモバイルデータ量の経年変化と，シスコによる2019年までの予測.

んどん増加し，年に50%増加していくと予測されています.

この消費に占める割合が最も大きいのはどのアプリケーションでしょうか？　図3.3は2014年におけるアプリケーションごとのデータ消費量の内訳です．動画ストリーミングが，最も多い55%を占めており，続いてウェブ閲覧が36%です．この2つを合わせてデータ需要の90%を超えていることになります．これらの機能は，スマートフォンやタブレットが登場する前は携帯用端末では（一部の限られたウェブ閲覧以外では）使えませんでした.

ビュッフェが限られた量の食事しか客に提供できないのと同じで，

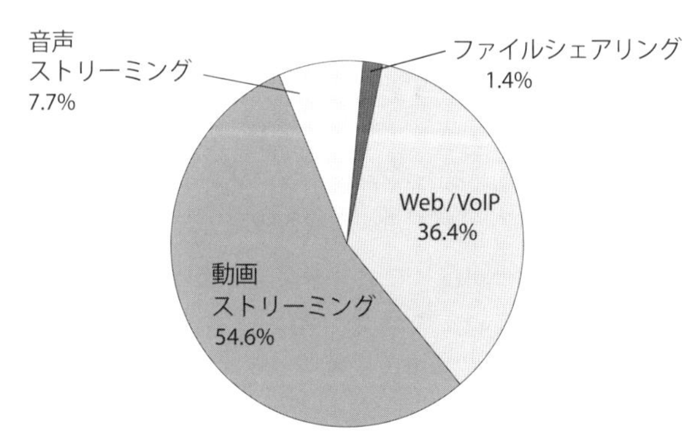

図 **3.3**　2014年におけるアプリケーションごとのモバイルデータ消費量の割合.

ネットワークにおいても私たちのデバイスに対して提供できるデータの容量に限りがあります．2007年にスティーブ・ジョブズが初代iPhoneを世の中に紹介した直後には，需要の伸びが，ネットワーク容量を増やすために費やされるお金1ドルあたりの供給量の増加を上回るようになるだろうとの予測がなされました．それ以来，年々その差は広がる一方です．

図3.4に，この傾向の概略を示しました．筆者らはこれを「ジョブズの不均衡」（つまり，ジョブズの生み出した端末による通信容量の需要-供給の不均衡）と呼んでいます．技術者・開発者が，ユーザーがモバイルインターネットデータを簡単に消費できそれに魅力を感じるようになる方法を考え出した途端に，ユーザー側の需要（およびデータアプリケーションの革新）は供給側が追いつけないほどの速さで発展し始めてしまったのです．

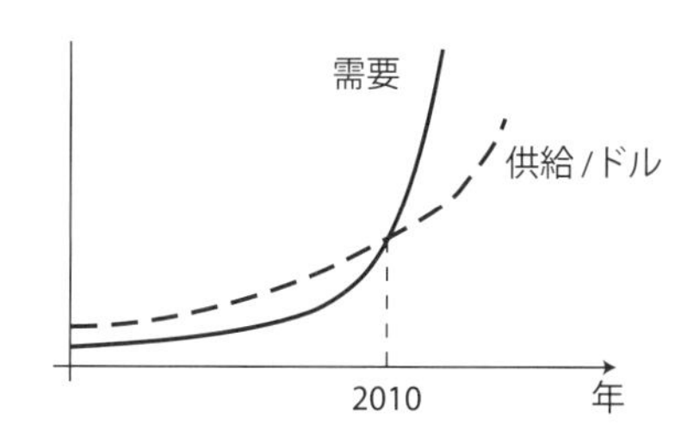

図3.4 モバイルデータ容量を増やすためのコスト1ドルあたりの，需要と供給の変化の傾向．

どんな技術でも，永久にその費用対効果をこれほど積極的に毎年増加し続けることはできません．そこで，ネットワークをより効率的に共有するための，需要を容量に応じて調整するような方法が必要となったのです．

多く使ったら多く払う

そこで**インターネット・サービス・プロバイダー（ISP）**が思いつい

た方法が，定額請求ではなく，ユーザーが毎月データを使った分だけそれに応じた金額を請求する，**従量制**（usage-based pricing）の仕組みです．この課金方法では，消費者に異なる価格シグナルが送られることになります．どれだけ使っても同じ額を月々請求されるかわりに，消費者は使用したデータ量あたりの料金を課せられます．図3.5を見てください．定額制では価格は消費量に対して完全に独立であるのに対し，従量制ではある一定量を超えると，使用量に応じて価格が上がっていきます．この「階段状」の価格グラフの形は，回線オペレーターによって定められた価格プランの詳細に依存します．

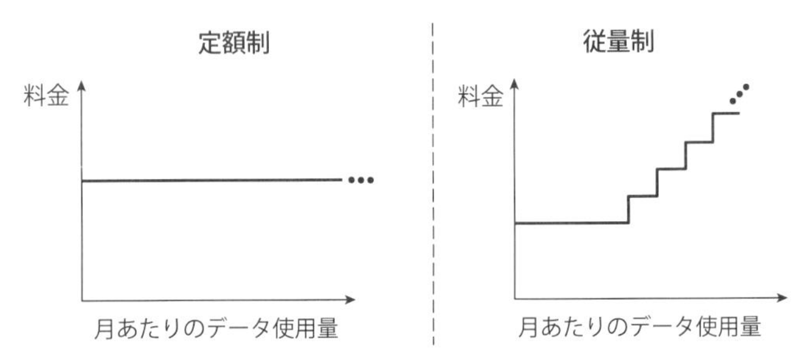

図 3.5　定額制と従量制は，異なるフィードバックシグナルを消費者に送る．従量制では，一定のデータ使用量を超えた分は，たとえばGBあたりいくらというように，データ使用量に応じた「階段状の」課金がなされる．一方で定額制では，月々の消費量と無関係に価格が決められる．

このような価格シグナルは，消費者にネガティブ（負の）フィードバックを与えることになります．第1章では，電力制御におけるネガティブフィードバックの例として，計測されたSIRの値をフィードバックすることによって，チャンネルの状況に基づいて各デバイスの信号強度を調整するネットワークを見ました．第2章で登場したWiFiのランダムアクセスにおける確認メッセージも，ネガティブフィードバックの1つの形と言えます．これについては第13章でインターネットの輻輳制御の話をする際に，より詳しく説明します．本章においては，使用量に応じた課金額をユーザーにフィードバックすることで，ネットワークは利用可能な容量に基づいて各ユーザーの需要を調整しています．各消費者は，使用した分支払うことで，自身のネットワーク上での負の外部性（自身が引き起こす混雑状態）を内部化することとなります．ここでも再び，フィードバックがネットワークでのリソース共有における一般的な課題として登場します．

従量制への移行

従量制課金の導入を可能にした要因として，次の 2 つがあげられます．1 つ目は，ネットワークの利用が市場で急増し，需要の増大が供給の増加を上回ると予想されたことです．携帯電話通信においては，iPhone，Android スマートフォンや iPad が市場に投入されたことによってこれが起こりました．ユーザーの幅がより広がり，より性能の高いデバイスが出てきたことで需要が高まり，ユーザーのデータ消費量が増えました．ISP は高まる需要に応えられるよう容量を増大させるため，より多くのコストを費やすことになります．そこで，従量課金制は収益を維持するのに必要な仕組みでした．

2 つ目は，政府の規制が価格設定の革新を可能にしたことです．さまざまな規制問題が関わってはくるものの，使用量に比例した月々の課金を認めるというのは最も異論の出る余地がないものの 1 つです．

アメリカ合衆国では 2010 年までに，従量制課金への移行が始まりました．その年の 4 月には AT&T が 3G データユーザーに従量制への移行を告知しました．次の 3 月にはベライゾン（Verizon）が後に続き，まず iPhone と iPad ユーザーに対し，そして 2011 年後半にはすべての 3G データユーザーに対して，従量制を導入しました．無制限のデータプランを使い続けていた消費者に対しては，2012 年の 3 月に AT&T は，一定の消費量を超過した際に接続速度を抑制することを発表しました．無制限のデータプランがすべて廃止された直後に，AT&T，ベライゾン両社は，「新しい iPad」[†]のための新たな 4G データプランを打ち出しました．

† 訳注：iPad シリーズの第 3 世代にあたる機種．

2012年6月，ベライゾンは携帯電話の料金プランを再度更新し，無制限のデータプランを使用し続けている場合にそれを従量制に切り替えることで，代わりに通話とテキストメッセージは定額制で利用できるようにしました．AT&Tもその1ヶ月後に似た対応を取っています．世界中の多くの他の国でも，3G，4Gさらには有線ネットワークに対し，似た価格設定基準が導入・検討されています．携帯電話の「主要な」用途が通話からデータへと変わったため，プロバイダー各社は通話よりもデータへの課金が重要であることに気づいたのです．

ロングテールはよりロングに

容量の制約以外にも，ISPには従量制に移行すべき理由がありました．重要なものとしては，最も多くのデータを使うユーザーこそが，さらなるデータ量を最も必要としている人たちだったということです．ユーザー群を，データ利用の少ないユーザー，平均的なユーザー，利用の多いユーザー（ヘビーユーザー）の3つのグループに分けると，図3.6のような分布のグラフになります．グラフの右側に行くにつれ，ユーザーの数は減り，容量への需要は高くなっています．最も右側の，ヘビーユーザーのなかでも最もデータ使用量の多いユーザーたちこそが，ISPが

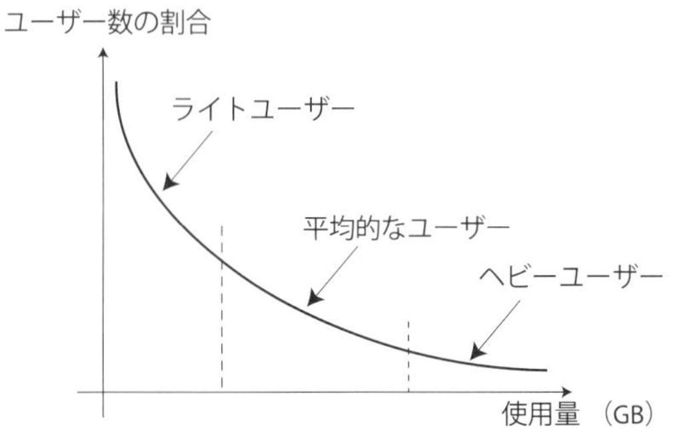

図3.6　データ使用量の少ないユーザー，平均的なユーザーがいるのに加えて，データ使用量の多いユーザー（ヘビーユーザー）が少数存在する．分布上の裾にいるヘビーユーザーが，インターネット・サービス・プロバイダーの費用構造を決定づける．

ネットワークを管理するのに要する費用を決める支配的な要因となります．この分布の裾はいつも長く伸びており，少数のユーザーが大量のデータを消費している状態は昔から続いていますが，この裾が昨今さらにどんどん伸びているのです．裾が伸びれば伸びるほど，価格決定の方法を変えない限りはISPの費用と収益の不釣り合いが大きくなってしまいます．

従量課金制

ISPが設定する従量制のデータプランのグラフはどのような形をしているのでしょうか？　図3.7は，2016年はじめのベライゾンの5つのデータプランを示しています．これらのデータプランには概して次の3つの特徴があります．

- ある量のデータ使用までは定額となる基準線が存在します．たとえば図中の真ん中のプランは，1ヶ月の使用量が6 GBを超えない限りは一律60ドルです．
- 基準線を超えると，従量制の部分が始まります．これらのベライゾンのプランは，データ使用量1 GBごとに15ドルを加算します．真ん中のプランは6 GBを超えた分に対して15ドル/GBなので，7 GB

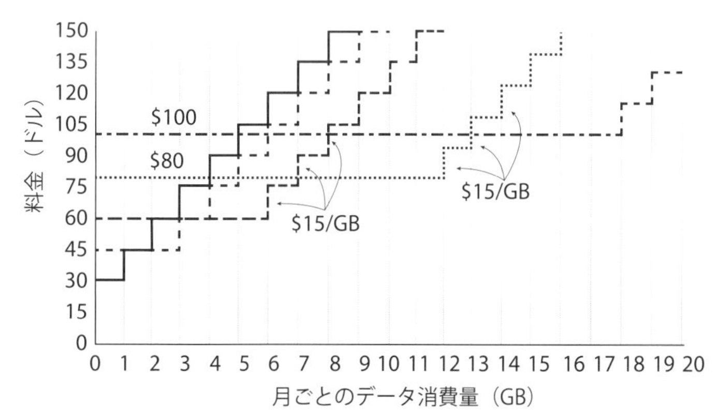

図3.7 2016年1月時点の，ベライゾンの5つのデータプラン．それぞれの線が，利用者が選ぶことのできるプランを表している．

使用した場合は75ドル，8 GBの場合は90ドル，のようになります．「階段状」と呼ぶのは，1 GB刻みで課金がされるためです。

- 全体としての課金額はその月の使用量に基づいて決まります．いつどこで何のためにデータを使おうと関係なく，使った量のみが金額に影響します．

消費量に応じた課金というのは直感的であり，ほとんどの公共料金や生活必需品はこのように価格設定がなされています．しかし，インターネット接続の定額制に慣れているユーザーは，はじめはこれを煩わしく感じるかもしれません．それがもし結果としてコンテンツの消費に影響すれば，この課金が「食物連鎖」上の全員，すなわち消費者，ネットワーク事業者，コンテンツ提供者，アプリ開発者，端末製造者，広告主に影響を与えることになります．それでも従量課金制には，定額制よりもよい価格決定として支持されるべき強い理由が，消費者の利害と一致するものも含めいくつかあるのです．これからそれを見ていきましょう．

データのスマートプライシング

ネットワークを構築し運用するのにかかる費用は，何らかの形で誰かが支払わなくてはいけません．ただ，月々の使用量に応じた従量制課金がISPにとって唯一の手段というわけではありません．

定額制の固定価格を上げるのはどうでしょうか？　そうすればネットワークを維持するのに十分な収益が得られるでしょう．しかしこれでは，データの使用量が少ない大多数のユーザーにとって不公平ですし，彼らは値上げ分を支払う余裕がないかもしれません．それでは，ヘビーユーザーの使用量に上限を設けて，閾値を超えたらネットワークを使えなくするのも一案かもしれません．

代案として，何かもっと「スマートな」方法は考えられないでしょうか？　**データのスマートプライシング**（Smart Data Pricing：**SDP**）は，2010年半ばから世界中で本格的に採用され始めている価格決定方法です．

さまざまな種類がありますが，主に次の 3 つの観点から分類できます．

どうやって課金するか

まず，ISP はどうやって課金すべきでしょうか？　すでにお話したとおり，現在は従量課金制が標準になっています．いくつかの国では，ユーザーが割り当て分のモバイルデータを使わずに残した分に対して報酬を与えたり，その分を他の人にあげたりするような取引を許容する ISP もあります．その次の段階としては，混雑状況に応じた価格決定，すなわち需要が低い時間帯や需要の低い場所での使用に対しては価格を下げるような方法があります．これらは，ここまでに出てきた従量課金制と比較して，より明確なフィードバックシグナルをエンドユーザーに送る方法と言えます．価格は月々の消費量だけでなくその時々の混雑状況にも依存し，その分ネットワークの需要と使用量はより細かいスケールで調整できます．

例としては，サービス価格がその時点での需要（と供給）に応じて変動するアマゾンのクラウドサービスでのスポット価格設定があげられます．また別の例は，ロンドンの公共交通機関です．平日の都心部のビジネス街では，交通費が高く設定されています．

誰に課金するか

次に，ISP は誰に課金すべきでしょうか？　モバイルデータを実際に使用したユーザーに加え，ネットワーク運営者は他の立場の人にも課金したいかもしれません．ネットワーク上で閲覧数を稼いでいるコンテンツのプロバイダーはどうでしょうか？　**スポンサーつきコンテンツ**（sponsored content）の仕組みでは，コンテンツのプロバイダーは費用をエンドユーザーと分担します．Kindle の電子書籍はこのモデルを採用しています．また空港の WiFi でもこの仕組みが採用されていることがあり，その場合はまず広告の動画を観た後に，無料もしくは低価格でインターネットが使えます．また，企業が従業員に，各自のデバイスを職場に持ってくることを許可している場合はどうでしょう？　費用を**割り**

勘（split billing）にすることで，従業員のモバイルデータの費用の一部を，仕事に必要な分として企業が補償することができます．

より一般的なのは，**ゼロ・レーティング**（zero-rating）もしくは**無料請求**（toll-free）データと呼ばれるような，特定のアプリケーションに使ったデータに対しては少ない課金（あるいはまったく課金されない）で済むという制度です．無料請求は，クローズとオープンに分けられます．2015年にFacebookが始めた，発展途上国で経済的余裕や環境がない人々にインターネット接続を提供するinternet.orgの取り組みについて考えてみましょう．これはクローズな無料請求で，インターネットの一部にのみ利用者のアクセスを制限するモデルであり，ネットワーク中立性とは相容れないものと見られがちです．これに対してフリーダイヤルサービスは，オープンな無料請求です．これはネットワークの特定の部分を経由する人だけでなく誰でも使え，また誰もがモバイルデータ請求の全体もしくは一部のスポンサーになることができます．

何に対して課金するか

3つ目に，ISPは何に対して課金すべきでしょうか？　基本的なアプローチはもちろん，データ使用量に対する課金です．しかし，たとえばエンドユーザーの体験やインターネット取引などに対して課金するというのはどうでしょうか？　クラウドプロバイダーのいくつかはすでに，顧客の望むクオリティ・オブ・サービス（quality of service, QoS）のレベル，たとえば計算タスクを完了するのにかかる時間などに応じて，価格を決めています．

どうやって，誰に，何に対して課金するかを問うことで，SDPはより効果的な価格決定シグナルを得られ，ひいてはより効率的な共有をもたらすことができます．モバイルデータを無制限な量，無制限な方法で使えた時代は終わりました．今は「限られたデータ」や「限られた方法」という条件のもとで新たな方法を考えていく時代です．

定額制の「悲劇」

定額制に対する従量制の利点についてはすでにいくつかお話ししました．そのなかに，消費者に対してより効果的な価格決定シグナルを送れるというものがありました．本章の残りでは，それがなぜなのかを説明します．

ここでまず，経済学の基本的な概念を紹介しなくてはいけません．

多ければ多いほど，効用が高い

タダで食べられるピザがここにあるとします（図 3.8）．あなたは空腹で，このピザはちょうどあなたの好物のピザです．あなたは何スライスか食べようとします．

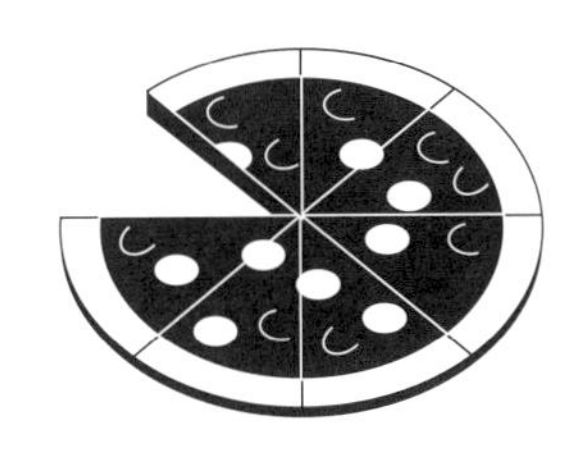

図 3.8 もしあなたが空腹なら，ピザのスライスをより多く食べることで，あなたはより大きな幸福感あるいは効用を得られる．1スライス多く食べるごとに，それによって得られる幸福の量は減少していく．

まず1スライス食べます．美味しいピザで，あなたの食欲は当然少し満たされます．でもまだ食べたいので，2スライス目に手を伸ばします．今回もやはり美味しくて，あなたの空腹を満たします．それでもやはり，1スライス目を食べたときの満足感にはかないません．その後あなたはまだ少しお腹が空いていて，3スライス目を食べます．美味しいのですが，あなたはもうそんなにお腹が空いていないので，1スライス目や2スライス目ほどのよさはありません．

この過程を繰り返していくと（あなたがどれだけピザを食べられるかによりますが），最終的にはあなたは，ピザをもう1スライス食べたいと思わなくなります．タダですから食べ続けるかもしれませんが，この時点ではもうお金を払ってまで食べたいとは思わないでしょう．

これは，人の得る**効用**（utility，すなわち「幸福の度合い」）が割り当てられるリソースの量に依存することを示す例です．リソースが食べ物であれ電化製品であれ携帯電話通信のデータであれ何であれ，得られるリソースの量に対するユーザーの効用を理解することが重要です．図3.9に示すように，効用の変化には以下の2つの一般的特徴があります．

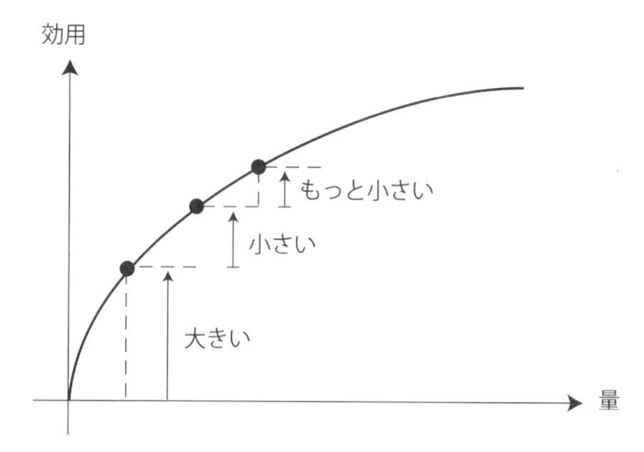

図 3.9　典型的な効用関数の形．量の増加は常に効用を増加させるが，その変化量は量が増えるほど減少していく．

- **増加**：割り当てられるリソースの量が増えるほど，効用は増加します．使えるデータ量が増えれば，あなたはより多くの恩恵を得られます．
- **限界収穫逓減**：ある点を超えると，増加のペースが緩やかになります．あなたは最初の数ギガバイトを重要なものに使い，その後はデータ量に対して得るものが減少していくでしょう．これが**限界収穫逓減**（diminishing marginal returns）と言われる原理です．

価格が高いほど，需要が低い

ある個人の効用は，どのようにして定量化されるのでしょうか？　1つのよくある方法は，リソース量に対して消費者がどのように振る舞うかを観察することです[†]．

誰かが何かを購入するとき，その人は自分の**純効用**（net utility）を

[†] その他の方法については，原書ウェブサイトのQ3.3を参照．

できる限り高めようとしています．純効用とはその人が購買行動によって得る利得，あるいはその人が得る満足度から支払った価格を差し引いたものです．

ある人が何か決められた単価（たとえば10ドル/GB）のものを，ある量だけ購入したとき，利得は，以下のように表されます．

$$利得 = 効用 - 単価 \times 量$$

次に，**需要**（demand）として知られているものに基づいて，ユーザーが購入する量は価格に依存して決まります．想像がつくでしょうが，価格が高くなると需要は下がります．たとえば，データの価格が倍になれば消費量は減り，価格が半額になれば消費量は増えます．この価格と消費量の正確な関係性は需要曲線で表され，現実には複雑な形をとります．ただしここでは単純化して考えるため，図3.10に示したような線形の需要曲線を考えることにします．

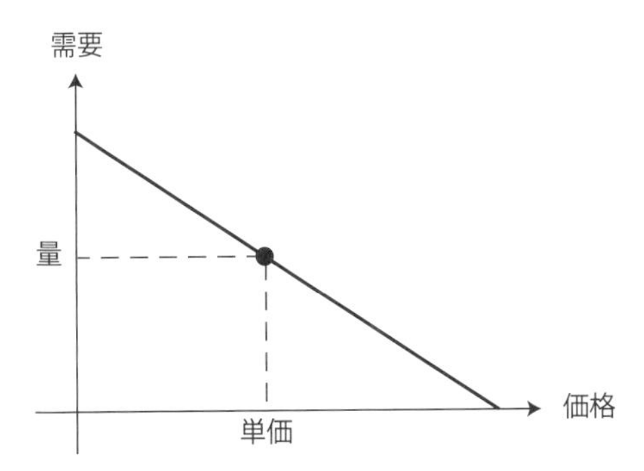

図3.10　線形の需要曲線．売り手が特定の単価で売っている場合，どれだけのリソース量を購入することになるかがこの曲線からわかる．

売り手が従量制の料金を定めているとき，ユーザーの効用と純効用を導出するのは比較的簡単です．図3.11において，以下のように求めることができます．

- グラフから，価格に対するユーザーの需要が得られます．
- ユーザーが課せられる料金は，この単価に購入量を掛けた値です．幾

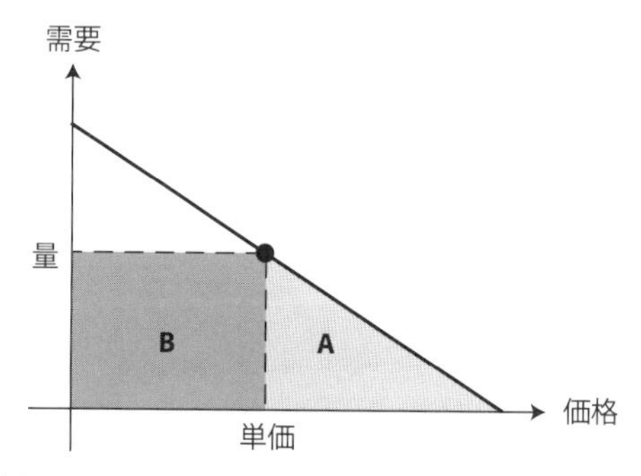

図 3.11　従量課金制のもとでは，効用は A + B，支払う価格は B，純効用は A となる．

何学的には図中の長方形 B の面積になります．

- ユーザーの効用は，需要曲線の左側で，かつ購入量の線の下の領域の面積です．図では三角形 A と長方形 B の和 A + B に当たります．
- 最後に純効用は，効用から価格を引いたもの，(A + B) − B = A となり，すなわち三角形 A の面積となります．

従量制価格決定のもとでの消費

需要曲線について，より根本的な問いは「なぜそもそも，ユーザーが消費する量は一定値に決まるのか」ということです．言い換えれば，なぜ人はもっとたくさん消費したり少なく購入したりという動機をもたないのでしょうか？　それは，従量制価格決定のもとでは，単価に対して，ユーザーの効用を最大化するような消費量が存在するからです．

需要曲線が示す消費量よりも，消費量を増やしたり減らしたりすることを考えてみましょう．この 2 つの場合を図 3.12 に示しました．左の図では，ユーザーは消費量を需要曲線の示す量より減らしています．これによって価格は B1 分下がりますが，同時に効用も A1 + B1 の合計面積分減少します．よって純効用は，もとの量から A1 分減少することになり，効用の減少は費用の減少を上回ります．右側の図は，ユーザーが消費を当初の量より増やす場合です．効用は A2 だけ増加しますが，価格は A2 + B2 分増加し，純効用は B2 だけ下がることになります．

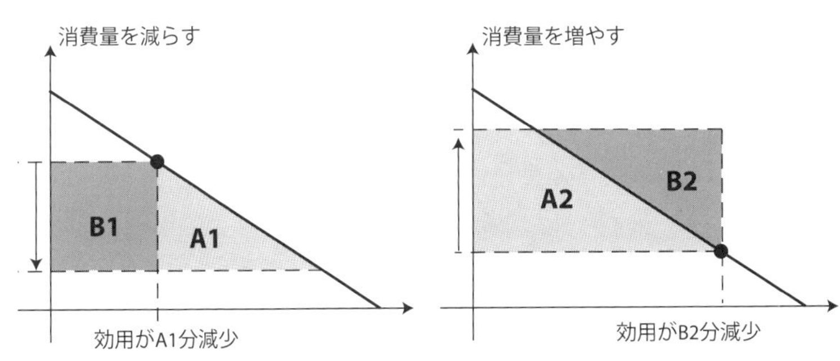

図 3.12 従量制価格決定のもとでは，需要曲線に従うことがユーザーにとって最適の選択であることの説明.

つまり，コストの増加が効用の増加を上回ります.

このことから，従量制価格決定のもとでは，ユーザーにとっては消費量を需要曲線に基づいて決めるのが最適であることがわかります．データあたりの単価に応じて課金することで，ISP はユーザーのモバイルネットワーク上でのデータ消費を調整することができるのです．ISP がデータ単価を，ネットワークの運用管理にかかる費用に応じて決めれば，それによって消費者には効率的なフィードバックシグナルが送られ，消費者の消費による負の外部性を内部化させることになります.

定額制のもとでの消費

定額制価格設定も，同様にユーザーを需要曲線上に導くのでしょうか？　定額制では，消費量には無関係に固定された金額の課金がなされます．この仕組みのもとでは，ユーザーにとって最適なのはこれ以上得られる効用がないというところまで消費し尽くすことなので，ユーザーは需要曲線上に留まるべきではありません.

もしあなたが月 20 ドルのデータプランを使っていたら，10 本ではなく 100 本の動画をストリーミングしようと思うのを止めるものは何でしょう？　明らかに金額ではありません．あなたはこれ以上データを使いたいものがないというところまで，毎月最大限データを消費するでしょう.

共有地の悲劇

なぜ定額制価格決定がネットワークには望ましくないのかを理解するため，経済学でよく使われるたとえである**共有地の悲劇**（tragedy of the commons）を見てみましょう．これは1968年にギャレット・ハーディンによって広められたたとえ話で[†]，牛飼いたちが自分たちの家畜に餌をやるための牧草地を共有している状況を考えます（図3.13）．各牛飼いは好きなだけ，その共有地で餌を食べさせる牛の数を増やすことができます．

図3.13　「共有地の悲劇」のたとえ．牛飼いたちは家畜を共有地で飼っている．

ここで，牛飼いの1人であるボブが，自分の世話する家畜をもう1頭増やすかどうか検討しているとしましょう．私益を最大化するという目的のもと，彼は「1頭増やすと，私の純効用はどうなるだろうか？」と考えます．一方では，1頭増やすと，その家畜に関する売上利益はすべて手に入ります．他方，1頭追加するとその土地は過放牧状態に一歩近づきます．牧草地にあまりに多くの家畜を放すと，牧草は食べ尽くされてなくなってしまいます．しかしこの分のコストは他の牛飼いとの間

[†] 従量課金制の仕組みのさらなる利点の詳細は原書ウェブサイトのQ3.4を参照．

で平等に分けられますから，ボブ個人にとってみれば純効用の減少は，1頭追加することの利益に比べて小さく済みます．よって，ボブはもう1頭追加する方が自分にとって最適だという意思決定をします．他の牛飼いもまた同じように考えます．

結果はどうなるでしょうか？　牧草の量は限られており，家畜がどんどん増えれば当然，過放牧になってしまいます（図3.14）．最後はもう草を食べられる土地は残らず，家畜たちは飢えてしまうという，誰にとっても最悪のシナリオが実現してしまいます．価格設定の適切なシグナルがないと，ボブも他の牛飼いたちも共同で共有の牧草地を駄目にしてしまうという「悲劇」を引き起こしてしまうのです．

図3.14　各牛飼いが利己的に判断すれば，土地に牛を追加し続けるだろう．牧草地の混雑により過放牧状態となり，最終的に枯渇してしまうという共有地の悲劇が生じる．

ここからどんな教訓が得られるでしょうか？　定額制のもとで人がより多くの消費を続けてしまうのは，牛飼いが各々家畜をもっと増やそうとするのと似ています．消費者がネットワークを利用するたびに，追加のコストはかかりません．個人の視点から見れば，「コスト」はわずかな混雑が追加されることだけなので，好きなだけ使うのが最善の選択なのです．しかしこれによって，最終的には，ネットワークは皆からの過剰な集団的需要に屈してしまい，「悲劇」が引き起こされます．これは負のネットワーク効果です．

この問題は，効率的な価格決定シグナルがないことによります．追加のデータはさらなる効用と解釈され，ネットワークにデータをさらに増やすことに対して個人が負う「コスト」を簡単に超過してしまいます．私たちは，第1章で見た携帯電話が皆の干渉を引き起こす場合のように，すべてのデータクエリーがネットワーク全体にとっての負の外部性を生んでいることを，計算に入れなくてはいけません．このとき，ユーザーに負の外部性を内部化させる方法は，彼らが使うデータに応じて，「共有の牧草地」に「牛」を1頭追加するごとに，それに応じて支払いをさせることです．そうすれば価格が高くなることにより需要が低くなり，そもそも悲劇が起きるのを避けることができます．

第Ⅰ部のまとめ

本書の第Ⅰ部では,「共有は難しい」という原則について,携帯電話通信と WiFi という 2 つのタイプのネットワークについて見ました.私たちは日々の生活のなかでこれらのネットワークを使っていますが,どうやってこんなにも多くの人が互いの会話を邪魔したり容量の問題を引き起こしたりすることなく,電波を共有できているのかについて,普段あまり時間を割いて考えることはありません.ここでは,長距離を結ぶ規制された携帯電話の音声ネットワークには,さまざまな技術——たとえば,軍拡競争状態に陥らずに皆の出力レベルを調整するための,CDMA による分散電力制御など——が関わっていることを見ました.またその一方で,短距離で規制されていない WiFi ネットワークが,むしろ皆が検知と待機をすることで衝突を避けるランダムアクセスの仕組みにより,効果的に運用されていることも見ました.最後に,モバイルデータの場合を例に,価格設定がどのようにしてネットワークにおけるより効率的な共有を可能にするのかについても見ました.これらそれぞれにおいて,ユーザーがネットワークの状況と混雑についての正しいシグナルを確実に受け取るために,ネガティブフィードバックが重要な役割を果たしていました.

第 11 章で,インターネットがどのように設計されているかを見る際に再度,共有と価格決定についてお話しします.

対談 ——————— デニス・ストリグル

A Conversation with Dennis Strigl

デニス・ストリグル氏はベライゾン・ネットワーク社の元社長兼最高執行責任者（COO），ベライゾン・ワイヤレス社の元社長兼最高経営責任者（CEO）．

Q：このたびは，私たちにワイヤレスネットワークについてお話しいただく時間をつくってくださってありがとうございます．私たちは，朝から晩までワイヤレスネットワークが当たり前に存在する時代に生きていますが，あなたは何十年にもわたりベライゾン・ワイヤレスの CEO など多くの会社の幹部職をされ，このような時代をつくったたくさんの意思決定について責任ある立場にいらっしゃいました. ここ 40 年のモバイルコミュニケーションの進化について，何があなたにとって最も驚きでしたか？

デニス：ここ 40 年と言われると，何だか自分の歳を感じますが，まぁよいでしょう. まず非常に初期の話から始めましょう. 私が初めてワイヤレス事業に携わったとき，マッキンゼー・アンド・カンパニーのコンサルタントから，2000 年の到来までにワイヤレスの利用者は 90 万人になるだろうとの推定値を得たことを覚えています．その後，私たちは優にその 100 倍を超える利用者を得ました．世界中で見れば 2014 年末現在，3 億 4,400 万人の利用者がおり，この産業の成長は，マッキンゼー，ベル研究所，AT&T による初期の予測をはるかに上回っています．これは，ネットワークが私たちの顧客にとって優れた製品であり，またその価格も年を経るにつれ下がり続け，重役がリムジンの後部座席で使うようなデバイスから，現在では普及率（世界中での利用者の割合）が 100% を超える（2014 年末時点で 110% に及んでいます）ような，つまり多くの人が 1 つ以上もつような日常的なデバイスになったことによります．

実は，非常に早い時期に私の上司の 1 人は，「携帯電話会社を経営しなさい. 誰もやりたがらないのは承知だが，君がそこで 2，3 年やれば，その後は我々が君を呼び戻して我々の電話会社の 1 つを経営してもらうことを約束するから」と私に言いました．その当時私は，何であれやれと言われたことをやろうと思っていました．それでもこの指令は，背中を軽く叩かれて「我慢して言うことを聞いてくれ」と言われているようなものでした．どうにもならないようなものを「とにかくしばらくやってくれ」というわけです.

Q：ここ数十年の市場普及規模が，最も驚くべきことだったのでしょうか？

デニス：顧客の数という意味での規模だけではなく，人々がデバイスを何に使うかという意味においても驚くべき変化がありました．確かに，もともとのワイヤレスネットワークの設計目的であったボイスメッセージと音声通話の利用は，長年にわたり飛躍的に伸びました．しかしその後データ通信が導入されると，データ利用もまた飛躍的に伸びました．現在（2008 年か 2009 年），年間 1 兆件以上のテキストメッセージが送られています．私は，それら私の子供たち（製品・サービス）の半数は，自己生成的に生まれたと思っているのですが．しかしともかく，私は 1990 年代後半の頃のテキストメッセージのことを今も覚えています．ネットワーク事業のスタッフが私のところへ来て，「これを見てください，携帯電話に文字が入れられるのです」と言ったのに対して，私は「一体誰がそんなことをしたいんだ？」と返したのです．それが今となっては，携帯電話に写真を入れ，動画をストリーミングし，ということを当たり前にするようになり，そして携帯電話産業は驚異的な成長を遂げ，世界中で非常に多くの雇用を生み出しています．そしてこれからもそうあり続けるでしょう．

Q：そうですね，規模だけではなく利用の多様化も驚くべきことですね．何がこの規模と多様性を支えているのだと思われますか？

デニス：主には次の 2 つだと思います．1 つ目は，ネットワークの質とその向上です．基地局が増設されるにつれ，より多くの電波スペクトルが利用可能になり，サービスの質は向上しました．なお，顧客側もまた，よりよいサービスを要求しました．私たちは，サービスが 1984 年，1990 年，あるいは 1995 年当時のもののままだったら，顧客基盤を著しく成長させることはできないとわかっていました．ですから，サービスを長年かけて徐々に向上させていったのです．

2 つ目は価格設定です．もともとワイヤレス電話のデバイス自体はおよそ 3,000 ドルしました．それを使うためには，車のトランクのなかに入れる無線通話機が必要で，サービス自体のコストもものすごく高いものでした．月 50 ドルに加え，国内のどこにいるかによって 1 分ごとに 40 ～ 50 セントかかり，しかもそれは応答がなかったり切れてしまったりした通話にも課金されたのです．それが，この産業が完全に競争状態に突入した 1990 年代半ばには，すでに競合企業が 5 社ほどあり，価格はワイヤレスが導入された当時のわずか数％にまで下がりました．

Q：あなたがベライゾン・ワイヤレスの CEO をされていた頃，3 G を展開しつつ 4 G に関する決定を固めていく過程で，互いに競合するさまざまな提案が机上に上がったことでしょう．3 G/4 G 革命の際，最も挑戦的でたくさんの思考を要した意思決定は何でしたか？

デニス：挑戦は何よりもまず，スペクトルとシステムのブロックのうち，どれを音声にあて，どれをデータにあてるかということでした．どうやってその無線通信を補整するか？　最初はもちろん，データよりも音声のほうがはるかに多かったので，私たちの技術者たちは常に，データ容量を 3 G と 4 G のネットワークにインストールするたびに（4 G のほうが若干複雑ですが），そのデータを利用するであろうデバイスを保有する顧客がちゃんと同期していることを確認しなくてはならず，それが大きな工学的挑戦でした．

財政面での大きな挑戦は，建物や工場，その他設備に年間 150 億ドル近くの費用をかけたことです．そのほとんどはネットワーク（基地局や交換機）に費やされました．ここでも，何にお金をかけるかという問題がありました．データと音声どちらにお金をかけるか，また 140 ～ 160 億ドルを毎年継続して使い続けられるのか？　それに見合う収益があるのか？　そしてそのとき何が起きていたのかというと，これが本当の財政面での挑戦だったのですが，データ使用量が増加するにつれ音声の使用量が横ばい状態になり，2000 年代はじめには音声からの収益分が減少していき，データからの収益分が増していきました．しかしその当時は，ほとんどのデータは私たちの顧客にとっては比較的安価なものでした．

Q：いくつかの企業は WiMAX を推進し，またいくつかは LTE を推進していましたが，現在は明らかに LTE が世界的に広く展開されています．そして LTE の最初の主たるオペレーターがベライゾン・ワイヤレスでしたね？

デニス：そうです．長期的展開という意味では，私たちが最初でした．

Q：でも 10 年前は一体どこへ向かっているのかはっきりしない状態でした．この意思決定に関して，何か面白い話がありますか？

デニス：そうですね，産業内では常に，どの技術が生き残るかという競争がありました．WiMAX 対 LTE は，音声用の GSM（global system for mobile communications，第 1 章参照）対 CDMA に似ています．もちろん私たちは，CDMA 技術のほうが費用効率が高いと信じており，同じように WiMAX よりも LTE 技術のほうが費用効率が高いと信じていました．WiMAX をけなすわけではないのですが（WiMAX はよいサービスだと思います），LTE と比べるとやはり，同じコスト効率で十分な速度を提供できませんでした。

Q：音声対データの価格決定の話に戻りましょう．ほんの数年前，たとえば米国では，無制限のモバイルデータと時間制限・回数制限のある音声通話およびテキストメッセージを利用できる，というのが通常でした．昨今では無制限のモバイルデータというのを探すのはどんどん困難になっています．私は最近ベライゾンの店舗に行ったのですが，そこで「家族で共有するデータプラン 小／中／大／特大サイズ，1 G バイトあたりおよそ 10 ドル」というポスターを見つけました．世界の他の多くの携帯電話会社は，LTE に切り替えたときに従量制の価格設定をしました．この変化は何によるものだったのでしょう？

デニス：簡単な話で，需要と供給です．需要は使用時間にありました．当時，人々は時間を音声通話に使っていたのであり，データにではありませんでした．というのは，アプリケーションもまだ存在しておらず，それがどんなに便利かをまだ知らなかったのです．それから 2005 年か 2006 年の半ばあたりから現在にかけて，私たちは音声通話の利用時間が横ばいになっていくのに気づきました．今となっては，音声通話の利用は減少し，データ使用は――ギガビットかメガビットか，どう測るにせよ――ものすごく急激に加速していっています．ここで問題になるのは，ユーザーと通信事業者は，どうやってこのネットワークへの膨大な投資に対して支払いをするのかということです．しかし 4 G ネットワークを利用している現在のユーザーがメガビットあたりいくら払っているのかを見れば，3 G のときよりも大幅に価格が下がっていることがわかるでしょう．

Q：人々はまた，たとえばネットワークの状態に応じた動的な価格決定や，さまざまな形態でユーザーの使用料負担が無料になるような方法など，データ価格決定のより賢いさまざまな方法を模索し始めました．トールフリーサービス，つまり携帯電話データ用のフリーダイヤルと呼ばれるものなどを展開する企業もあります．これらや，モバイルデータの需要と供給をマッチさせるその他の方法について，あなたはこの価格決定の革命がどうなっていくと思いますか？

デニス：そうですね，少し話を戻しましょう．フリーアクセスができるときには通常何らかの理由があります．よくあるのは，広告の動画を見せられたり，ポップアップ広告が何度も出てイライラさせられたり思考を中断させられたりするもので，まあ良し悪しです．それでは今後どうなるでしょう？　1つ私が請け合えることは，データ使用量が増加し，消費者の使用も商用の使用も増え携帯電話会社の収益も増えるにつれ，またメーカーと携帯電話会社両方のコストが下がり続けるにつれ，データ使用量単位あたりの価格は減少し続けるだろうということです．

Q：ここ最近，“Internet of Things” や “Internet of Me”，“Internet of Everything” が，ゴールデンタイムのTVコマーシャルですら見かけるほどによく話題になっています．これは私たちの身体のなか，身につけるもの，身の回り，または街中や工業・農業環境など，あらゆる場所にあるネットワーク化されたデバイスについての話です．最初にこれらが軌道に乗って，直接的な価値をもたらすようになる主たる産業部門はどのあたりでしょうか？

デニス：“Internet of Things” については完全に同意します．おっしゃるとおり，私たちは私たちの生活をある意味さまざまな形で制御する小さな機器をもっています．ほぼありとあらゆる場面——たとえば街や，電力・電気，水資源，その他公共インフラ，あるいは輸送——で見られることになるでしょう．ちなみに，質問に答えるならば，最初の産業部門はおそらく輸送でしょう．必ずしもスマート・カーだけではなく，スマート・ハイウェイといったものもそうで，すでにその流れは見え始めています．

なぜ産業内でこんなにも早く成長しているのかについては，便利だから，早いからというだけではなく，提供者のコストを下げるという理由があります．私は，この傾向は特定の産業に限定されず，もっと広く見られるようになると思っています．

Q：輸送といえば，クラウドがエンドユーザやユーザーに近いエッジデバイスの間にも降りてきて，「フォグ・ネットワーク（fog network）」をつくっていますね．人々はこれを見て，ネットワークデバイス同士の物理的近接性によってどんなアプリケーションが有効になってくるのだろうかと考えています．と同時に人々は，セキュリティーやプライバシーの問題について心配もしています．コンピューター関係のさまざまな立場の企業を見てみると，誰しもオーナーになりたがっています．アップルとサムスンは電話がこのフォグ・ネットワークのハブだと言いたくて，シスコは彼らが自動車会社と共同でつくっているダッシュボードがハブだと言いたがっています．

デニス：あるいはルーターか交換機か…….

Q：あるいはベライゾンなら，あなたの隣で私が制御しているあの小さな基地局が，ハブだと言うでしょうね．ではネットワーク運営会社にとってのよい戦略は何で，ハブはどこに行きつくのでしょうか？

デニス：そうですね，通信業界での私の取引先の皆さんは，私がこんなことを言うと嫌がるでしょうが，私は今の流れとスピードだと，皆さんのポケットや財布，車のなかにあるようなデバイスに行きつくと思っています．家を出るときにそのデバイスを置いていくことはもはやなくなり，毎日24時間持ち歩くことになるでしょう．では通信事業者はこれに対抗するためにどうすべきでしょうか？　私にはよくわかりません．通信事業者にとっての答えは，アップルやグーグル，シスコのような企業，あるいはエリクソンやノキアのような製造企業との，提携にあると思います．顧客をもっている事業者とデバイスの技術をもっている企業が，一緒にならなくてはいけません．

ここに，今日のベライゾンの大きな強みがあります．彼らは1億人以上の顧客を抱えています．グーグルももちろん，検索サービスの利用者という意味では多いですが，でも顧客数という意味ではそうは言えません．私はアップル社の携帯電話をもっていますが，アップルの携帯もベライゾンのワイヤレスネットワークにつながっているのです．誰がこれに課金するのでしょう？　アップルは一度きりですが，ベライゾン・ワイヤレスからは毎月課金されます．ですからこの顧客獲得のための競争に関する方程式の両辺は，何らかの形で，提携（パートナーシップ）で結びつきます．私たちはそのまだごく初期の段階にあります．

Q：最後に，国の政策に関して，これまでにお話しいただいたアプリケーションや需要がもたらすことについての質問をさせてください．FCC（連邦通信委員会）は，アメリカ合衆国が2014年に正式にスペクトル不足（周波数帯域不足）に陥ったと宣言しました．私たちはスペクトルを使い果たしてしまったのでしょうか？　もしそうなら，将来どうなっていくのでしょうか？

デニス：私はその宣言を信じていません．米国でも世界の他の場所でも，スペクトル不足にはなっていません．実際は，米国中の企業が使用できる以上のスペクトルがあります．問題はそれが間違った人の手にあることです．スペクトルは，どんな状況下でもそれを放棄したがらない政府内機関の手にあり，彼らのもっているスペクトルは恐ろしく非効率的に利用されているのです．政府が認識すべきは，民間産業と同様の効率的なスペクトル利用を展開しなくてはいけないということです．そうすれば彼らも，スペクトル不足だと思うことはなくなるはずです．

Q：では問題の核心は，スペクトル自体の不足ではなく，使用効率だと思われるのですね？

デニス：政府にはこれに関して異議を唱える方もたくさんいらっしゃるでしょうが，私は長年この立場をとっています．商用のために競売にかけられたスペクトルの量は，すでに使われているスペクトル量に比べてとるに足りません．なお，放送局各社もまた，スペクトルを効率的に使用しておらず，そこにはやはり効率性の問題があるのです．

Q：どうもありがとうございました，デニー．素晴らしくわかりやすいお話でした．あなたの見解を共有してくださってありがとうございます．今後どうなるにせよ，引き続き興味深いテーマですね．

第 Ⅱ 部

ランキングは難しい

RANKING IS HARD

第Ⅰ部では，多くのユーザー間で効率的に共有リソースを分割する問題に着目しました．第Ⅱ部では，ネットワークにまつわる別の課題を取り上げます．それは，あるアイテムの集合を適切にランキングする方法です．ここではとくに，Google によって使用されるランキング方法に焦点を当てます．Google で表示されるページには，広告スペースに表示されるものと検索結果として表示されるものの 2 種類があり，それぞれに対してランキング（順位付け）が行われています．また，これらのランキングはサイトへの訪問者があるたびに更新されています．2 種類のランキングについてそれぞれ第 4 章と第 5 章で説明します．これから見ていくように，2 つのランキングにはそれぞれ異なるテクニックが使用されています．広告スペースは入札単価に基づいて購入者に割り当てられ，検索結果は重要度と関連度に基づいて並べられています．

4

広告スペースへの入札

Bidding for Ad Spaces

過去 10 年間にインターネットにアクセスしたことがある人なら誰でも，Google 検索を使用したことがあるでしょう（図 4.1）．最も近い喫茶店から，大学の課題のための専門的な調べものにいたるまでのすべての問いを「ググる」ことができます．「googling(ググる)」は 2006 年にオックスフォード英語辞典に追加されました．また，読者の大部分はこの本の情報にたどりつくために Google を最初に使っただろうと思われます．

Google

図 4.1　あらゆるところで目にするグーグルの商標ロゴ．

Google はどのようにウェブページをランキングしているのでしょうか？　それ以前に，同じくらい大事な次の疑問が浮かぶかもしれません．グーグル社は 55,000 人以上の従業員を擁し，2014 年には前年より 19％増の 660 億ドルの収益を上げました．グーグルはどのように広告ビジネスから収益を得ているのでしょうか？

オンライン広告ビジネス

マグナ・グローバル社の推定によれば，2015年に世界のオンライン広告業界で生み出された収益は1,600億ドルを超えたとされています．2014年において，グーグルの収益の90%は広告収入であり，その他はGoogle Play，Google AppsやGoogle Fiberなどによってもたらされています（図4.2）．Googleの広告はどのように機能しているのでしょうか．

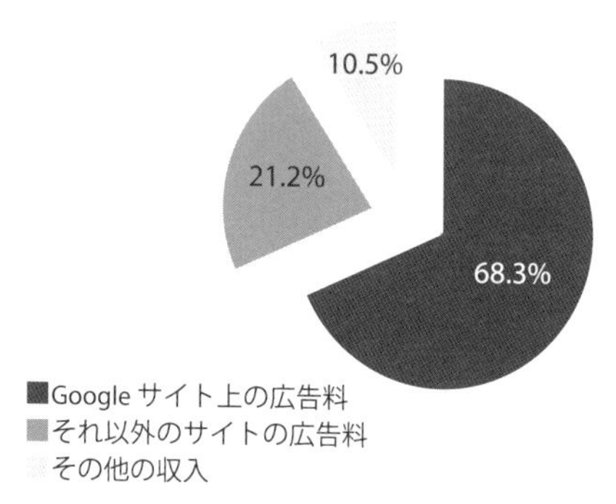

図4.2　2014年のグーグルの収入源別の収益．約68%はGoogleのサイト上に表示される広告，21%はパートナーサイトの広告からの収益．広告以外の情報源からの収益は毎年上昇しているとはいえ，わずか11%でしかない．

何に対して支払うのか

オンライン広告の起源は90年代半ばのインターネットの黎明期にまで遡ります．当時は，広告を表示するバナーは，ウェブサイト（売り手）が広告主（買い手）に対し1,000ビュー（アクセス）ごとに一定の値段で販売していました．これは，買い手のバナーが1,000の新しいビューを集計するたびに，広告主は所定の金額を売り手に支払わなければならないことを意味しています．

これは本当に広告主に課金するための最良の方法と言えるでしょうか？　広告を見ても，それをその人がクリックすることは保証されません．したがって，広告主が広告を掲載することにより得られる利益を推定することが難しいと言えます．

次に，ビューではなくクリックごとに対価を支払う方法について考えてみましょう．1998 年，検索エンジン会社の GoTo はこの代替方式の広告枠を提供し始めました．このモデルでは，広告主は特定の検索語に応じて検索結果ページの上部に広告を表示するために支払う入札額を提示します．この料金はクリック単価ベース（pay-per-click basis）で設定されています．GoTo のページから広告主のウェブサイトへのリンクがクリックされるたびに，広告主は GoTo に入札額を支払うことになります．GoTo がユーザーに提供する検索結果のリストは，図 4.3 に示すようにクリック単価の高い順に表示されます．

GoTo は，いわゆるスポンサー検索モデル（**検索連動型広告**（search ad）とも呼ばれる）を創始した会社として広く認知されています．Overture（2001 年に GoTo から名前が変更）は，2003 年にヤフー社

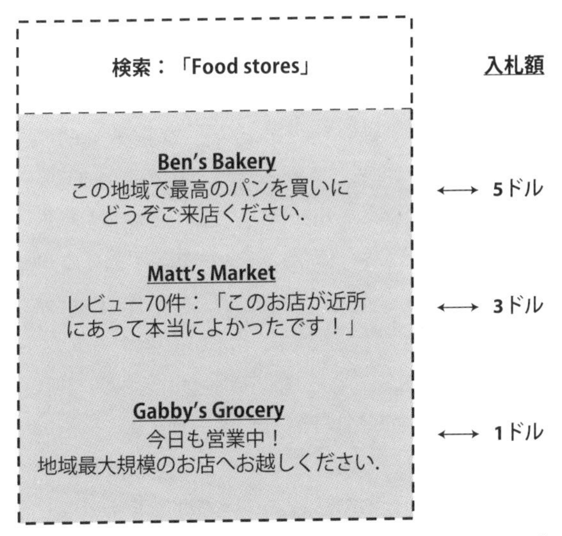

図 4.3 検索結果ページの例．クエリーは「Food stores」で，食品の買い物に関連した結果が表示される．各広告は，広告主が最初のスロットに入札する額の順に並べられる．Ben's Bakery が 5 ドルで最も多く，続いて Matt's Market（3 ドル）と Gabby's Grocery（1 ドル）が続いている．広告主である各店舗は，リンクをクリックされるたびに，それぞれ 5 ドル，3 ドル，1 ドルを支払う．

に買収され，同社の検索マーケティング部門となりました．21 世紀になると，別の検索エンジンがクリック単価の広告を広く利用するようになりました．1998 年に設立されたグーグルは，2000 年に広告掲載をビジネス化する AdWords 部門を設立し，Google の検索エンジンの機能としてクリック単価方式のキーワード広告を提供し始めました．それ以来，グーグルは最大の検索広告プロバイダーとなっています．調査会社の eMarketer によると，グーグルは 2014 年に市場の 55%を占めており，それに対し 2 位のバイドゥは 8%に満たないシェアでした．それでは，AdWords の仕組みを詳しく見てみましょう．

オンライン広告

Google 検索結果の画面であなたのウェブサイトを宣伝したいとしましょう．AdWords を使用する場合，サイトへのリンクや説明文などの表示するコンテンツを入力し，そして広告に関連するキーワードを割り当てることができます．入力された情報は Google のデータベースに送られて広告が作成されます．誰かがあなたの広告に関連づけられている単語を含むクエリー（検索語）を Google 検索バーに入力すると，あなたのサイトがポップアップ表示される候補となります．

Google の検索バーにクエリーを入力したとき，検索結果のリストと一緒にクエリーに一致するキーワードをもつ広告が表示されることに気づいている人は多いでしょう．その 2 つのタイプの結果を含む典型的な検索結果の画面を図 4.4 に示しました（2015 年現在のもの）．標準的な検索結果はページの中央に表示され，スポンサーつき広告はページの端の上部，右側のパネル内または下部に表示されます．

Google の検索窓に何かを入力してみましょう．例として，2015 年 6 月に「オンライン教育」（この話題については第 8 章で取り上げます）を入れてみました．10 ～ 15 個の標準検索結果と同時に，入力された検索ワードに基づいた広告が表示されます．一番上に表示されたのはフェニックス大学の広告でした．この場所と右のサイドバーの上部は最も広告がクリックされやすく，広告を出すのに理想的な場所になります．

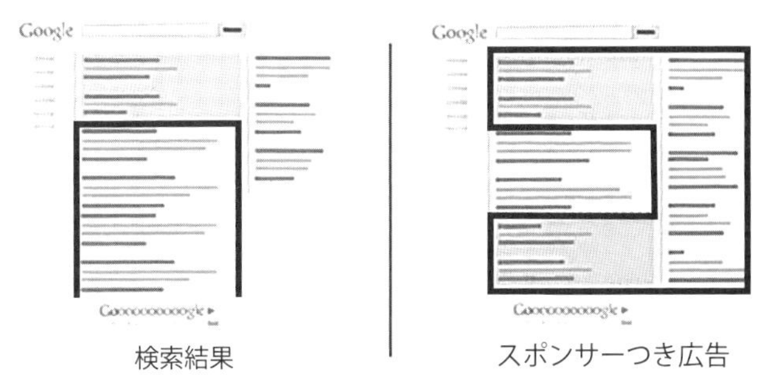

図 4.4 Googleの標準的な検索結果の表示画面（2015年）. 左側：ページの中央に検索結果が表示される. 右側：スポンサーつき広告はページの端の各場所に表示される.

広告主が出した広告は検索結果のどの場所に表示されるのでしょうか？　それは広告主が支払う金額をもとにしたオークションを通じて割り当てられます. このオークションは, 同じ検索ワードを広告表示のトリガーに設定した人たちの間で行われます. オークションの終了時には, 最高入札者が一番よい広告のスポットを獲得し, 2番目に高い入札者が2番目にベストな場所を獲得します. 本章を通じて, さまざまなオークションの仕組みについて解説します.

クリック単価の仕組みでは, 広告がクリックされるたびにグーグルが支払いを受けます. 広告スペースが視聴者によってクリックされた平均回数（たとえば, 1時間に何回か）を**クリック率**（click-through rate）と言います. 広告主がグーグルに支払う金額は, 広告のクリック率に比例します. これは, この金額がGoogleの提供する価値を示すためです（図4.5）.

広告主が広告によって得られる利益は何でしょうか？　広告主は, 広告のクリックごとに平均収益（ドル）を期待できます. クリック率（1時間あたりのクリック数）と1回のクリックあたりの収益の積は, その広告スペースによる予想収益（つまり広告スペースの**評価額**（valuation））となります. 各広告主は, 広告スペースごとにそれぞれ評価を行います.

たとえば, 広告スペースに1時間に20回のクリックが発生し, クリッ

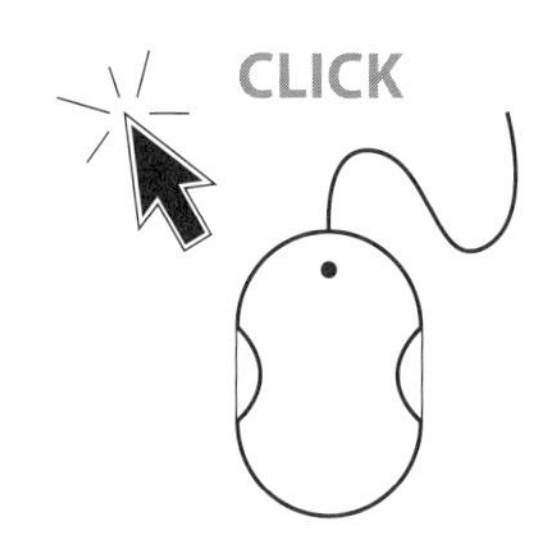

図 4.5　広告スペースのクリック率．時間ごとの訪問回数を予測することは，広告主が入札を行う際の重要な考慮事項である．

クごとにユーザーが商品を購入する可能性が50%だとします．購入したアイテムの平均費用が70ドルの広告主にとって，このスペースの評価額は以下のようになります．

$$\text{期待収益} = 20\,\frac{\text{クリック}}{\text{時間}} \times 0.5\,\frac{\text{購入}}{\text{クリック}} \times 70\,\frac{\text{ドル}}{\text{購入}} = 700\,\frac{\text{ドル}}{\text{時間}}$$

公開入札オークション

先述のようにグーグルは**広告オークション**（ad auction）を通じて広告主に広告スペースを販売しています．一般にオークションには多数の入札者，商品，売り手が関与しますが，ここではグーグルが唯一の販売者であるため，単一の売り手の場合について解説します．

オークションはインターネットの登場により普及したものの，グーグルが登場する以前から何世紀にもわたり商品交換の交渉手段として使用されてきました．紀元前500年の初期のオークション以来，馬や家畜，不動産，帝国自体にいたるまで，種々の品目がオークションにかけられてきました．比較的最近の例として，アメリカ南北戦争（1861～1865）の間には，軍によって押収された品物が地元の指揮大佐によってオークションで売られました．これが，今日アメリカのオークションの競売人が「大佐（colonel）」と呼ばれる理由です．

オークションの一般的なイメージは，図4.6のように，競売人1人と複数の入札者が集まり公的な会場で行われるというものでしょう．競売人は，部屋の前のほうで競売にかけられたアイテムの隣に立ち，入札者たちが行うオークションのプロセスを仕切っていきます．

図4.6 古典的な公開入札オークションが行われる部屋．

すべての入札が公表されるこのタイプのオークションは，**公開入札オークション**（open auction）と呼ばれます．公開入札オークションには，競り上げ方式と競り下げ方式の2種類があります．**競り上げ**（ascending price）**方式**のオークションでは，最初にオークション参加者が基本価格を発表し，入札者の誰もが手をあげてより高い価格で入札することができます．競売人が「入札は10ドルで始まります！」と言うと，誰かが手を上げます．そして競売人が「10ドル以上，10ドル以上の人は？」と言うと，誰かがさらに「20ドルを払う」というようにオークションは続いていきます．そこで，誰もより高い価格を提示しなくなったとき，競売人は「100ドルです，いませんか？　いませんね．これで決定です」と言い，最後に最も高い価格を提示した人が落札者となります．

競り上げ方式は，私たちが最も慣れ親しんだタイプのオークションです．その逆の**競り下げ**（descending price）**方式**オークションでは競売人は高い価格を最初に公表し，基本的には誰もそれを受け入れることはできません．そして，「OK」と叫ぶ入札者が現れるまで徐々に下ろします．その入札者が落札者となり，そのときの価格を支払います．

公開入札オークションは頻繁に使用されますが，グーグルやその他の検索広告スポンサーは使用していません．オークションを公開の場ではなく非公開で行うのは**封印入札方式**（sealed-envelope auction）と呼ばれ，多く場合に公開方式に比べはるかに実用的な方法となります．次にそれらを詳しく見ていきます．

封印入札方式オークション

Google では，ある種の非公開のオークションを使用して入札者に広告スペースを割り当てています．複数のアイテム（複数の広告スペースなど）を検討する前に，最初に 1 つのアイテムに対するオークションを見てみましょう．

封印入札方式オークションでは，各入札者は自分の入札を他の参加者に見られないように提出し，入札と同時に入札価格を競売人が知ることになります（図 4.7）．次に，競売人は，**マッチング**（matching，すな

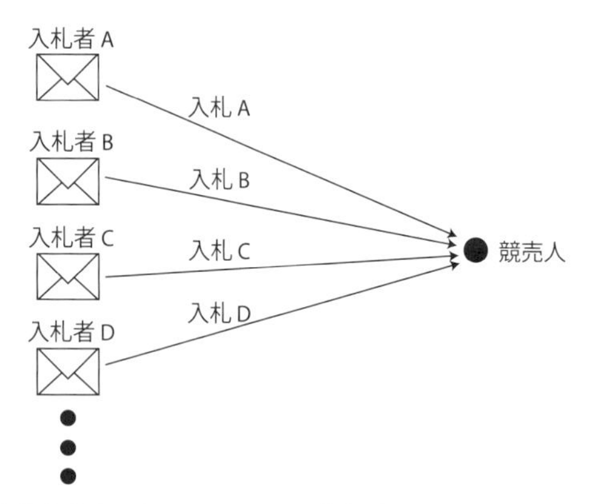

図 4.7　封印入札方式オークションでは，入札者（A，B，C，...）のそれぞれが，入札額を他の入札者に知られることなく競売人に提出する．オークションの結果は明らかで，最高入札者が落札する．落札額を決める仕組みはもう少し複雑となる．

わち落札者の決定）および落札金額の決定を行います．マッチングの仕組みは単純で，最高入札者がアイテムの落札者となります．ただし，落札金額の種類は非公開オークションの種類により異なります．

- **ファーストプライスオークション**では，落札者は入札金額の最高額（つまり落札者が提示した金額）を支払います．
- **セカンドプライスオークション**では，落札者は 2 番目に高い入札額を支払います．

これらの 2 つの違いについて図 4.8 の例で説明します．ケイトはギターの落札者で，最高入札価格は 800 ドルです．ファーストプライスオークションでは，彼女は自身の提示額である 800 ドルを支払います．一方，セカンドプライスオークションでは，2 番目に高いクリスが入札した金額 750 ドルを支払います．

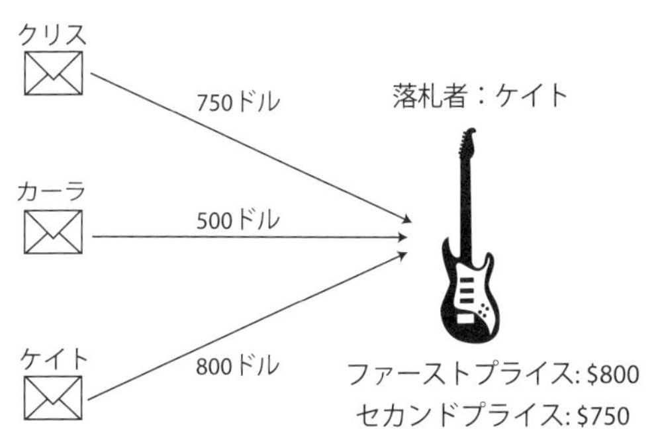

図 4.8 セカンドプライスオークションとファーストプライスオークションでは，落札者の支払額が異なる．

なぜ，セカンドプライスオークションが利用されることがあるのでしょうか？　直感的には間違った仕組みに思えます．仮にあなたが商品を落札したいとして，さらに落札者が 2 番目に高い入札額を支払うことをわかっているのなら，アイテムの評価額よりもはるかに高い額を入札すればよいと考えられるかもしれません．

よく考えると，この直感は実際には間違っていることがわかります．

なぜなら，誰もが同じ戦略的思考をもっているとすれば「2番目に高い入札額」も非常に高くなります．そうすると落札者は，本人が評価した金額より大きな金額を商品に対して支払うことになります．それぞれの入札者がこのように考えることにより，商品の評価額以上の支払いとならないよう実際の評価額より高い入札を避けることになります．以下，もう少し詳しく解説します．

セカンドプライスは正しい

オークションの入札者の目標は，各々の**利得**（payoff）を最大にすることです．利得とは入札者が受け取る純利益のことであり，入札者が商品を獲得した場合には商品への評価と支払った価格の差となります．

$$利得 = 評価 - 支払った価格$$

落札できない場合の利得はゼロとなります．実は，利得は第3章で説明した純効用の特殊なケースです（64ページを参照）．

報酬がマイナスになることはあるでしょうか？　あります．支払われた価格が評価額よりも大きくなることがあるからです．これはアイテムを落札しないことよりも避けるべきシナリオです．

入札者はどのようにして自分の利得を最大化するのでしょうか？　その答えは参加するオークションのタイプにより異なります．最初にファーストプライスのオークションの場合を考えてみましょう．この場合の勝者の報酬はいくらになるでしょうか？　彼女がアイテムに支払う価格は自分の入札額です．彼女の報酬は，アイテムの評価額より安く入札すればするほど高くなります．落札者の決定が他の人の戦略に依存するため，入札者が自分の報酬を最大化するような入札額を決定するのは一般に難しいことです．しかし，1つだけ明確なことがあります．それは，このタイプのオークションでは，誰もが個々の評価より下に常に入札する必要があるということです．そうしないと，アイテムを獲得することによる正の利得を得ることができません．

セカンドプライスオークションでは，勝者は2番目に高い入札額を支払うので，落札者の支払額は落札額よりも少なくなります．このタイプのオークションの特徴は，「**正直な入札**（truthful bidding）」を促すことです．つまり，各人のベストな戦略は各々の真の評価額を入札することになります．

どうしてそうなるかといえば，真の評価額から入札単価を変更しても報酬は向上しないからです．この理由は第3章で説明した，「従量制課金が需要曲線に基づいた消費にユーザーを向かわせること」と同様の理屈で説明できます．

あなたが実際の評価額が50ドルの商品に入札しているとしましょう．この実際の評価額を入札することも考えられますが，図4.9のように入札単価を引き上げるか下げるかの2つの選択肢があります．まず，入札単価を45ドルに下げることに決めた場合の報酬はどうなるでしょうか？　セカンドプライスオークションにおいて，この行為により報酬が変わるのは，もともと落札するはずだったのに2番目に高い入札者に負けるほど金額を下げた場合に限られます．たとえば2番目に高い価格として他の人が48ドルを提示していたとしましょう．もともとあなたは正の報酬が得られるはずでした．つまり，あなたは2番目に高い入札額48ドルを支払い，報酬は50ドル − 48ドル = 2ドルでした．しかし，あなたが落札者でなくなったために，得られる報酬はゼロになります．

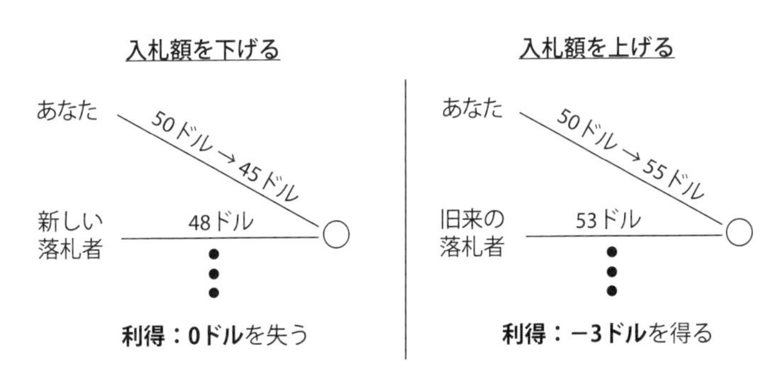

図4.9　セカンドプライスオークションでは，あなたが考える真実の価値を入札額とすることが利益にかなう行動となる．それよりも入札単価を上げたり下げたりすることは，得られる効用を減らすだけとなる．

したがって，あなたは入札額を下げるのではなく本当の評価を入札すべきだったことがわかります．

一方，55ドルで入札した場合はどうなるでしょうか？　この行為が50ドルを入札した場合と異なる利得をもたらすのは，もともとの50ドルの入札額で落札できなかった場合に限られます．仮に，2番目の人が53ドルを提示していて，55ドルを提示することによって最高入札者となったとしましょう．もともと，あなたは落札できずにゼロの報酬を得られるはずでした．しかし，あなたは落札し53ドルを支払い，利得は $50 - 53 = -3$ ドルとなります．つまり，評価額が2番目に高い入札単価よりも低いため，マイナスの報酬が得られます．50ドルを入札した場合のゼロ利得は負の利得よりよいので，評価額より高い価格を入札するべきではないことがわかります．

このように，セカンドプライスオークションは，真の評価額の入札がそれぞれの参加者の最良の戦略となる意味で，ファーストプライスオークションよりも「優れている」と言えます．この方式では，他の人の入札単価を考慮することが暗黙的なフィードバックシグナルとして働き，入札者は本来の評価に設定するよう促されます．このように，落札者の決定と落札者が支払う価格を切り離すことは有用です．

2番目の価格（セカンドプライス）は，3番目，4番目，または5番目の価格のオークションよりも優れているのでしょうか．実は，セカンドプライスオークションだけが，各ユーザーがネットワークにもたらす負の外部性のツケを自分自身で払う仕組みとなっています．仮に落札者をオークションから取り除けば，2番目の金額を提示した人が落札者となるからです．このように，落札者は2番目の金額を提示した人が勝たないことに料金を支払います．なぜならば落札者の支払額は提示された2番目の金額だからです．

第1章の分散型電力管理や第3章のデータの従量制課金と同様に，セカンドプライスオークションは，ユーザーの行動の影響を知らせるシグナルを送ることによって各自の負の外部性を内部化させており，こうした仕組みがネットワークにおいて共通して登場することを示すもう1

つの例と言えます.

予期しない関係性

図 4.10 に，上で議論した単品オークションの分類を示しました．それらの間にはいくつかの面白い類似点があります．最初に，競り上げ型の公開入札オークションを考えてみましょう．価格が上昇している間はすべての入札者は自分の商品への評価を念頭に置いており，現在の入札額が自身の評価額を上回るまでゲーム内に留まります．2 番目に高い評価を示した入札者が脱落するまで，現在の価格は引き続き上昇します．したがって，落札者が価格を大幅に上げない限り，2 番目に高い入札者の評価額に加えて若干の差額を支払うことになります．このように，落札者が支払う金額はセカンドプライスオークションに似ています．

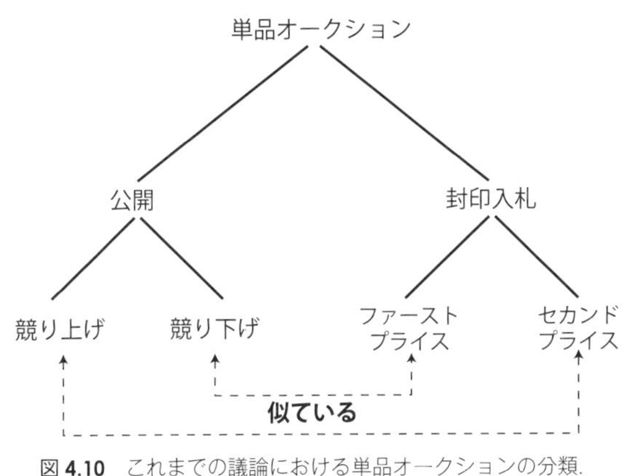

図 4.10　これまでの議論における単品オークションの分類.

次に，競り下げ型の公開オークションを考えてみましょう．競売人は価格を徐々に引き下げ，ある時点で入札があるとその入札が最高入札となりオークションが終了します．入札者が慎重になってさらに価格が下落するのを待たない限り，最高の価格である自分の評価額を支払うことになります．このように，入札者が他の入札者の動きを察知して慎重になりつつも利益の最大化を図る点が，ファーストプライスオークションと似ています．

いくつかの実際に実施されている単品オークションのなかには，厳格には非公開（封印入札）でも公開でもないものがあります．たとえば，eBay オークションでは，入札者には，現在の最も高い入札額が，次の入札として受け入れられる最低価格として提示されています．入札者は，最高入札額がいくらであるかを決定することはできない（すなわち，厳密に公開オークションではない）が，オークションの現在の状態に関する情報を得ることができます（厳密には封印入札方式オークションではない）．このように eBay は中間的なオークションであり，プロセス全体を通じて各入札者に部分的なフィードバックが与えられます[†]．

一般化セカンドプライスオークション

グーグルのような検索広告会社は複数の広告スペースを販売します．そのため，実際に行われているのは複数のアイテム（広告）が各入札者に提供される複数アイテムのオークションだと言えます．単一アイテムの封印入札方式オークションで議論したことを拡張し，Google Adwords にて行われているシナリオについて見てみましょう．

図 4.11 は，3 人の広告主（入札者）と 3 つの広告スペースのケースを示しています．入札者であるアンナ，ベン，チャーリーのそれぞれは，

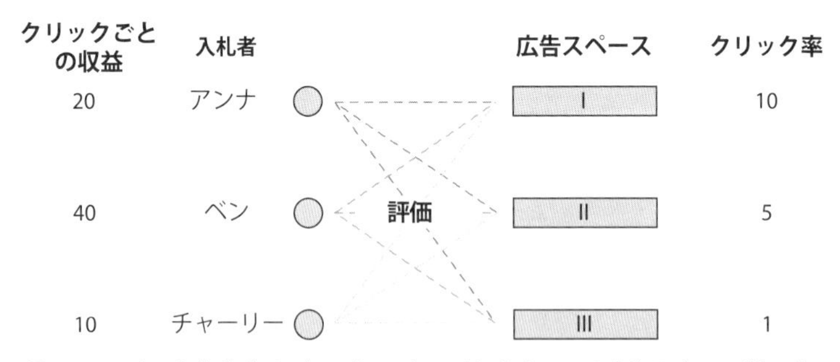

図 4.11　3 人の入札者（アンナ，ベン，チャーリー）と 3 つの広告スペース（Ⅰ，Ⅱ，およびⅢ）の Google 広告オークションの例．

[†] eBay オークションの詳細とその動作例については，原書ウェブサイトの Q4.1 および Q4.2 を参照．

1回のクリックでの期待収益が異なり，広告スペースI，II，IIIのクリック率もそれぞれ異なります．入札者に対する特定の広告スペースの評価は，クリック率とクリックあたりの予想収益を掛け合わせたものです．合計9つの異なる評価があります．たとえば，スペースIIIのベンの予想収益（時間あたり）は，$40 \times 1 = 40$ ドルです．

オークションに参加するには，各広告主はグーグルにどんな情報を送るのでしょうか？　それは，クリックあたりの収益（より正確には，各クリックの価値）です．興味深いことに，グーグルでは広告スペースごとの個別の数値ではなく，各広告主から単一の数値のみを取得します．これは，どの場所にある広告をクリックしたとしても，クリックは購入者にとって同じ価値があることを示唆しています．実際には買い手は，たとえば最上部の広告スペースをクリック1回につき100ドルと評価し，2番目のスペースではクリック1回につき95ドルと評価します．これは，最上部に近いスペースをクリックすると購入につながる可能性が高いからです．しかし単純化のため，ウェブ広告業界では単一数値としてしまっても十分有効だと考えられています．

複数アイテムのオークションでは，広告主ごとに個別の広告が割り当てられます（スペースよりも購入者が多い場合やその逆の場合は，一部の広告主の広告が表示されないか広告欄が空白になります）. 広告スペースの割り当てと課金については，Google AdWordsでは次の**一般化セカンドプライス**（generalized second-price：GSP）**オークション**を使用します．

- 広告主による入札：各購入者は，1回のクリックでグーグルに支払う価格である入札額を送信します．
- グーグルによるマッチング：広告スペースは購入者の入札単価の高い順に割り当てられます．したがって，最高入札者は最初の広告スペースを獲得し，2番目に高い広告スペースは2番目の入札者が獲得します．
- 広告主からグーグルへの支払い：各購入者がそのスペースに対して支払う価格は，一般化セカンドプライスオークションの方法に従います．

最高位の入札者は，第2位の入札者が第1のスペースに対して支払うべき価格を，第2位の入札者は第3位の入札者が第2のスペースに対して支払うべき価格を支払います．

図4.11は，この方法によって実施されたオークションの結果の例です．各入札者が実際の評価額を入札したとすると，アンナ，ベン，チャーリーはそれぞれ20ドル，40ドル，10ドルを入札します．どのスペースがどの入札者に割り当てられるのかというと，GSPでは，最高入札者は最も価値の高い広告スペースを獲得し，2番目に高い入札者が獲得するのは2番目に価値の高い広告スペースとなります．したがって，図4.12に示すように，ベンは最初のスペース，アンナは2番目，チャーリーは3番目となります．それぞれの買い手は，次の最高入札者がスペースに対して支払うはずだった金額を払います．

- ベンにはクリックあたり20ドルが課金されます（アンナの入札）．1時間あたり10回のクリック率なので，彼の支払額は1時間あたり20ドル × 10 = 200ドルになります．
- アンナにはクリック1回につき10ドル（チャーリーの入札）が課金されます．クリック率は5なので，1時間あたり10ドル × 5 = 50ドルになります．
- チャーリーには「次に高い入札者」はいません．この場合，グーグル

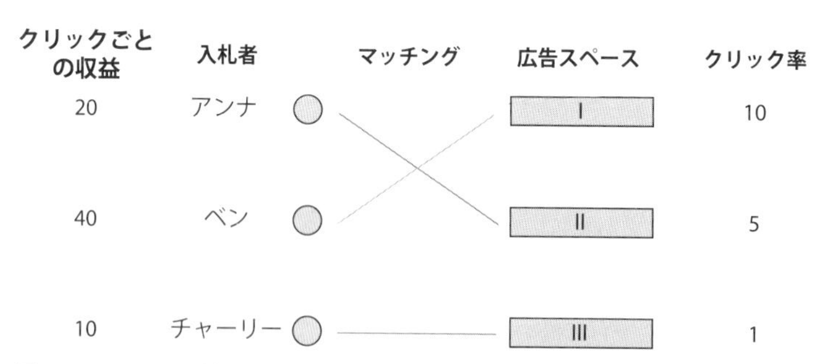

図 **4.12**　図4.11の例における，一般化セカンドプライスに基づく広告スペースの割り当て方法．

は最低入札の標準額を採用しています．これがクリックあたり 3 ドルの場合，チャーリーは 1 時間あたり 3 ドル × 1 = 3 ドルを支払うことになります．

グーグルがオークションで得るお金はいくらでしょうか？　購入者の支払いを合計すると，クリック率が予想どおりになる限り，グーグルはオークションから時間あたり 200 + 50 + 3 = 253 ドルを得ることができます．3 人の広告主の利得はどうかと言えば，90 ページで述べたように評価額と支払額の差となります．支払額はすでに計算されているので，必要なのは評価額だけです．

- ベンの広告スペースの評価額はクリックあたりの収益（40 ドル）とこのスペースのクリック率（10）の積であり，これは 40 ドル × 10 = 400 ドルなります．したがって，彼の利得は 400 − 200 = 200 ドル/時間となります．
- 同様に，2 番目の広告スペースのアンナの評価額は 20 ドル × 5 = 100 ドルなので，彼女の利得は 100 − 50 = 50 ドル/時間となります．
- 最後に，広告スペースⅢのチャーリーの評価額は 10 ドル × 1 = 10 ドルなので，彼の利得は 10 − 3 = 7 ドル/時間となります．

以上より，参加者の合計利得は時間あたり 200 + 50 + 7 = 257 ドルとなります．広告主の視点でのこの結果を図 4.13 にまとめました．

買い手	予算	広告	評価額	価格	利得
アンナ	20	II	100	50	50
ベン	40	I	400	200	200
チャーリー	10	III	10	3	7

図 4.13　例であげた買い手の視点からの一般化セカンドプライスオークションのまとめ．収益はクリックあたり，評価額，価格，および利得は時間あたりの額．

*

GSP は，広告スペースの入札者のランキングを決定するためにグーグルが使用している方法です．この方法では，関連するいくつかのキーワードに対して検索結果ページにどの順番で広告が表示されるかを定め，それが同時にグーグルの利得を最大化するようになっています．

しかし，GSP はマッチングを決定するための唯一のメカニズムではありません．ここでは触れませんが，別のオークションのメカニズムは，異なる結果をもたらすこともあります．実のところ，複数アイテムのオークションでは，セカンドプライス単品オークションの場合のようにGSP は真の評価額の入札を促しません．この場合，**VCG**（Vickrey-Clarke-Groves）**メカニズム**と呼ばれる別の方法は，どちらの場合にも真の評価額の入札を促します．しかしながらその方法にも，落札者のランキングが1つに定まらないという欠点があります†．

ここまでで，グーグルが収益の大部分をどのような仕組みで生み出しているかを知ることができました．次章では，グーグルが可能な限り効率的で質の高い検索を実現するために，検索結果として表示される各ウェブページをどのようにランキングするかを見ていきましょう．

† なお，本章でさまざまな種類のオークションを説明した際，評価の性質，クリックごとの収益，およびクリック率についていくつかの簡略化をした．その詳細については，原書ウェブサイトのQ4.3 を参照．

5 検索結果のランキング

Ordering Search Results

あなたやあなたの周りのほとんどの人は，Google 検索を使用しているでしょう．フレーズを検索クエリーに入力して Enter キーを押すと，たいていの場合は何百万ものウェブサイトが表示されます．それでも，多くの場合に上位の数個の結果のなかに探しているウェブサイトを見つけることができます．

1989 年にウェブが導入されて以来，インターネット上の情報量は急速に増加しています．現在のウェブページの数を正確に見積もるのは難しいですが，60 兆（60,000,000,000,000！）とも言われています．

Google をはじめとした検索エンジンはこれらすべてのページをどのように追跡しているのでしょうか？　各検索エンジンには，それぞれが知っているウェブページに関する情報を格納する独自のデータベースがあります．ウェブがこれほど速く拡大，進化しているなかで，データベースはどのように最新の状態に保たれるのでしょうか？　ウェブページから次のウェブページへのリンクをたどるプログラムが，ウェブを常にクロール（巡回）しています．そのことにより，データベースに新しいページを追加し，既存のページのエントリーを更新します．ただし，このプロセスによってすべてのページがクロールされるとは限りません．

Google のインデックス（登録されているウェブページのリスト）のサイズは，時間とともに大幅に増加しました．図 5.1 では，Google が

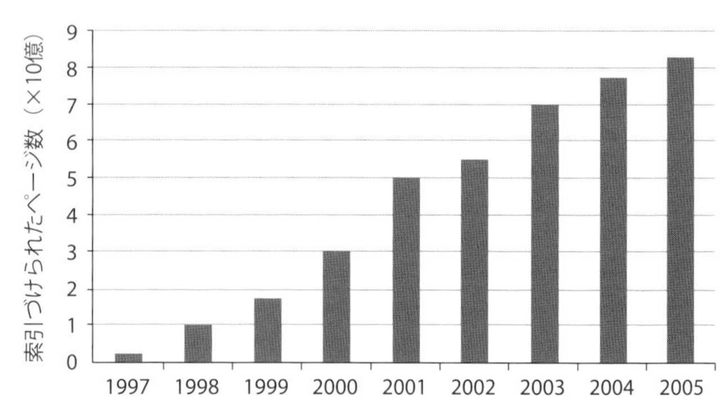

図 5.1　1997 年の創業以来，Google がインデックスを作成したウェブページの数（2005 年以降は公開されていない）.

まだスタンフォード大学でのプロトタイプだった 1997 年から，ホームページで登録サイト数を公表するのをやめた 2005 年までの変化を見ることができます．1997 年は 2,400 万だったのが，2005 年には 80 億，2015 年には 60 兆と指数関数的に増加しています．

Google が何十億ものページに索引をつけているのだとすれば，検索クエリーを入力して表示される上から数個の検索結果で必要なウェブページを見つけるのに十分なのはなぜでしょうか．当然，Google がページのインデックスを作成した順にページが表示されるわけではありません．実際，Google の検索エンジンはよく知られた独自のアルゴリズムである PageRank を採用しています．PageRank は，各ページの重要性を判断するために膨大な方程式を解き，重要度の高い順番に検索結果となるウェブページをランキングします．

関連度と重要度

ウェブページのランキングの考え方は，最初の検索エンジンが作成された 1990 年代はじめに起源をもちます．当然のことながら，当時の検索エンジンは現在のものよりはるかに単純なものでした．ストレージと計算能力上の制約から，各セクションの見出しやタイトルなどのウェブページの一部のみがデータベースへ格納されました．このデータベースを参照することにより，迅速かつ安価に検索を行うことが可能でした．

このような単純なデータベースは，そのままでは情報と検索の精度の大幅な低下を引き起こします．たとえば，本書の第II部がインターネット上のあるウェブページであったとします．それに対するエントリーをデータベースに加える際に，初期の検索エンジンであれば，タイトル（たとえば，「ランキングは難しい」，「公開方式オークション」，「検索結果のランキング」，「関連度と重要度」）をデータベースへ格納します．次に，ユーザーの検索クエリー内の単語と，このデータベース内の単語とを比較して一致があるかどうかを調べます．たとえば，ユーザーが「オークション」を検索した場合は，第II部と一致しますが，クエリーが「検索エンジン」であった場合，ここでの議論にとって重要なワードであるにもかかわらず，ヒットしないことになります．

その後の技術の進歩により，**全文検索**（full text search）が可能になりました．全文検索では，ウェブページ上のコンテンツのすべての単語がデータベースに格納され，検索クエリーをすべてのコンテンツと照合できるようになります．この機能を提供する最初のよく知られた検索エンジンは1994年のWebCrawlerで，これは1年後にAOL社によって買収されました．

関連度によるランキング

あなたが検索エンジンを設計するとしたら，どのようにウェブページをランキングするでしょうか？　単純なアイディアとして，ユーザーが入力した特定の検索クエリーに一致するページを抽出し，それらがクエリーを含む回数により順序づけることが考えられるかもしれません．図5.2では，その（非常に小さな）例を見ることができます．ユーザーが“Vanilla”を検索すると，各ページにこの単語の出現回数がチェックされます．A～Dと表示された4つのページにはこの単語が含まれ，出現回数はそれぞれ1回，5回，9回，2回です．検索結果ページには，これらの4つのページへのリンクがC, B, D, Aの順に表示されます（加

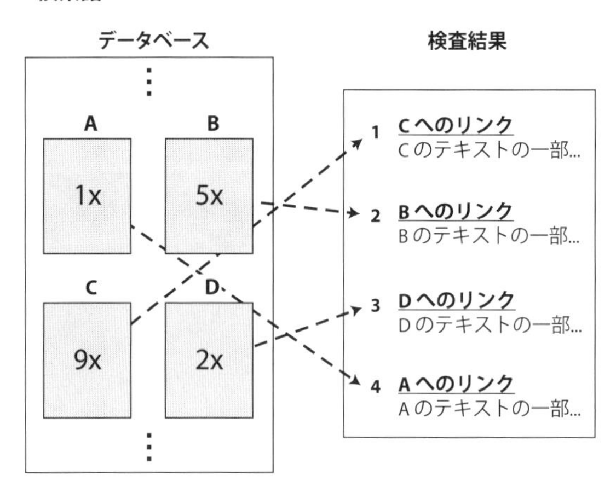

図 5.2　関連度に基づいた検索結果のランキングの例.

えて各ページからの簡単なテキストによる説明があります).

検索数をカウントするこの方法は，ページがどのようにクエリーに関連しているか，または検索がページとどれだけ強く関連しているかを測定する1つの方法です．関連度に基づいたランキングは，初期の検索エンジンがその結果をランキングするためにとったアプローチでした．言い換えれば，これは最も有用な結果を前面に表示するために，より関連度の低いページの前により関連度の高いページを表示する方法です．

重要度の指標

キーワードの関連度のみに基づくランキングは，検索エンジンがとりうる最良の方法でしょうか？　この約20年間におけるGoogle検索の大きな成功を考えると，そうではないと推測できます．

グーグルは1997年に検索エンジンの業界に参入しました．その当時，2人の創設者，セルゲイ・ブリンとラリー・ペイジは，ウェブページのランキングのための新しいアプローチを考え出しました．彼らは，検索エンジンが厄介な課題を効果的に達成するための最良の方法は，ウェブページに関する次の2つの異なる要素を考慮することだと考えました．

1. **関連度スコア**（relevance score）：関連度の概念に基づいて，ページ上のコンテンツが所与の検索クエリーに対してどれほど関連性があるかを示すスコア．
2. **重要度スコア**（importance score）：ページの内容と検索のテキストにかかわらず，各ページの重要度を評価するスコア．

関連度スコアの計算には，少なくともいくらかはグーグル独自のアイディアが含まれています．とくに，当時の他の検索エンジンでは考慮されていなかった大文字／小文字の区別，フォント，コンテンツの位置などを考慮に入れ始めました．しかし，Google のランキングアルゴリズムがそれまでの検索エンジンのアプローチよりもはるかに成功したのは，後ほど述べる PageRank（名称は Larry Page からとったうまいダジャレです）と呼ばれる重要度の概念のおかげでした．それは 1990 年代後半からのグーグル社の成長の原動力となっています．2015 年までに，グーグルは図 5.3 に示すように，検索エンジン市場全体の約 3 分の 2 を占めるようになりました．

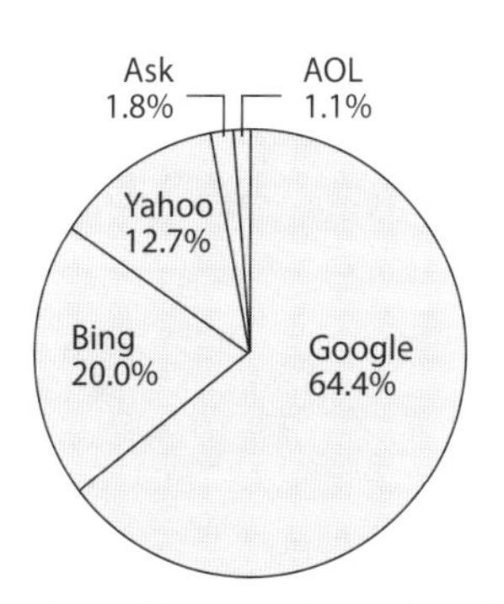

図 5.3 米国内の検索エンジンの市場シェア（2015 年 3 月）．Bing は過去数年間でシェアを着実に増やしているが，Google 検索はまだ市場全体の約 3 分の 2 を占め，Bing の 3 倍のシェアをもつ．

以降，本章では重要度スコアの決定方法を見ていきます．これを算出するには，ウェブをそもそも形成しているハイパーリンク（ウェブページ同士をつなぐリンク）が，どのようにウェブサイトのネットワークをつくっているかを見ることになります.関連度スコアとは異なり,各ページの重要度は,ユーザーが入力した検索クエリーやページに含まれているコンテンツに基づいて算出されるわけではありません.代わりに,それは,ウェブページが互いにどのようにリンクしているかを示すグラフの構造だけに依存して決まります.

グラフとウェブグラフ

ウェブページは,**ハイパーリンク**(hyperlink,外部のデータをユーザーがフォローできるように記述した参照)を介して互いに接続されています.テキストにハイパーリンクを埋め込むという考えは,ウェブページを互いに参照可能とするためにWWW(World Wide Web)にとって不可欠な要素でした.1つのページが他のページを指すハイパーリンクをもっていれば,ユーザーはそのページに直接遷移することができます.

ウェブページ間のリンクは,**グラフ**を使用して簡潔に表すことができます(WWWのベースとなるインターネットもまたグラフとして記述できますが,それについては後の章で詳しく説明します).グラフ理論の数学について本をまるごと一冊費やして説明することは可能ですが,ここでは単純な用語のみを使用します.グラフは,**リンク**(またはエッジ,辺)によって相互接続された**ノード**(または頂点)の集合となります.この章では,ノードをウェブページ,リンクを別のウェブページへの参照とみなします.そのように構築されたものは**ウェブグラフ**(webgraph)と呼ばれます.ウェブグラフは**有向グラフ**(directed graph),つまりリンクが非対称なグラフです.たとえば,ページAがページBを参照していたとしても,ページBがページAを参照するとは限りません.

なお,本書ではさまざまな種類のグラフを観察していきます.それらは,何がノードを構成し,ノード間のリンクが具体的に何を表すかによって異なります.ここで触れるウェブグラフ以外では,リンクが物理的な接続である場合の例としてインターネットルーターのグラフを第12章で，リンクがソーシャルなつながりの場合の例として人間のグラフを第8，10，14章で考察します．

ウェブグラフは，ウェブの接続の構造を抽象化して各ノードの重要度スコアを理解するために不可欠です．ここから，図5.4に示す小さいグラフを使用して，重要度を計算する際の重要なステップを説明します．このウェブグラフには，4つのページ（W，X，Y，Z）と8つのハイパーリンクがあります．これらのどのページもユーザーが入力した検索クエリーに関連しており，そのため結果ページにそれぞれ表示されるものとします．

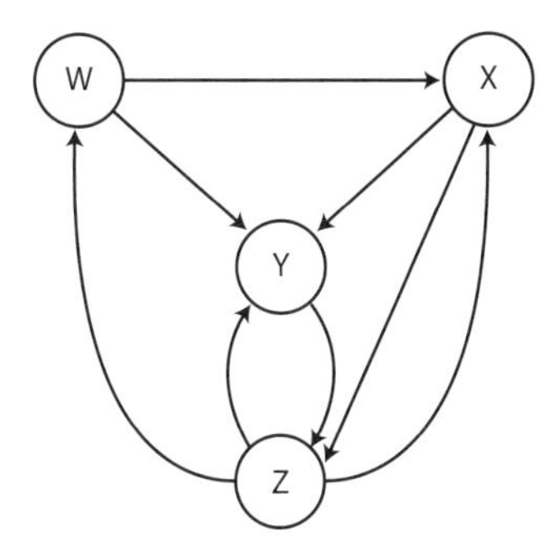

図 5.4 4つのページ（ノード）とリンクをもつ小規模のウェブグラフの例．リンクは非対称であるため有向グラフとなる．たとえば，ページWはページXにリンクしているが，その逆のリンクはない．

なお，本書では一貫して，1ページに書けるような小さなグラフを使います．重要な点は伝えつつも，理解しやすくするためです．とはいえ，少しだけウェブ全体の構造がどのように見えるかを想像してみましょう．これらの数十億のノードの間では，グラフが非常に**疎**（sparse）であることは間違いありません．つまり，ほとんどのウェブページはウェブにある他のページのほんの一部にしか接続されていません．数百のリンクをもつWikipediaの長めのページ（一般的なウェブページよりもはるかに多い）であっても，数兆ある全ウェブページのうちのわずかなページにしか接続していないと言えます．

PageRank 以前の単純なランキング

では，ページを「重要」にするのは何でしょうか？　そのページへのリンク数でしょうか？　これはウェブページの**入次数**（in-degree）と呼ばれ，そのノードがいくつの**入力リンク**（incoming links）をもつかを数える指標です．

- 図 5.4 では，ページ W，X，Z からのページ Y へ 3 本のリンクが張られています．
- ページ X は W および Z からのリンクがあり，リンク数が 2 となります．
- ページ Z は X と Y からのリンクがあり，入次数 2 となります．
- 最後に，ページ W は Z からのリンクがあり，入次数 1 となります．

この重要度の尺度では，Y，X，Z，W（X と Z は順不同）という順序の重要度となります．これですべて解決でしょうか？　Google の PageRank アルゴリズムはそれとは異なります．次にそれを見てみましょう．

ランダムサーファー

グーグルは，PageRank の概念を説明する際，ランダムサーファー（ランダムにネット上のウェブページ間のリンクをたどる人）の比喩を用いています．このサーファーはウェブページ上のリンクをランダムにクリックし続けます．一定の確率でサーファーは退屈し，ブラウザに現在とは異なるアドレスを入力して遷移することがあります．このアイディアは図 5.5 に示されています．人物は A から D，そして E へとハイパーリンクをたどり，次にランダムに選択されて F のアドレスをブラウザに入力します．PageRank によると，このプロセスでページが訪問される割合（すべてのページへの総訪問数に対する割合）は，そのページの重要度とみなされます．

このようなランダムなネットサーフィンのプロセスを段階的に考察し

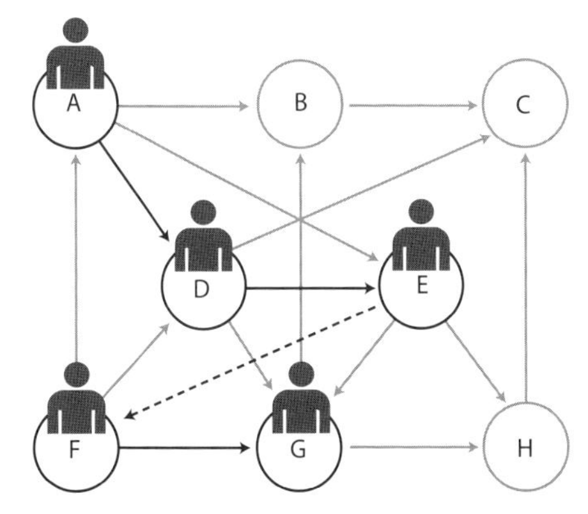

図 5.5 ランダムなサーファーの行動原理．人はウェブページ A からスタートし，リンクの 1 つをランダムにクリックして D を選択する．そして，D から E への参照を再び選択する．E で一度，ブラウザにランダムなアドレスを入力すると決める．次に F から，G へのリンクをクリックし，サーフィンが継続される．

ましょう．まず，ユーザーがハイパーリンクをたどりランダムにリンク先を選ぶことを考えます．特定のページから，特定のハイパーリンクを選択する確率は，ウェブページの**出次数**（out-degree）が大きくなるのに反比例して小さくなります．出次数はノードがもつ**出力リンク**（outgoing links）の数です．

図 5.4 のグラフに戻って考えましょう．ページ W の出次数は 2 となります．そこでは，50％の確率でページ W のランダムサーファーが次にページ X に移動し，50％の確率でページ Y が選択されます．ページ Z にはリンクがないため直接行くことはできません．

ユーザーが最初に特定のページにいる確率は，前述のように確実にページの入次数に依存します．しかし，それはそのページへのリンクの重要度にも依存します．たとえば，Z は 2 つの入力リンクしかもっていませんが，これらのリンクの 1 つは Y からきており，これは重要なリンクとなります．なぜなら，もし Y が訪問されるなら，Y に行くルートは Z からしかないため，Z は少なくとも Y と同程度には訪問されやすいからです．

グラフを使って重要度を定量化する

ウェブグラフのノードやリンクを使って，こうした入次数，出次数，ページの重要度を視覚的に表現できます．各ノードに重要度スコアを，図5.6のようにページW～Zのそれぞれ小文字の w，x，y，z と定義します．ページの重要度を，ランダムなプロセスで選択される可能性と同一視することができます．開始ノードと終了ノードをもつ各リンクは，ランダムサーファーがクリックして，起点ページから目的地ページに行く確率を示すと考えることができます．言い換えれば，ページは，そのハイパーリンクをたどってその重要度を「拡散」していきます．

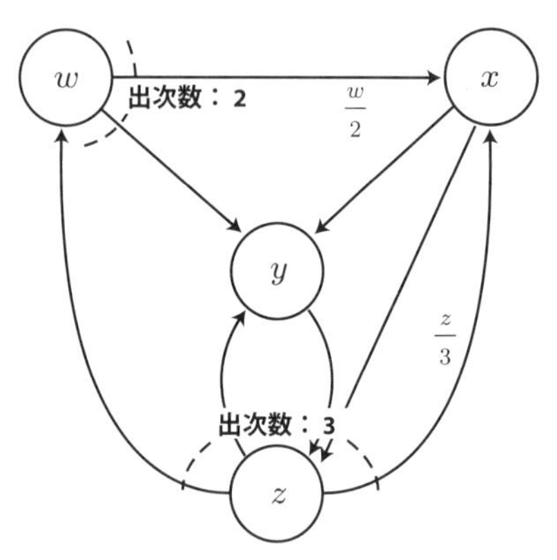

図5.6　Xの重要度スコア x はWとZに依存する．WとZの出次数が2と3であるため，これらのリンクの重みは $w/2$ と $z/3$ になる．

まず，ページXを見てみましょう．Xはサーファーがページ W またはページZのいずれかにいる場合に選択できます．したがって，これを2つの部分に分けることができます．つまり，WからXへの遷移が起こる確率と，ZからXへの遷移が発生する確率です．

まず，WからXへの移行が起こる可能性は，(i)WからXに移動する確率と，(ii)もともとW上にいる確率との掛け算となります．

- (i)については，WからページXへの移行の確率は50%，つまり1/2です．

- (ⅱ)については，これはWの重要度 w そのものです．

これらのイベントは同時に発生する必要があるため，確率を掛けます(第2章のWiFiプロトコルを見たときに送信しない確率を掛け算したのと同様です)．これにより，$w \times 1/2 = w/2$ と算出されます．

次に，ZからXへの移行が起こる可能性はどれくらいでしょうか？　私たちは同じ論理を適用することができます．つまり，これが起こる条件は(ⅰ)ZからXに移行すること，(ⅱ)最初にZ上にいることの2つです．

- (ⅰ)の場合，Xは3つの可能性のいずれかであるため，確率は1/3，つまり33.33%です．
- (ⅱ)については，確率はちょうど z です．

これは $z \times 1/3 = z/3$ となります．

WまたはZからXに到達できるので，Xの重要度スコア x は $x = w/2 + z/3$ となります．

ページYはどうでしょうか？　Yは，グラフ内の他のページのいずれからでも選択することができます．なぜなら，すべてのページがYへリンクを張っているからです．Wが選択されている場合に次にYを選ぶ確率は50%です．Xからの確率は50%，Zからの確率は33.33%となります．したがって，図5.7に示すように，$y = w/2 + x/2 + z/3$ となります．この考えを図5.4の4つのウェブページのそれぞれに適用すると，次の重要度スコアの式が得られます．

$$w = \frac{z}{3}$$

$$x = \frac{w}{2} + \frac{z}{3}$$

$$y = \frac{w}{2} + \frac{x}{2} + \frac{z}{3}$$

$$z = \frac{x}{2} + y$$

このように，ウェブページの重要度スコアは他のウェブページのスコアに依存し，他のウェブページの重要度スコアはもとのスコアに依存します．このような互いに依存するスコアは，連立方程式を解いて求めることができます．ウェブグラフは，方程式を視覚化する簡単な方法であり，次のような手順に従って図5.6と図5.7のように示すことができます．

1. 各リンクに，リンク元の重要度をその出次数で割ったものにラベルをつける．
2. 各ノードで，重要度スコアをすべての入力リンクによってもたらされる値の合計に等しくなるように設定する．

このような方法により，グラフのノードの数と同じ数の方程式を得ることができます．

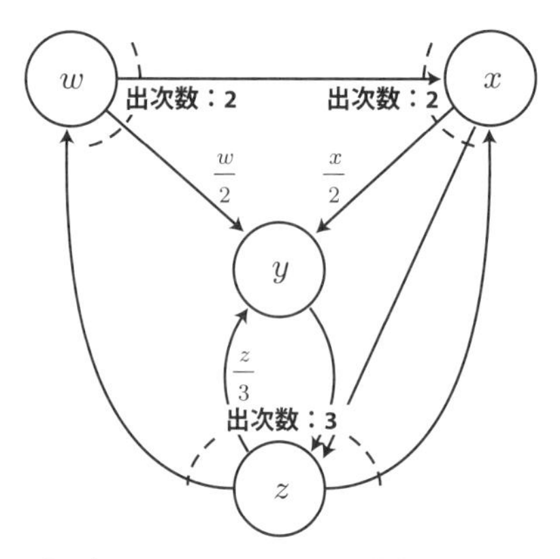

図 5.7 ページYの重要度スコアは，W，X，Zに依存する．WとXのそれぞれの出次数が2であるため，Yへのリンクの重みは$w/2$と$x/2$．Zは3の出次数となるので，このリンクは重み$z/3$となる．

方程式の解

上の方程式の系に戻りましょう．ここでは4つの方程式と4つの未知数（w，x，y，z）があります．各方程式を満たす重要度のスコアを算出するため，このような方程式系を解く方法は一般にたくさんあります．エンジニアたちは，非常に大きなウェブグラフ（たとえば，Googleのインデックスでは変数が60兆に上ります）に対しても，変数が多い方程式の解を迅速かつ効果的に見つける洗練された方法を編み出しています．

以下の答えが正しい答えであることを簡単に確認できます[†]．

$$w = \frac{4}{31} = 0.129$$

$$x = \frac{6}{31} = 0.194$$

$$y = \frac{9}{31} = 0.290$$

$$z = \frac{12}{31} = 0.387$$

方程式に各変数の値を代入して，方程式がすべて成り立っていることを確認してください．たとえば，第3の式は $y = w/2 + x/2 + z/3$ であり，右辺に値を代入すると $2/31 + 3/31 + 4/31 = 9/31$ となります．これは y の値と同じになります．残りの3つの方程式も同じ方法で調べることができます．

図5.8のように，ウェブグラフのリンクに書き込むことで方程式の解を視覚化することもできます．ノードとなる各ウェブページに関して，ページの重要度，そのページにリンクしているノードの重要度の合計，およびそのページがリンクしているノードの重要度の合計の3つの点が等しくなります．たとえば，ページZでは，$12/31 = 9/31 + 3/31 = 4/31 + 4/31 + 4/31$ です．ページXで，$6/31 = 2/31 + 4/31 = 3/31 + 3/31$ となります．

では，これらの重要度スコアに基づいたウェブページのランキングは

[†] 基本的な代数操作だけを使ったこの方程式の解の導出方法に興味がある場合は，原書ウェブサイトのQ5.1を参照．

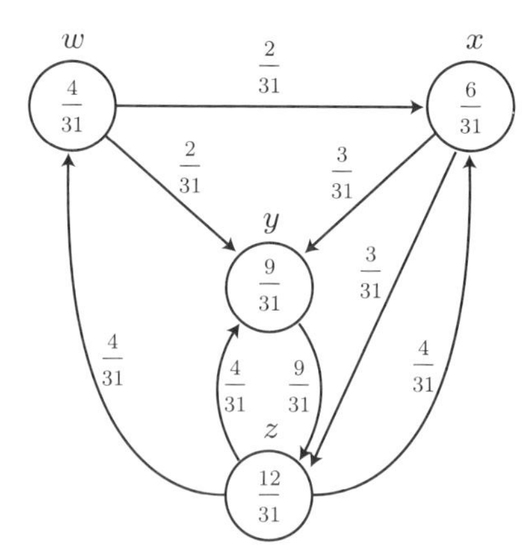

図 5.8　算出されたウェブグラフの重要度スコアとリンクの重み．各ページの重要度はページの入次数重要度スコアと出次数重要度スコアの合計と同じになっていることがわかる．

どうなるでしょうか？　最も重要度の高いものから並べると，Z，Y，X，W です．この章の前半で議論した単純な入次数によるランキングは Y，X，Z，W でした．PageRank では Y ではなく Z が最も重要になっています．ページ Y は最も多くの入力リンクをもっていますが，PageRank はこれらのリンクの「大きさ」も考慮に入れます．とくに，Y のうち 2 つは重要でないノード W と X からのものです．W と X はともに Z からのみリンクが張られており，これは Z の重要性の 3 分の 1 が割り当てられるのみです．

また，ページ Z は 2 つの入力リンクしかもっていませんが，リンク元の 1 つである Y は A 以外のノードにはリンクを張っていないので，Z は Y の全重要度を引きつけることになります．ランダムなサーファーが Y に着くたびに次に Z のみに進み，さらに Z は X からも重要度を引きつけるため，Z の重要度は Y よりも自動的に高くなります．このようにして，時間がたつにつれて Z は Y よりも訪問数が多くなり，Z は Y より重要であるとランキングされます．

図 5.9 は各方法の重要度スコアとランキングを表にまとめたものです．この入次数に基づく重要度は，各ノードの入次数をすべてのノード

ページ	入次数		PageRank	
	重要度	順位	重要度	順位
W	0.125	4位	0.129	4位
X	0.250	2位（または3位）	0.194	3位
Y	0.375	1位	0.290	2位
Z	0.250	3位（または2位）	0.387	1位

図 5.9 図 5.4 におけるウェブグラフの重要度と順位の計算結果．PageRank はウェブグラフの当該ノード周囲以外のネットワークに影響されたスコアだが，入次数はウェブグラフの当該ノード周囲のみのネットワークに依存する．

の入次数の合計で除算することで正規化して得られた結果です．

ランキングのロバストさ

本章では，ランキングを達成するためにノードの重要度をスコアリングすることについて議論してきました．しかし，私たちはどんなウェブグラフに対しても各ノードのランキングを得る方法にたどりついたのでしょうか？

そうではありません．どのような形のウェブグラフに対しても適用できるように，上で議論した方法に 2 つの変更を加える必要があります．たとえば，出力リンクを 1 つももたないノード（**ダングリングノード**，dangling nodes）をもつ場合や，複数の**連結成分**（connected components，つながりをもたない部分グラフ）に分かれたウェブグラフの場合に対処するものなどです[†]．これらの変更は，上では詳細に説明していない，（リンクを介さない）ランダムなサーフィンの部分をモデルに導入することで実現されます．この要素を導入することで，PageRank はどんな形状のグラフに対しても計算できるようになります．

*

PageRank の計算を何兆個ものウェブページにスケーラブルに適用するための実装方法には，本書の範囲を超えた高度な数学の知識が用いら

[†] これらの特別なケースにおいて PageRank がどのように適用されるかは，原書ウェブサイトの Q5.2 および Q5.3 を参照．

れています．しかし，あなたは今，Google が検索結果のウェブページをどのようにランキングするかを概念的に理解したと思います．ここでは，重要度スコアの取得方法に焦点を当ててきましたが，関連度スコアも検索エンジンのレシピにとって重要な具材であることは忘れてはいけません．無関係なページ（つまり，ユーザーのクエリーに一致するコンテンツがないページ）をそもそも検索結果から省くためには，関連度の考慮が必要になります．

第Ⅱ部のまとめ

第Ⅱ部では，ランキングを計算する方法について考察しました．これはGoogleのサービスの根幹をなすものです．2つの重要なケースである，広告の入札およびウェブグラフで使用されるランキング方法をそれぞれ見てきました．図5.10の左のオークションの例のように，入札者と商品である広告スペースとを最適にマッチングさせるために，一般化セカンドプライスオークションが使用されています．またPageRankは，検索結果に表示されるウェブページの順番を決定するために，膨大なウェブグラフから重要度（と関連度）を抽出する手法です．

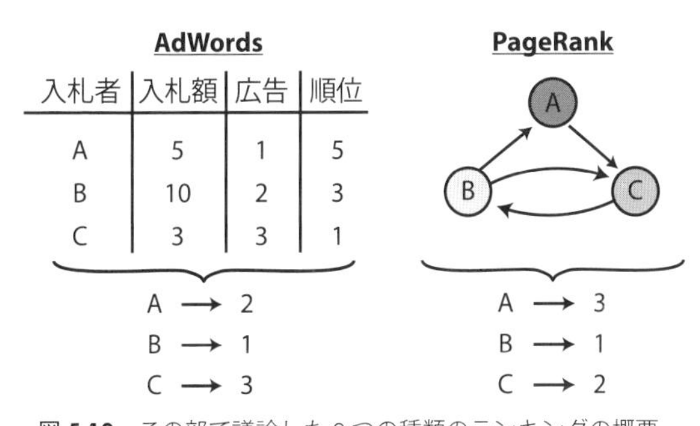

図5.10　この部で議論した2つの種類のランキングの概要．

ランキングは，検索エンジンや広告スペースやGoogleといった文脈以外でも，ネットワークにまつわる多くの場面で適用できます．このため，ネットワーク化されたこの世界において，ネットワーク構造からよいランキングを行うことは，生活に密接に関連する困難ながら不可避な課題の1つとなっています．第6章と第10章では，商品のリストやソーシャルネットワーク上の人々のグラフを対象に，ランキングの方法を再度考察します．

対談 —— エリック・シュミット

A Conversation with Eric Schmidt

エリック・シュミット氏は Alphabet Inc.（旧グーグル）の執行役員．2001 年から 2011 年まではグーグルの最高経営責任者（CEO）を務めた．

Q：まずこの質問からお聞きしたいと思います．あなたは Google のない世界を想像できますか？　それはどのようなものでしょうか？

エリック：私は Google がなかった世界を覚えています．私の知識の大部分は自身の経験か書籍で学んだことでした．テレビを見たり新聞を読んだりして，ものごとについての一般的な知識をもつことができました．人々があなたのもとに来てものごとを伝えたとしても，それらを検証する方法がありませんでした．しかし，私たちは今それらを検証する手段をもっています．人々が，真実かそうでないかわからないと言っているとき，それらの真偽を Google により調べることができます．このように Google は機能します．したがって，「月が平面であると最近証明された」と聞いたとき，あなたはそのことを Google に打ち込むことでそれが真実でないと知ることができます．つまり，誰かが何か言ったらすぐ確認するというライフスタイルが可能になります．この「信頼せよ，でも確認はせよ」という生活のモデルは，悪くはないものです．

Q：Google は，人々が公にウェブページで公開した情報から，情報の成否を判断しています．つまり，群衆の叡智に基づいた検索結果を返していると言えます．群衆の全員が同時に間違っていたら Google が間違った情報を提示することになりますが，その可能性は非常に低いと言えるでしょうか？

エリック：Google では，原則として最終的にはほとんどの人が真であると考えるものが最上位にランクされます．たとえば，「世界はフラット」という単語は，ほとんどの場合に “The World Is Flat” という本のタイトルを指しています．もしあなたが「世界がフラット」ということについて調べるとき，それが “The World Is Flat”（訳注：トーマス・フリードマン著『フラット化する世界』のこと）という本に関するものであれば正しい結果ですし，そうでなければそれは真実とは言えません．そして，ほとんどの人は事実を信じるので，彼らにとってGoogleのランキングは正しく，全体としてGoogleのランキングはかなり正確である傾向にあることがわかります．気になることは，何でも検索してみればいいのです．たとえば，「議員の90%が犯罪者である」と入力すると，最初に出てくるのは“Snopes”というサイトの結果です．このサイトはデマを暴くことを目的としたもので，これが実際には真実ではないことがわかるでしょう．

Q：情報収集と表示以外の面で，Googleがない人生を想像できますか？

エリック：私たちは，あなたが歯ブラシを使用するのと同じくらい，我々のプロダクトが一般的で日常的なものになることを願っています．あなたは，普段はそれについてあまり考えることなく，歯ブラシを使っていると思います．同様に，ChromeやGmailを使って情報をクラウドに保存してほしいというのが私たちの願望です．したがって，私はもちろんそれらのツールをすべて使います．私はあらゆるものをクラウドに保存します．私のお気に入りの例は写真です．ほとんどの人と同様に，私は多くの異なった場所に数多くの写真をもっています．Googleフォトのおかげで，Gmailアカウントにファイルをアップロードして整理したり，重複を排除したり，写真に含まれるものを検索したりすることができます．このシステムは機械学習とマシンビジョンを使って写真を探しています．

Q：ビッグデータに対する機械学習という話題に関連して，ビデオコンテンツ，友人のおすすめ，さらには今日何をすべきかについての推薦などは，どれくらい個別化が進んでいくと予想しますか？　私たち一人ひとりを完全に理解するマシンインテリジェンスの実現に，現在はどれくらい近づいていると思いますか？

エリック：2つの異なる質問を聞かれたと思います．まず「各個人にとてもよい推薦を与えることに，どれくらい近づいているか？」ということにお答えします．かなり近づいているというのがその答えです．その理由は，人々は同様のパターンに従う傾向があり，その友人は似ている傾向があるということです．私たちはよく「誰もが違っている」と言います．あなたの友達は皆違うというわけです．しかし，友達は同じ文化的な価値観，同じ言語，同じ年代，同じ人生経験をもつ傾向があります．したがって，100%ではありませんが，かなり高い精度であなたの友達の趣向からあなたの好きなものを予測できます．だから，大きなデータをもつ，たとえばYouTubeのようなシステムでは，よい推薦を行うことができます．

ただし，個人のプライバシーの観点から，推薦の結果を選択できる必要があることを知っておくことは重要です．いったん推薦を使うことを受け入れてしまえば，非常に有用であると思います．しかし，これはソフトウェアがあなたに話しかける知性になるということを意味するものではありません．それは飛躍しすぎです．現時点で私たちがわかることは，コンピューターによるビジョンが人間のビジョンよりも優れているといったことです．そのため Google フォトのようなものは本当にうまく機能します．話しかけることができ，いつでも助けてくれるようなロボットは皆欲しいものです．問題は，どれくらい早くそれが実現するかということです．私は，いずれはかなりよい働きをする個人アシスタントをもつことができると信じています．「エリック，あなたはプリンストンの教授と電話する必要がありますが，いつもどおり時間に遅れていますよ」というように．このようなことが起こる可能性が高いと思います．これ以上になると，推測の域を出ないでしょう．

Q：人々は特定の行動パターンをもち，それに応じたコンテンツが提供されることで満足します．したがって，その人に好かれるコンテンツが「何でありうるか」よりも「何であるか」が問題にされる傾向があると思いますか？　言い換えれば，マシンインテリジェンスは，まったく異なるものを試してみる機会を与えるよりも，既存のパーソナリティーを強化するものとして機能するのでしょうか？

エリック：この質問は過去 10 年間にさまざまな形でなされてきました．そして，今のところこのようなバイアスが存在するという証拠はありません．人々が話す内容がその人の見方を狭めるというのなら，ビッグデータの世界でのオンラインの生活を生きる我々は，むしろそれ以前と比べて非常に多くのものにさらされていると言えると思います．

ためしに，Google 登場以前の生活に戻ってみましょう．あなたはここにいて，学校に行ったり仕事に行ったり，家族と過ごしたりテレビを見たりします．そこにはそれほど多様な視点があるとは言えない一方で，今日では Twitter，Facebook，E メールなどで時間を過ごすことでかなり多くの意見にあなたはさらされます．そのなかには偽りのものがあり，あなたはそれらを判別するために Google を使います．私はあなたの質問の主旨は理解していますが，それに同意はできません．むしろ，今の人々はオンラインになったことで非常に多く新しいものにさらされるようになったという証拠があります．その多くは，人々の確信を揺るがすものであり，その人が聞きたくなかったり同意していなかったりするものです.

Q：実際に，YouTube では私に繰り返し薦められるコンテンツがありますが，今まで見たことのないまったく新しいコンテンツもあります.

エリック：これらのシステムでは，セレンディピティーと呼ばれるものをかなりよく生成することが可能です．セレンディピティーはあなたが興味をもちうるが自分では知らなかったことであり，YouTube はあなたの興味について少しだけ知っているので，それを発見することができます．ご存知のように，技術的にはこれらは訓練された大きなニューラルネットワークであるため，完全に正確ではありません．しかし，一般的な観測的知識や一般的にものごとに精通することにかけては，この技術は完璧に有用です.

誰もこれらのことが常に正しいとは言いません．誰も，それらがいつも間違えないと主張しているわけではありません．私たちは，Google が真実を伝えるという主張はしていません．私たちが主張しているのは，Google が与えられた状況のなかで最善の答えを出すよう最善のランキングをしているということであり，現実にそれはうまく機能しています.

Q：人とのコミュニケーションということについて言えば，昔は電話か E メールと呼ばれるものしかなかったと思います．それから，テキストメッセージが登場し，ソーシャルネットワーキングが登場し，写真を撮って他の人に送れるようになり，WeChat，WhatsApp なども出てきました．エンジニアが私たちに同期ビデオチャットに慣れさせるのに非常に苦労した一方で，私たちは好んで非同期でテキストメッセージとボイスメッセージをお互いに送信しているというのは，興味深いと思います．お互いにコミュニケーションする理想的な方法は何でしょうか？

エリック：『孤独なボウリング』（訳注：ロバート・D・パットナム著）についての古い議論を覚えていますか？　これは，社会を構成するすべての人々が，ソファーでテレビを見るだけの，何の社会的活動もしない孤立した人だらけになるという議論でした．これが，著者が「孤独なボウリング」と呼んだ現象でした．この議論の唯一の問題は，それが完全に間違っていることです．今日の社会を見ると，人々の間には過剰なくらいコミュニケーションが行き渡っています．それは技術から得られる教訓だと思っています．人々は，考えられるあらゆる方法で常にコミュニケーションをとりたいと思っています．私は彼らがとるべき唯一のコミュニケーションの方法があるとは思いません．たとえば，仮に E

メールがコミュニケーションの最良の形態であると主張したとしても，それ以外のさまざまな形があることを理解できません．

たとえば，WeChat はとても素敵なテキスト機能をもっています．プログラムを実行することもできます．そして，ボタンを押して短いボイスメールを他の人に残すこともできます．これらは非常にリッチな通信環境の上に構築されており，ピア・ツー・ピアによる通信です．なので，今後，これを使ってさまざまな形式のコミュニケーションがなされると思います．私はあなたと話している間にも，E メール，テキスト，ボイスメールを着信し，外から無数の人が私の注意を逸らそうとしてきます．それは今日の世界では普通のことです．私はそれが人間にとってよいことだと言いたいわけではありませんが，これは事実です．もっと興味深い統計を 1 つあげると，1 週間に人々は自分の電話に 1,500 回触れているということです．平均的なティーンエイジャーは 1 日に 100 以上のテキストを送信します．読んだばかりの記事によれば，WhatsApp のメッセージの総数は SMS よりも 50%多いそうです．このように，コミュニケーションの革命は深く甚大です．それはあらゆる形態のコミュニケーションの非常に大きな爆発をもたらします．これについてもまた，人々が不平を言うのを聞くことになりますが，私たちは人間なのです．私たちがするのはコミュニケーションだけです．それは洞窟に住んでいた時代から私たちがやっていたことです．

Q：そうですね．そして，コミュニケーションには今では料金がかかります．以前は，電話の通話時間に応じて料金を払う一方で，携帯端末で無制限のデータを取得することができました．しかし現在，少なくとも米国では完全にこれが反転しつつあります．段階制の料金，あるいは家族向けプランの料金など，モバイルデータ用の段階制の料金，あるいは家族向けプランの料金などを支払う必要があります．

エリック：もともとのインターネットは料金を要求しなかったので，何かに課金するということは何かの希少性を生み出すことを意味します．通信会社は帯域幅に対して料金を請求します．なぜなら，政府から高価な帯域幅を購入しなければならず，リースと運用が難しいためです．つまり，ここには実際の容量の制約があります．共有帯域という新しい提案が政府からされていますが，単一の通信事業者に大きなブロックを所有させずにスペクトルを共有し，送受信するという方法です．これは帯域幅を実質的に開放することになります．

Q：静的な割り当てではなく，帯域への動的なアクセスの機会が帯域活用の効率を最適化し，それによってコストを下げるということですか？

エリック：そうです．本日の通信帯域を見れば，どこでもいつでも基本的に空いているとわかります．私たちがよく使うアナロジーは，マクドナルドが所有するハイウェイがあり，それを使う人はマクドナルドだけに行くことができるというものです．これはナンセンスであり，ハイウェイは共有される必要があります．共有は帯域幅の観点から完全に合理性をもちます．

Q：Nest や Google Glass などの IoT デバイスが登場し，人々はスマートな家庭，スマートシティ，スマートな工場の時代を想像しています．そして，身のまわりのボタンがコンピューターになり，クラウドが私たちのまわりの霧（フォグ）のようなものとして下りてくるかもしれません．しかし，人々はプライバシーとセキュリティー，とくにこれらの家電製品がネットワークに接続される場所におけるそれらを心配しています．IoT のセキュリティーについてどう思いますか？

エリック：一般的なコメントとして，私たちはこのようなものに対するセキュリティーを担保できるはずです．現代の暗号化と現代のアルゴリズムでは，あなたのコミュニケーションは非常にプライベートで安全性が高いはずです．2,048 ビットの暗号化，楕円曲線暗号技術，そして通信されるものだけでなく保管される情報もすべてを暗号化することにより，セキュリティーが担保されます．ただし問題なのは，人々はそれを必要とするにもかかわらず完全には実行しないことです．

Q：では，こうしたデバイスに対して，計算コストもしくはエネルギー効率の面で最先端の暗号技術を使うのが難しい場合には，何をおすすめしますか？　ほかにも解決策はありますか？

エリック：もう一度言いますが，私はこの前提に同意しません．アルゴリズムは，もっといえばウェブのすべてが，SSL ベースの HTTP である HTTPS を使用するようになりました．アップル社の iPhone は非常に安全で，政府がそれを奪取して読み取ることができないため大きな論争になっています．あなたもきっとそれについて読んでいるでしょう．コンピューターもネットワークも十分に速いので，ご指摘の要求に応えることができます．もちろん，最終的には限界がありますが，私たちはそこには達していません．このことを議論するに際に私は，インターネットの主要なユーザーは何かということを考えます．それは動画です．インターネット上でテレビをポイント・ツー・ポイントで配信することなど想像できたでしょうか．しかしどうやってか，それは実現しました．

これが Netflix と YouTube が実施したことであり，実際にかなりうまく機能しています．それは衝撃的です．

Q：確かにそうです．YouTube といえば，これは確かに成功し続けていますし，それ以外にもグーグル社の取り組みには多くの例があります．私はあなたの本も読んだのですが，グーグルがイノベーションを起こすやり方について，何か特別なことがあると思いますか？

エリック：我々のコアバリューへ立ち返ることになりますが，私たちの会社は技術者が革新的な技術に専念するように運営されており，しかも非常に高い採用のハードルを設定しています．幸いなことに，私たちの広告システムは多くの利益を生みだし，これらの新しいものに投資することができます．

Q：高い採用のハードルの話が出ましたが，雇用するのに十分な人材が米国にあると思いますか？

エリック：まず，米国は他国からの本当に賢い人々をすべて獲得し，彼らを米国に移住させることを目指すべきです．残念ながら，私たちの政府は H-1 ビザに上限を設定するという本当に愚かな方針をとっています．ご承知のように，私たちは彼らに最高の教育をしてから，彼らを国から追い出します．それは本当にばかげていることです．だから私は，未来を創造するような人が決して十分にいないと考えています．

Q：もう 1 つ質問したいと思います．グーグルであなたが過ごした時間を振り返って，最も重要な決定を 1 つだけあげるとすれば何でしょうか？

エリック：会社を経営しているときにはすばやく行動しているのではっきりとはわからないのですが，最も重要なのはイノベーションを体系化するシステムを構築したことでしょうか．つまり，私たちにはたくさんのアイディアがあったなかで，それを見直し続け，うまくいくものを選びました．このようにして，イノベーションを体系化することができます．イノベーションは予測できませんが，体系化しスケールさせることはできるのです．イノベーティブでスケーラブルな，つまりすばやく拡大する優れた製品さえあれば，会社に非常に速い成長をもたらします．また，Google 以外の例がお望みであれば，Uber はどうでしょうか．Uber のアイディアは比較的シンプルであり，その背後の仕組みは複雑です．しかし，いったん正しいやり方を見つければ，これはどこでもうまくいき，規制や政府によって妨げられない限り，世界中で非常に迅速に拡張できます．Uber の商品はうまく機能するので，1 箇所でも成功すれば，どこでも成功させることができます．

Q：ヘンリー・フォードが製造業の工場ラインを体系化したことを思い出します．イノベーションのプロセスを体系化すると，革新的なアイディアはどのように評価され，後で投げ捨てられるか，あるいは高度化されるか，または後で再評価されるのでしょうか？　これはどうやるのですか？

エリック：私たちは 20%ルールというものをもっていました．これは人々が自分の興味に従って関心のあることに業務時間の 5 分の 1 を割くルールのことで，多くのアイディアはこの 20%の時間に始まったのです．それはよいニュースです．悪い知らせは，今日は製品をつくるのに 100 人規模の人員を要するということです．これらの製品は大きく複雑です．しかし，それらは常に個人または小チームによるいくつかのアイディアから始まり，彼らは熱意をもってそれを追求します．技術の行く末を理解している高度に技術的な人たちがそうしたスタートを多く生み出せば生み出すほど，会社は革新的なものになるでしょう．

Q：20%の時間の探索で得られた最初のアイディアから，それが製品になるかどうかの決定に進むまでには，通常何回のレビューや改訂が必要になるのでしょうか？

エリック：私は単一のルールがあるとは思いません．より速く進んだものと遅く進んだものがありました．しかし，重要なのは，常にそれらを見直して，進歩しているかどうかを見極めることです．いくつかのことはうまくいき，いくつかは失敗しました．それでいいのです．そしてうまくいかないことが明らかになったら，それをキャンセルしてチームをリサイクルするほうがよいのは明らかです．

Q：これに慣れていけば，このプロセスでやるのは楽しくなるでしょうね．

エリック：結構大変ですよ．彼らは自分のプロジェクトが失敗するのは嫌だし，レビューされることも好みません．簡単ではない部分もあります．

Q：それでも，いままでは素晴らしくうまくいっています．エリック，あなたの考えを共有していただきありがとうございます．

第  部

群衆は賢い

CROWDS ARE WISE

インターネットは私たちの日々のあらゆる営みに影響を与えてきました。ショッピング，映画の視聴，講義の受講はそうした事例のうちの3つです．Amazon のような電子商取引サイト，Netflix のようなコンテンツ配信サイト，MOOC（大規模公開オンラインコース）プロバイダーなどのオンラインコースサイトのおかげで，私たちは自宅にいながらにしてそのような営みを日々行うことができます．

これらをオンラインで行うことで，私たちは人々の行動や好みに関する絶え間ない知識の増加に寄与しています．私たちがウェブサイトを閲覧するとき，その振る舞いは通常は保存されており，多くの場合，後にサイトを訪問する人々に異なった体験を与えるために使用されます．たとえば Amazon において，ある商品についてフィードバックを残すと，ランク順に並んだ商品リストページにおいて，その商品が表示される順序に影響することがあります．また，Netflix で映画を評価することによって，誰にどの映画がレコメンドされるかということに変化が生じる可能性があります．

第Ⅲ部では，Amazon における商品のランキング方法（第 6 章），Netflix における映画のレコメンド方法（第 7 章），MOOC における相互学習の方法（第 8 章）の背後にあるアイディアを探求します．これらサービスの機能の核となる概念が「群衆の叡智」です．つまり，群衆が多くなるにつれて（すなわち，商品に関連したより多くの情報が集まるにつれて），群衆による決定がよりよい決定になるという考えです（こうして，商品の品質の推定値がより正確になります）．一方，第Ⅳ部では，群衆のあまり賢くない側面にも目を向けます．

これからソーシャルネットワークへの旅が始まりますが，この種のネットワークをモデル化するときには，モデルと現実の間に大きなギャップが生じがちであり，一般的にはかなり厄介な問題であることを心にとめる必要があります．第Ⅲ部と第Ⅳ部においては，モデルの説明能力，予測能力，および背後にある仮定の観点から，モデルがもつ限界に注意しなければなりません．また今後は，「平均」や「確率」などの用語の誤用にはとくに気をつける必要があります．

6 商品評価をまとめる

Combining Product Ratings

インターネットでは，靴，DVD，教科書やその他の日用品など，ありとあらゆる商品のショッピングがますます多く行われています．2014年には，オンラインでの商品の購入に合計1.3兆ドルが費やされましたが，これは当時の全小売市場の約6%であり，まだまだ成長の余地がありました．2018年には，この消費はほぼ倍増すると予測されています．商品の選択肢が非常に多いことから，顧客に説得力のある「品質」を提示して意思決定を促すことは，オンラインの小売業が成功するために不可欠です．

ネット小売業の大河

米国最大のネット小売企業はアマゾンです（図6.1）．1994年にオンライン書店としてジェフ・ベゾスによって設立されたこの会社は，当初はわりと珍しいビジネスモデルを追求しており，新しい世紀が来るまではいっさい利益を期待していませんでした．初期の成長は遅かったものの，アマゾンは2000年ごろにドット・コム・バブルが崩壊した際に生き残った数少ないネット小売企業の1つでした．実際，この会社はその直後である2001年の第4四半期に最初の利益を上げました．

今日まで話を進めれば，現在のところアマゾンの収益は毎年増加して

amazon

図 6.1　アマゾンの商標ロゴ.

います．衣服や靴からソフトウェアや電子機器までのあらゆるものが，そのサイトから購入することができます．もしかしたら，あなたもそこから本書を購入したかもしれません！

アマゾンのサービスは，ネット小売業界の外にも進出しています．2007年，同社は独自の電子書籍（ebook）リーダーKindle（第3章のデータのスマートプライシングの議論のなかで説明しました）によって端末製造にも乗り出しました．そして3年後には，Kindleの売上はサイト内のハードカバー本の売上を超えたと発表されました．

長年にわたり，街なかに実店舗をもつ対面販売の小売業者と，アマゾンなどのオンラインの小売業者は明確に区別されていました．しかしその後，多くの店舗型小売業者は急成長を遂げているネット小売業の利点を生かそうと事業を拡大していきました．一番の例は，最大の店舗型小売業者であり，ネット小売業界で常にトップ5位圏内にいるウォルマートです．それでも2012年のアマゾンのオンライン販売の収益は，図6.2のようにウォルマートの8倍以上でした．同年の第2四半期には，アマゾンは1億の固有サイト訪問者（unique website visitor）を獲得したと推定され，ウォルマートの2倍以上になりました．

では，なぜアマゾンは成功したのでしょうか？　多くの機能（豊富な品揃えや，ときとして2日で届く無料配送など）や価格の安さ以外では，顧客が商品レビューを通してフィードバックを提供できる仕組みがあったことがサイトを魅力的にした要因の1つです．Amazonサイトは，日々蓄積されていく特定の商品のレビューをまとめて1つの数字（平均評価値 = 星の平均値）として表示することで，買い物客に商品の「品質」を判断する材料を与えます．この章では，アマゾンなどのネット小売業者が買い物客の意見を集約し，サイトの商品リストを並び替えるための方法を探ります．

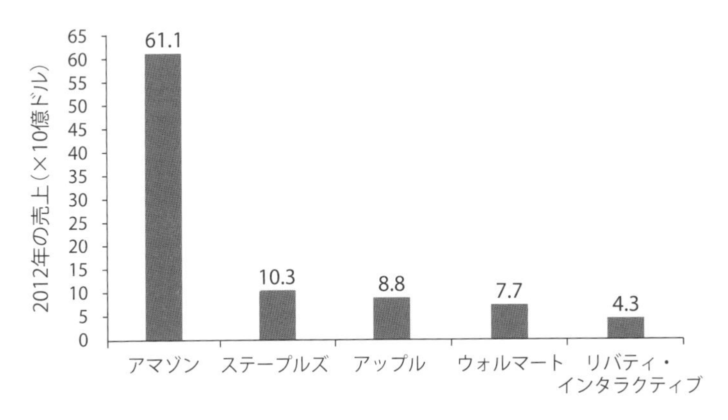

図 6.2 2012 年に規模が上位 5 位のネット小売業者がオンライン販売から得た総収益.

平均評価値は信用できるか？

あなたが Amazon で新しい HDTV（高精細テレビ）を購入しようとしているとしましょう．検索結果の商品リストを閲覧した後，価格に基づいて最終的に 2 つの商品まで絞り込みました（図 6.3）．

どちらを選択するべきでしょう？　一見すると，右のほうがよりよい選択のように思えます．なぜなら，それはより高い評価値をもつからで

Toshiba 32C120U 32-Inch 720p 60Hz LCD HDTV (Black)
Buy new: ~~$379.99~~ **$249.99**
47 new from $249.99
14 used from $201.95
Get it by Monday, Oct 8 if you order in the next 19 hours and choose one-day shipping.
☆☆☆☆☆ (95)
Eligible for FREE Super Saver Shipping.
Product Description – "Toshiba 32-Inch 720p 60hz LCD HDTV"

Panasonic VIERA TC-L32C5 32-Inch 720p 60Hz LCD TV
Buy new: ~~$299.99~~ Click for product details
15 used & new from $219.95
Get it by Monday, Oct 8 if you order in the next 19 hours and choose one-day shipping.
☆☆☆☆☆ (8)
Eligible for FREE Super Saver Shipping.
Product Description – "…C5 (32-inch class) is a 720p, LCD HDTV (cold cathode backlighting) with …"

図 6.3 Amazon における 2 つの HDTV のリスト．右側は平均評価値が星 4.5 で左側の 4 より高い．しかし，左側のレビュー人数は 95 人であり，右の 8 人に比べて多い．

す（右は星4.5であるのに対し左は星4）．

何かを見逃していないでしょうか？　まず，これらの数字がどのように算出されたかについて考えてみましょう．Amazonでは顧客が購入した商品についてレビューを入力することができます．レビューは，3つの領域で構成されています．

1. 評価値，つまり星の数（1，2，3，4あるいは5）．
2. 評価値が与えられた理由を説明したテキストレビュー．
3. レビューがどれくらいの人に「役立った」かを示す指標．

ある商品に対するいわゆる平均カスタマーレビュー[†]（Average Customer Review，つまり図6.3の4と4.5）は，顧客がその商品に入力したすべての評価値の平均です．これはレビューする人々の意見を要約する試みであり，単一の数字の形をとります．それは，一つひとつのレビューを読む時間のない多くの人々にとって役に立ちます．しかし，この要約された評価値を考える際には，レビューに貢献した人々について，すなわちレビューアー個々人の評判やその人数について，注意を払うべきではないのでしょうか？

平均を分析する

図6.3では，右で8人が，左で95人がHDTVを評価しています．これは平均カスタマーレビューに対してどんな意味をもつのでしょうか？　直感的に言えば，ある項目のレビューを入力した人が増えれば，その評価値の平均はより信用できるものになります．なぜなら，厳しめのレビューアー（つまり，他の人よりも低いスコアのレビューをつける人）あるいは甘めなレビューアー（つまり，他の人よりも高いスコアのレビューをつける人）の影響は受けにくくなり，さらにその商品を使用してない人がつけたデタラメなレビューの影響も減るからです．これを理解するために，3つ星レビューをもらったある商品について考えてみ

[†] 訳注：米国Amazonでは，以前商品ごとの星の数をこのように呼んでいました（2018年現在はこの名称は使用されていません）．

ましょう．もし誰かがデタラメに 5 を入力した場合，平均評価値は

$$\frac{3 + 5}{2} = 4$$

に変わります．これは星 1 つ分の変化です．代わりに 101 個の 3 つ星のレビューで始めたときは，もし誰かがデタラメに 5 をつけたとしても，平均は

$$\frac{101 \times 3 + 5}{102} = 3.02$$

にしか変わりません．（Amazon で行われているように）小数点以下第 1 位未満を四捨五入すると，以前とまったく変わらず平均値は 3 つ星になります．

当然，すべての 5 つ星のレビューが甘すぎるわけではなく，すべての 1 つ星のレビューが厳しすぎるわけではありません．実際のところ，この種のレビューは買い物客には非常に有用でしょう．実際，Amazon はその商品の「最も役立つ」好意的な，あるいは「最も役立つ」批判的なレビューを視覚的に強調しているため，全体的に最も役立ったと思われる極端なレビューを際立たせています．図 6.4 の例を見てください．2 つのレビューは，星の数（4 対 1）が大きく違いますが，役に立つと思った人が一定数いることから，どちらのレビューもよく読まれていることがわかります．

それでも，商品のレビュー数が増えれば増えるほど，評価値の平均は

上位の肯定的レビュー

106人中104人がこのレビューが役に立ったと考えています．

★★★★☆ **A good but not great set**

LG's lower-mid level sets have earned a reputation for having low gaming lag, great color accuracy, and the most extensive features and picture options of any sets at or even above their price level. The CS560 series still delivers in these regards, but to a lesser extent than earlier models.

The styling and build quality of the set are very good overall.

Vs.

上位の批判的レビュー

533人中502人がこのレビューが役に立ったと考えています．

★☆☆☆☆ **They stripped a lot of features out for 2012 over the same 2011 model**

They stripped a lot of features out for 2012 over the same 2011/2010 line/models. The reasons are unclear. I assume to just make more money and fleece their customers even more. They removed so many great features that really made this a great set but they kept the price the same, which I would like to point out is already high.

図 6.4 Amazon は商品レビューのなかで，最も役に立つ好意的なものと最も役に立つ批判的なものを目立つようにしている．

信頼できると思われるかもしれません．確かに図6.3をもう一度見てみると，8つの評価値に基づく星4.5の平均カスタマーレビューが95の評価値に基づく星4のものよりもよいということは簡単には言えないでしょう．

レビューの信頼性

レビューは信頼できないときもあります．しかしながら，レビューは私たちの生活のあらゆる場面で重要です．たとえば，あらゆる種類のオンラインによる購入，過去の雇用主による推薦状，学生による講座の評価などがあります．そのようなレビューの信頼性を高めるためには，どのような取り組みが必要になるのでしょうか？

1つには，「悪い」評価を除外する方法が必要です．匿名でのレビューを禁止し，レビューは商品項目ごとに1件だけに限ることはよい出発点になります．Amazonがこのような仕組みを実施していなかったとしたらどうなるでしょうか？　もしボブがAmazonで商品を販売しているとすると，平均カスタマーレビューを押し上げるために，自分の品目に対して肯定的なレビューを多くつけるかもしれません．毎回匿名で入力すれば，彼が自分のスコアを釣り上げていることなど誰も知る由もありません．さらに，自社と競合する商品が販売されているのを見つけたときには，彼はその商品に対して悪いレビューを多く入力するかもしれません．上述の2つのスクリーニングを行った後でさえ，評価の質を下げる原因となる，考慮すべき要素は他にも多くあります．たとえば，スパマー[†]は，商品とは関係のないランダムなレビュー（自分のサイトへのリンクなどを含む）をつけることがあります．

このような理由で，何よりも先に，私たちはレビューをつける際に使用されるメカニズムを調べる必要があります．誰がレビューできるのか．客はどれくらい強くレビューを促されるのか．レビューする前に商品を購入する必要があるのか．アカウントを作成したばかりのユーザーがレ

[†] 訳注：スパム行為をする人．

ビューをつけられるか．また，レビューにおいて入力できる数字の範囲は何か．たとえば，1から10や，1から3，および1から5など異なる尺度においては，それぞれ異なる心理的反応を誘発することが観察されています．

これらの指摘は，唯一の「正しい」答えがない難しい問いを生じさせます．たとえば，答えはレビューされる商品のタイプにもよります．映画（例：Internet Movie Database）の感想は非常に主観的ですが，電子機器（例：Amazon）ではそれほどではありません．また，ホテル（例：TripAdvisor）やレストラン（例：Yelp）はその中間にあたります．またそれらはレビューアーの質にもよります．たとえば，Amazonは「トップ・レビューアー・ランキング」を管理していて，有用なレビューを出した人を評価し，レビューアーのランキングが1年を通して高い場合には，「殿堂入り」に昇格させます．このカテゴリーの人は，そうでない人よりも信頼できるはずです．それでもなお，評判を定量化することは難しいのです．

これらの課題があることから，意見の集約はうまくいかないのではと思うかもしれません．しかし過去には注目すべき例外があります．

三人寄れば文殊の知恵

1906年，英国のプリマスの農場で興味深いコンテストが開催されました．ある家畜見本市において，一匹の牛が展示され，村人はその牛の体重を推測することになりました．787人の参加者のそれぞれは，牛をよく見て誰とも会話することなく，紙にその推測を書き留めました（図6.5）．

当時の有名な統計学者フランシス・ガルトン卿は，その結果について統計的検定を行いました．一見すると，非常に小さいものから大きいものまで数字が散らばっており，真の重さである1,198ポンドと同じ推測は1つもありませんでした．しかし驚くことに，その推測の平均を計算してみると，1,197ポンドとなり，正解から0.1%以下しか離れていま

図 6.5　1906 年，英国の農場で牛が展示され，およそ 800 人の村人がその体重を推測しようとした．彼らの推測値はそれぞれ互いにかなり離れていたが，平均は正解からわずか 1 ポンドしか違わなかった．

せんでした．中央値（大きさ順に並べたとき全体の中央に位置する値）も 1,207 ポンドで，0.8%以下の差でした．

いったいどうして，全員の推測は正解からとても離れているのに，その単純な平均がこれほど正解に近かったのでしょうか？　ここには，平均がうまくいくために重要であった要因がいくつかあります．1 つは，作業が比較的簡単だったことです．牛の重量を推測することには，明確な数値を伴った客観的な答えがあります．また 1 つには，推定値にはバイアス（偏り）がなかったことです．誰もが牛をよく観察したので，推測が小さすぎたり大きすぎたりするような全体的な傾向はありませんでした．さらに，推定値は独立していました．村人の誰も他人の推測を見ていなかったので，誰も他人の影響を受けていませんでした（第 4 章で述べた封印入札方式オークションの仕組みと同様です）．最後に，多くの人が参加していたことがあげられます．

これらの要因（課題の簡単さ，バイアスのなさ，独立性，人数の多さ）は，ガルトンの驚くべき結果にとって重要な役割を果たしましたが，レビューの作成においては，それぞれある程度までしか成り立たないことになります．

群衆の叡智

ここで Amazon に戻ると，私たちは商品に関する顧客の評価を平均すれば，正しい評価に近い結果が得られることを期待したくなります．しかし，そもそも「正しい」評価が存在するということは言えるのでしょうか？　これは少なくともある程度は，個々の客によって異なるでしょう（たとえば，T シャツのあるブランドはある人にとって魅力的かもしれませんが，別の人にはそうではないかもしれません）．ガルトンの実験で見たように，個々の意見を集約するときには，一般的に 3 つの要素を考慮する必要があります．

- 課題の定義：明瞭で一貫性のある目標（たとえば，数を推測する）があり課題が明確に定義されていることは，意見集約にとって好ましいことです．
- 独立したバイアスのない意見：意見集約の成功は，おおよそ正しく推測できる賢明な人が多くいることではなく，バイアスのない個人の各見解の独立性に起因します．
- 人数：ガルトンの実験は，参加人数が少なかったら，うまくいっていなかったはずです．

Amazon で商品をレビューするという課題は明確に定義されているでしょうか．厳密にはされていません．評価値の 1 つの星の意味は人によって異なるでしょう．Amazon のレビューはお互いに独立しているでしょうか．多少はそうです．自分のレビューをつける前に既存のものを見ることはできますが，自分の評価は通常はそれらの影響をあまり受けないでしょう．しかし，ときには最近のレビューに対する反応（反論したり補強したりするなど）として品目をレビューすることもあります（これは，逐次的意思決定の例です．これについては第Ⅳ部で述べます）．一般的に，課題があまり明確に定義されておらず，レビューが互いに依存的であるほど，信頼できる平均を得るためには多くの「推測値」が必要です．一貫性がなく低品質なレビューを検出するための効果的な仕組みがあれば，必要なレビュー数を減らすことができます．

これらの 3 つの要素が成立すると，意見の集約は非常にうまく機能します．たとえば，1,000 人のプレイヤーが，わかりやすく明確に定義された課題において「推測」するゲームをしているとしましょう．ゲームの終了時に，私たちは個々の推測値を集めて平均をとります．すると結果として，この平均値の誤差は，個別の推測において予想される誤差の1,000分の1まで少なくなると数学的に予想できます．

$$
\text{予想される平均の誤差} \approx \frac{\text{予想される個々の推測の誤差}}{\text{推測を独立に行う人の数}}
$$

この式は，今まで私たちが議論してきたこと，つまり**群衆の叡智**（wisdom of crowds）を表現しています．すべての人が独立して推測しており，系統的なバイアスがない限り，1つの集団の「集合推測」はその群衆の人数に比例して改良されると予想されます（図6.6）．したがって，（1人よりも）5人いる場合は5倍よくなり，10人であれば10倍というように改良されていきます．たとえ集団内にとても賢明な人がいなくても，集団は賢明となるのです．図6.7には，5人の集団の場合の例を示します．

ここで，この式について2つの疑問が湧いてきます．まず，なぜ等号ではなく≈が使用されているのでしょうか．これは，この式が厳密にではなく，近似として成立していることを意味しており，また確率を扱っ

図6.6　群衆の叡智のもとでは，多くの人々の総合的な知識は，個人または少数の知識に勝ることがある．

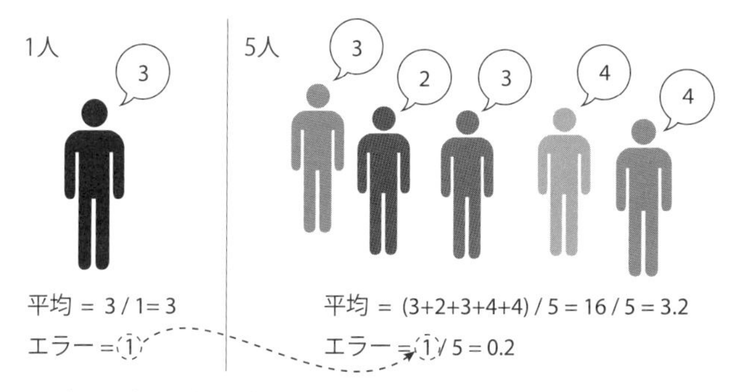

図 6.7 最初，1 人のときは予想される誤差は 1 であるとする（左図）．5 人になれば，すべての人の推測が独立してバイアスがない限り，平均値 3.2 に対する誤差は 5 分の 1 になることが予想される．

ているということもその理由の一部になっています[†]．疑問の 2 つ目としては，「誤差」というのは正確にはどういう意味なのでしょうか？ この式中の「誤差」は，厳密には，推測値と実際の値の差ではなく，その差の二乗を意味します．本書では第 7 章で二乗誤差を扱います．

評価の集約は難しい

前述の議論を踏まえると，Amazon のある商品に対して多数のレビューアーがいる場合は，平均評価値が私たちが望む「真実」に近いと言えるのかというと，必ずしもそうとは限りません．上では，意見が（完全に）独立していないなど，やっかいな点をいくつか指摘しました．

難題はほかにも生じます．たとえば，図 6.3 に戻ると，値段は同等でも平均評価値が異なる 2 つの HDTV があります．東芝のものは 95 個の評価値の平均が星 4 つになっている一方で，パナソニックのものは 8 個の評価値で星 4.5 になっています．顧客は，平均評価値は低いが多くのレビュー数をもつ商品と，平均評価値は高いがレビュー数が少ない商品の選択で妥協を強いられることになります．

たとえ 2 つの商品の平均評価値やレビュー数が同様であっても，評価値の分布の様子が違う場合があります．たとえば，図 6.8 の 2 つの懐中

[†] 詳細については，原書ウェブサイトの Q6.1 を参照．

Customer Reviews
MAGLITE M2A106 AA Cell Mini Flashlight, Silver

260 Reviews
5 star: (169)
4 star: (41)
3 star: (18)
2 star: (12)
1 star: (20)
Average Customer Review
(260 customer reviews)
Share your thoughts with other customers
Create your own review

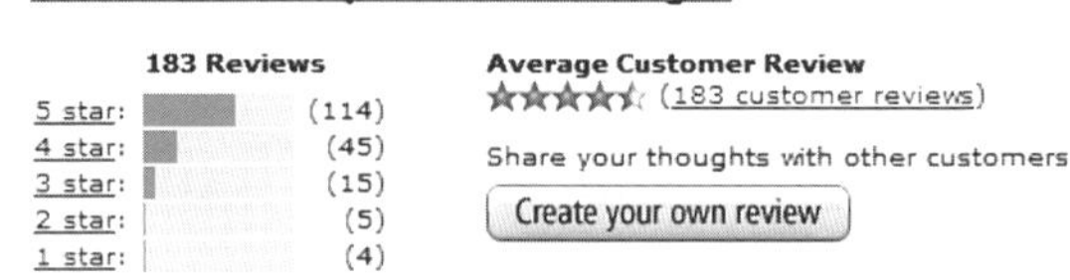

図 **6.8**　Amazonに出品される2種類の懐中電灯．同程度の平均評価値とレビュー数をもつが，レビューの分布は異なる．

電灯を見てみましょう．両方とも，星4.5の平均カスタマーレビューをもち，レビュー数も同程度です．「マグライト」(MAGLITE) のレビューアーの65%が星5つ，8%が星1つを与えた一方で，「フェニックス」(Fenix) のレビューアーの62%は星5つ，2%が星1つを与えました．したがって，マグライトは高い評価と低い評価の両方の割合が高くなります．分布の広がりは大きいほど，平均評価値は信頼できるのでしょうか，あるいはその逆でしょうか？　これは明確な答えのない主観的な問いです．

最後に，商品につけられる評価値は時間とともに変動する可能性があります．たとえば，図6.9では，Amazonのある商品における60件の最新の評価値を，これまで最も役に立ったレビューの評価値の上位60件と比較して見ることができます．最新の評価値の平均は3.6で，最も役に立ったレビューの評価値の平均(4.4)より大幅に低くなっています．最新の評価は，その商品に新しく見つかった欠陥のような実際の変化を反映しているのでしょうか？　あるいはこれは通常の変動でしょうか？平均カスタマーレビューとして適しているのはどちらでしょうか？　ここでも，これらの質問に対する答えは主観的にならざるをえず，意見集

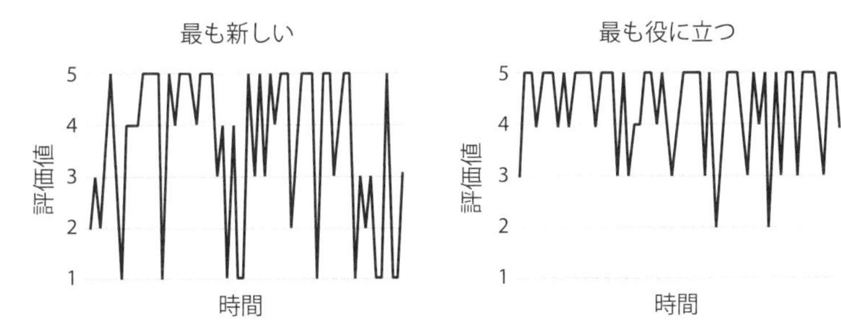

図 6.9　Amazon のある商品の最も新しい評価値（左）と最も役に立った評価値（右）の比較.

約に対してさらなる難問を提起しています.

「よい」ランキング法を見つける

第Ⅱ部では，Google がウェブページのリストをランキングするために使用するさまざまな方法を考察しました. Amazon やその他のオンライン小売企業は，顧客が大量の品目を効率的に閲覧するのを支援するために，リスト——すなわち，カテゴリーごとの商品リスト——をランキングするための仕組みも運用しています. Amazon は独自のアルゴリズムの詳細を明らかにはしていませんが，ここでは，これらの方法の 1 つであり実際に広く採用されている，ベイズランキングと呼ばれる方法を紹介します.

素朴な平均

図 6.10 は，Amazon にある 5 つの DVD プレイヤーの評価値を示しています. 各区分における星の数とレビューの総数が与えられています. まずこれらの数値を使用して，Amazon が各商品に表示する平均評価値を計算してみましょう.

これはどのようにすればいいのでしょうか？　星の総数を合計し，レビューの総数で割りましょう. パナソニックには 5 つの 5 つ星がつけられているので，5 つ星の総数は 5 × 5 = 25 です. 3 つの 4 つ星で 4

DVD プレイヤー	5つ星	4つ星	3つ星	2つ星	1つ星	合計
パナソニック	5	3	3	0	0	11
ソニー	18	9	5	2	3	37
フィリップス	23	15	11	5	13	67
カーティス	18	14	2	6	11	51
東芝	19	10	10	4	11	54
合計	**83**	**51**	**31**	**17**	**38**	**220**

図 6.10　Amazon における 5 つの DVD プレイヤーの評価.

$\times 3 = 12$, 3 つの 3 つ星で $3 \times 3 = 9$, 2 つ星と 1 つ星の評価はありません. 星の総数は $25 + 12 + 9 = 46$ であり, 総レビュー数は $5 + 3 + 3 = 11$ なので, 平均は $46/11 = 4.182$ です.

他の 4 つの商品ではどうでしょうか？　同じ手順によって, 下式を得ます（名前のはじめの 1 文字で商品を表します）[†].

$$\mathrm{S}: \frac{18 \times 5 + 9 \times 4 + 5 \times 3 + 2 \times 2 + 3 \times 1}{18 + 9 + 5 + 2 + 3} = \frac{148}{37} = 4$$

$$\mathrm{P}: \frac{23 \times 5 + 15 \times 4 + 11 \times 3 + 5 \times 2 + 13 \times 1}{23 + 15 + 11 + 5 + 13} = \frac{231}{67} = 3.448$$

$$\mathrm{C}: \frac{18 \times 5 + 14 \times 4 + 2 \times 3 + 6 \times 2 + 11 \times 1}{18 + 14 + 2 + 6 + 11} = \frac{175}{51} = 3.431$$

$$\mathrm{T}: \frac{19 \times 5 + 10 \times 4 + 10 \times 3 + 4 \times 2 + 11 \times 1}{19 + 10 + 10 + 4 + 11} = \frac{184}{54} = 3.407$$

これらを平均評価が高いほうからランキングすると, 図 6.10 の上から下への順序になります.

これは「正しい」順序でしょうか. この章のはじめの問題に戻れば, 2 つのレビューしかない商品は, 仮にそのどちらも 5 つ星であっても, 平均評価値が星 4.5 でレビュー数が 100 の競合商品よりも高い順序であ

[†] 訳注：S：ソニー, P：フィリップス, C：カーティス, T：東芝.

るべきでしょうか？ 直感的には，これは間違っているでしょう．今の事例では，まさにこの問題に直面しています．パナソニックは平均評価値が 4.182 と最も高いですが，レビューの数は最小です．

ベイズの考え方をランキングへ適用する

レビュー数のばらつきをどのように考慮すればいいのでしょうか？ どうにかして，単純な星の数をレビュー数で重み付けする必要があります．レビューの数がわかっていれば，それは有用な事前情報として活用できます．

それでは，各商品を個別に考えつつ，今考えているすべての商品に関する情報を総合してみましょう．それぞれの平均評価値を計算したのと同様の方法で，すべての商品のレビュー全体の平均を得ることができます．これはどうなるでしょうか？ 図 6.10 の各列に沿って和をとると，最後の行である合計の値を得ます．

$$\frac{83 \times 5 + 51 \times 4 + 31 \times 3 + 17 \times 2 + 38 \times 1}{83 + 51 + 31 + 17 + 38} = \frac{784}{220} = 3.564$$

この全体の平均は全部で 220 の評価値に基づいています．直感的には，これは個々の商品の平均評価値を補う指標として使えそうです．ある商品のレビューが多ければ，その商品個別の平均は全体の平均に対して信頼性が高くなることから，その商品ごとの平均評価値をより重視すべきです．対照的に，ある商品のレビューが少なければ，その平均評価値の信頼性は低くなります．この場合，全体の平均評価値により重きをおいて考えるべきです．

これは，図 6.11 のように，個別の平均と全体の平均の間をスライド式に調整するイメージで考えることができます．調整された個別の評価は，それらの間のどこかにあります．各商品について，調整された値は次の公式によって決定されます．

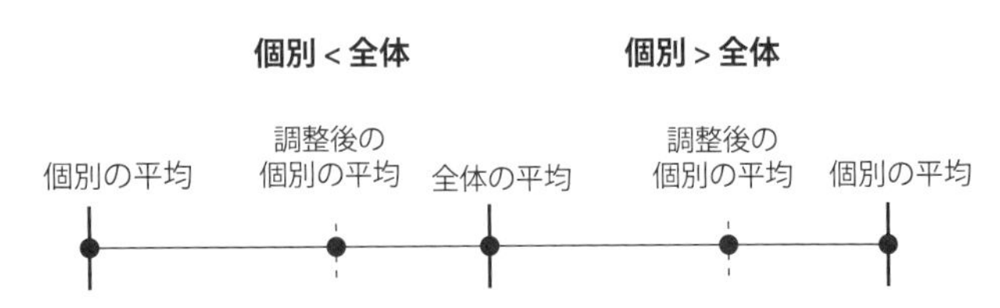

図 6.11 調整された平均評価値は，個別の平均と全体の平均の間のどこかにある．左側は，ある商品の個別の平均が全体の平均よりも小さい場合．右側は反対に大きい場合．

$$\frac{\text{全体数} \times \text{全体平均} + \text{個別数} \times \text{個別平均}}{\text{全体数} + \text{個別数}}$$

これは，**ベイズランキング**（Bayesian ranking）として知られていて，ベイズ統計に分類される推論方法の1つです．ベイズ統計は，1700年代半ばにこの基本定理のある特殊な事例を発見した，英国の牧師であり数学者でもあるトーマス・ベイズの名をとっています（それを形式化するという大仕事の大部分は，実際にはピエール＝シモン・ラプラスによって18世紀後半になされました．ラプラスはそれを独自に再発見し，発展させました）．

興味深いことに，19～20世紀にかけて，ベイズの考え方はほとんど顧みられず，推論や推計をデータから推し進めるための古典的なアプローチを強く推奨したいわゆる頻度派の統計学者たちによって積極的に抑圧すらされました．しかし，今にいたるまで，ベイズの推論は，頻度派の方法では克服できないいくつかの重大な問題を解決するために使用されてきました．歴史上の事例をいくつかあげてみます．

- 1890年代にフランスの将校アルフレッド・ドレイファスが反逆罪の疑いをかけられたとき，数学者のアンリ・ポアンカレはベイズの定理を使って無罪を証明しました．
- 第二次世界大戦中，英国のコンピューターのパイオニアだったアラン・チューリングは，ベイズの機構を使ってドイツの軍用通信暗号エニグマを解読しました．

- ハーバード大学とシカゴ大学の研究者は，1950 年代から 60 年代にかけて，ベイズ分析を用いて当時論争の最中にあった『ザ・フェデラリスト』[†]がアレクサンダー・ハミルトンではなくジェームズ・マディソンによって書かれた確率が高いことを示しました．

これらの成功事例がコンピューターの発展と結びつくことによって，ベイズのモデルは次第に少しずつ受け入れられていき，21 世紀になると，広く普及するまでになりました．今日では，それは機械学習やビッグデータ解析などの分野で使用されています．ベイズのモデルにもそれなりの欠点はありますが，それは群衆の叡智に対して，議論する価値のある示唆を与えてくれます．

*

全部で 100 のレビューがあり，全体の平均が星 2 つであるとしましょう．その内のある商品が 5 つのレビューをもちその評価値の平均が 4 であるとき，この商品に対するベイズの評価値はどのようになるでしょうか？　前出の式を使って，次の値が得られます．

$$\frac{100 \times 2 + 5 \times 4}{100 + 5} = \frac{220}{105} = 2.10$$

これは 4 に比べてはるかに 2 に近いです．これは理にかなっています．なぜなら，その商品個別のレビュー数は総数よりもずっと少ないので，総数の影響をより多く受けるからです．対照的に，平均評価値 4 の星が 40 件のレビューに基づいていた場合，ベイズの評価値は

$$\frac{100 \times 2 + 40 \times 4}{100 + 40} = \frac{360}{140} = 2.57$$

に増えます．これは 2 から遠ざかっています（図 6.12）．

図 6.10 の例にベイズの調整を適用して，順序が変わるかどうかを見

[†] 訳注：アメリカ合衆国憲法の批准を推進するために書かれた 85 編の連作論文．

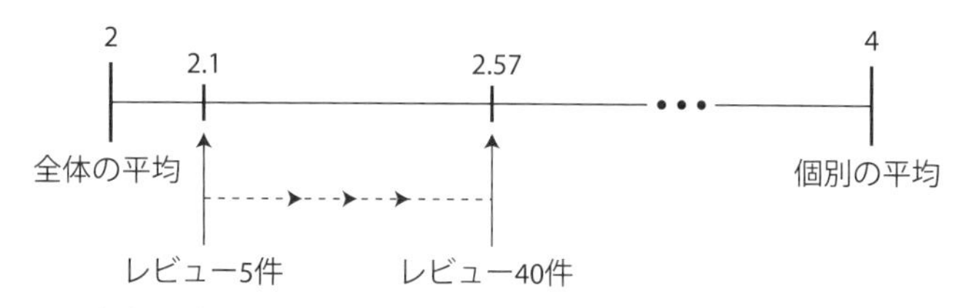

図 6.12　たとえば，5 件から 40 件にレビューを増やすと，調整された平均は 2.1 から 2.57 に移動し，個別の平均に近づく．

てみましょう．全部で 220 件のレビューがあることを思い出してください．そして，全体の平均評価値は 3.564 と算出されました．パナソニック製プレイヤーの調整した値はどうなったでしょう？　この商品の 11 件のレビューと個別の平均 4.182 を用いて，ベイズの公式から

$$\frac{220 \times 3.564 + 11 \times 4.182}{220 + 11} = \frac{784.08 + 46.002}{220 + 11} = 3.593$$

を得ます．パナソニック製の評価値がベイズの調整後に全体の平均値 3.564 にかなり近づいていることに注目しましょう．つまり，すべてのレビュー数（220）に対してこの特定のプレイヤーのもの（11）が少ないため，公式中の全体の平均の重みがとても大きくなっています．他の DVD プレイヤーの計算も同様に行われます．

$$\text{S}: \frac{220 \times 3.564 + 37 \times 4.000}{220 + 37} = \frac{784.08 + 148}{220 + 37} = 3.626$$

$$\text{P}: \frac{220 \times 3.564 + 67 \times 3.448}{220 + 67} = \frac{784.08 + 231.016}{220 + 67} = 3.537$$

$$\text{C}: \frac{220 \times 3.564 + 51 \times 3.431}{220 + 51} = \frac{784.08 + 174.981}{220 + 51} = 3.539$$

$$\text{T}: \frac{220 \times 3.564 + 51 \times 3.407}{220 + 54} = \frac{784.08 + 183.978}{220 + 54} = 3.533$$

結果はどうでしょう？　ベイズの評価値が最も高い商品から順に並べると，ソニー，パナソニック，カーティス，フィリップス，東芝になり

DVDプレイヤー	レビュー数	素朴な平均		ベイズ調整済み	
		順位	評価値	順位	評価値
パナソニック	11	1	4.182	2	3.593
ソニー	37	2	4	1	3.626
フィリップス	67	3	3.448	4	3.537
カーティス	51	4	3.431	3	3.539
東芝	54	5	3.407	5	3.533

図 6.13 単純な平均とベイズ調整後の平均に基づいたDVDプレイヤーのランキングの比較.

ます．図6.13にベイズの調整前のランキングと調整後のものを並べて示しました．パナソニックとソニーのプレイヤー，そしてフィリップスとカーティスのプレイヤーは，ベイズの調整後にそれぞれ順序が入れ換わっています．また，すべての評価値は全体の平均に引っ張られています．

この例では，ベイズの調整によってランキングの順序が大幅に変更されました．しかし，調整した評価値が順序を変えない場合もあります．そのようなランキングの順序が同じである例は，読者の練習問題としておきます．

ベイズランキングの実践

かなりの数のウェブサイトが実際にベイズランキングを採用しています．たとえば，インターネット・ムービー・データベースの上位250の映画リストは，142ページの式に正確に従ってつくられています．場合によっては，評価値を調整するために使用される「全体数」の値に特定の最大値を設定するほうがよい場合もあります．時間がたつにつれて，入力されるレビューの総数は増加し続け，ベイズ調整された評価値がとりうる値の範囲が小さくなるためです．最終的には，全体として非常に多くの評価値が得られ，公式を使って得られる結果はいつでもほぼ全体の平均に等しい値になります．ビールのランキングを作成して公開しているBeer Advocateのサイト（http://beeradvocate.com/lists/popular）は，あるビールがサイトに掲載されるために必要なレビュー数として最小なものを「全体数」としてそもそも選択することで，これを回避しようとしています．

ここまでの議論では，任意の商品に対して単一で真な評価値——これは，顧客に対してどれほど魅力的かということに相当します——があると仮定しました．しかし，実際のところ，それは人によって異なります．商品によっては，本当に真逆の反応が生み出されます．その商品を好む人もいれば，嫌いな人もいます．例としてAmazonに出品されたソニーのDVDプレイヤーのレビューを図6.14にあげています．たいていの人は4つや5つ星か，あるいは対照的に1つ星をつけています．2つ星と3つ星の評価はあまりありません．おうおうにして，レビューを書く手間を割くのは，極端な感情をもっている人だけということがあります．そのような評価値の集合は，多峯性分布（すなわち，多数のピークをもつ分布）に従うと言われています．ここでは単峯性分布に焦点を当ててきましたが，ベイズ解析は多峯性の場合にも拡張できます．

図 6.14　真逆の反応を引き起こしたAmazonの商品の例．商品を気に入り4つ星や5つ星をつけている人もいれば，商品を嫌い1つ星をつけた人もいる．

最後に，ベイズの調整は，同等の製品グループ（DVDプレイヤーのグループ，ノートパソコンのグループなど）内の評価値の調整にのみ適用されることに注意してください．異なる製品（任意の電子機器からなるグループなど）に対してつけられた可能性がある評価値に，安易にこの調整法を使用してはいけません．評価される対象の集合は，そのグループ全体として何らかの平均値——そもそも調整が意味をなすような値——をもつ必要があります．

ここまで読んだ方は，おそらく次の疑問が湧くでしょう．具体的には，Amazon はどのように商品リストをランクづけしているのか？　実際には，平均レビューと少なくとも 3 つの追加要素，すなわちレビューの総数による（上述の）ベイズの調整，レビューの新しさ，レビューアーの評判のスコアを組み合わせた秘密の数式を用いています[†]．

以上，ウェブサイトに入力されたレビュー全体の評価集計が，商品に対しての「真実」を見つけようとする際に役立つことを見ました．群衆の叡智は，ネットワークにおける重要な原理であり，人々の意見を集約するための多くのアルゴリズムの設計に用いられてきました．次章では，Netflix による映画のレコメンデーションに注目します．そこでの課題は，すべての人に対して全体で 1 つの評価値を導くことではなく，個々の人に対する評価値をいくつか予測することです．

† アマゾン社の外では正確な数式は知られていません．ランキングの決定方法の多くの例を見てみたい場合は，原書ウェブサイトの Q6.2 を参照してください．

7

映画のレコメンド

Recommending Movies to Watch

意見の集約というテーマを引き続き取り上げ，本章ではレコメンド（推薦）に目を転じます．広く言えば，商品のレコメンドは，商品評価に関する既存の知識を使用して，次に消費するものについて顧客にアドバイスすることです．

あなたがもし Netflix 加入者であれば（図 7.1），おそらく同社の映画のレコメンドを受け取ったことがあるでしょう．彼らはあなたが見たいと思う（と彼らが考えている）ものをどのように決定しているのでしょうか？　レコメンドリストを作成するには，蓄えられたユーザーの好みに関するデータを活用して，ユーザーがまだ鑑賞していない映画の評価値を予測する必要があります．これは多くの場合，群衆の叡智を前提とし，それを活用しています．つまり，評価が多くあるほど，予測がより向上すると期待できるという前提です．

図 7.1　Netflix の商標ロゴ．

大規模な映画のストリーミング

1997年，ある男性はレンタルビデオ店で積み重ねた多額の延滞料に不満を募らせていました．彼が「期限切れ」だと思っていたのは，むしろ旧来の支払いモデルでした．レンタルごとに料金を請求するのではなく，なぜひと月ごとに料金を請求しないのか？　一度に借りられる映画の数に上限をかけるといったような別の仕組みを使用すれば，人々にDVDを返すインセンティブを与えることができるはずです．

この物語の登場人物であるリード・ヘイスティングスは，その同じ年にNetflix社の創設者の1人となった人物です．Netflixは当初，レンタル課金方式に基づいた従来型実店舗のDVDレンタル店として運営されていました．オンラインでの商取引が始まった1998年には（第6章で述べたように），彼らはオンラインストアを開設しました．人々はDVDをオンラインで買い，郵便で受け取ることができるようになりました．その後，1999年には，月ごとの会員モデルが導入されました．つまり，顧客はNetflixにレンタルごとではなく月ごとに料金を支払うことになります．この方式では，加入者はレンタルした映画を好きな期間だけ保有することができますが，同時に借りることのできる数には限界があります．

長年にわたり，Netflixは，卓越したスケーラビリティー（拡張性）とスティッキネス（吸着力）を発揮しながら事業を展開することができました．スケーラビリティーとは，すでに多くの顧客がいる場合，Netflixの新規顧客を獲得するコストが，顧客が少ない場合に比べてはるかに低いことを意味します．スティッキネスとは，すでにNetflixサービスを使用しているユーザーは，別のビデオプロバイダーに切り替えるよりも，そのまま留まる傾向があることを意味します．

2008年までに，米国とカナダには約900万人のNetflixユーザーがいました．これは，前世紀末の時点での加入者数に比べて10倍の増加です．この頃から，Netflixはインターネット経由で映画やテレビ番組をネット接続されたデバイスに**ストリーミング**（streaming）するという，エンターテインメント提供の別の形態に移行しました．このようなデバイスには，テレビ，セットトップボックス[†]，スマートフォン，ゲーム機など，私たちが毎日使うものがすべて含まれています．この形態のレンタルサービスは，従来のレンタルビデオ店を大幅に侵食しました．たとえば，Blockbuster は 2010 年に倒産し，DVD の郵送サービスに移行しています．

ビデオストリーミングにより，Netflix の固定加入者は 2015 年には 2008 年と比べ 7 倍以上の 6,600 万人へと急上昇しました．現在，Netflix は米国の主要なビデオストリーミング・サービス・プロバイダーであり，そのようなサービスに加入している世帯全体のうち Netflix を選択した人は約 36%，Amazon Prime と Hulu Plus（Netflix に最も迫る競合 2 サービス）は各々13% と 6.5% です．興味深いことに，Netflix のビデオストリーミングは，2011 年 3 月には非常に多くのトラフィックを引き起こし，インターネット上のストリーミングで使われる通信量の 4 分の 1 が Netflix によるものでした．統計によっては，この割合はさらに高く出ています．

レコメンド，すなわち「読心」ゲーム

Netflix には，映画を視聴するために役立つ多数の機能があります．ジャンル別にフィルタリングしたり，評価順で並び替えたり，批評家のおすすめを見たり，Netflix トップ 100 などを参照したりすることができます．

これらの機能のいくつかは，他の誰でも同じものが表示される「万人用」の機能です．しかし，Netflix はあなたが個人的に好むであろう映画も推薦します．まるで彼らがあなたの心を読んでいるかのように，あなたが視聴あるいは評価する前に，あなたの好みに合ったものを予測するのです！

[†] 訳注：ケーブルテレビ放送や衛星放送の信号を変換し，テレビでの視聴を可能にする装置．

これはどのような仕組みでしょうか？　Netflix を閲覧すると，データベース内にあなたの行動や振る舞いの履歴が作成されます．この情報は，アルゴリズムによって処理され，他の映画に対するあなたの評価を予測するのです．評価をつけたり，映画を「後で見る」に追加したり，興味のないものを Netflix に伝えること，これらの行動はすべて，将来どのような映画があなたに推薦されるかに影響していきます．

効果的な**レコメンドシステム**（recommendation system）は，ユーザーエクスペリエンスあるいは顧客のロイヤリティーを高めることや，在庫管理に役立つため，Netflix にとって重要です．これらのシステムは，動画配信だけでなく他の多くのアプリケーションでも重要になります．たとえば，第 6 章では，Amazon が個別の商品の平均評価値とランキングをどのように見出しているかを見ました．また他の例としては，Amazon はあなたの購入や閲覧のたびに調整を行い，その履歴に基づいてどのように商品を推薦するかを定めています．また，第 9 章では，YouTube があなたが動画を見た後に別の動画をおすすめする方法について簡単に説明します．

Netflix は，すべてのユーザー行動に関する豊富な履歴を収集し，各ユーザーの映画の好みや各映画に対するユーザー評価の情報を蓄えることで，一般的なレコメンドの枠組みを超えるシステムを構築してきました．そのアルゴリズムは，映画の評価者である「群衆」によって提供されるデータのなかに隠れたパターンを見つけ，モデルを構築します．このシステムの入力と出力を詳しく見てみましょう（図 7.2）．

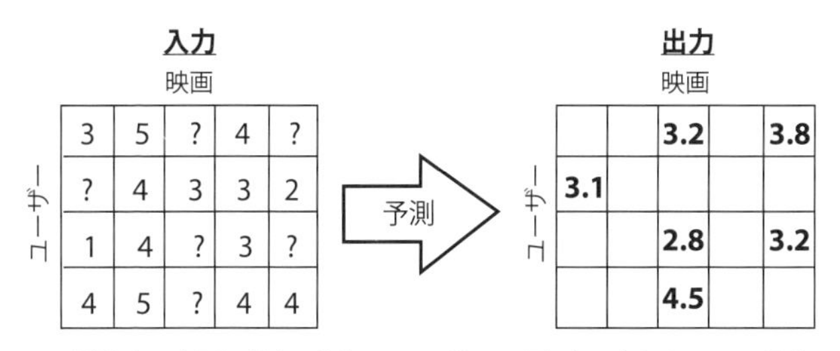

図 7.2　予測器は，映画に対する既知のユーザーの評価を入力とし，その他すべての未知の値を予測し出力する．

入力

ユーザーが映画を評価するたびに，その評価は Netflix のデータベースに保存されます．このデータの集合がシステムへの入力となります．各評価には，ユーザーの ID，映画の ID，星の数（1 ～ 5），および評価の日付という重要な 4 つの要素が含まれています．

この入力データのサイズはどれほどでしょうか？　とても大きいです．Netflix には 6,000 万人以上のユーザーがいることを思い出してください．約 75,000 の別々の映画タイトルにおいては，4 兆（4,000,000,000,000）以上のユーザーと映画の組み合わせが可能です．もちろん，これらの可能な評価のうちのわずかしか実際には存在しません．なぜなら，ある特定の映画に関して，ごくわずかなユーザーしか見ておらず，そしてそのうちわざわざ評価するのはほんのわずかだからです．言い換えれば，可能なエントリーのほんの一部しか与えられておらず，データセットは疎と言えます（第 5 章ではウェブのグラフが疎であったことを思い出してください）．それでも，データベースに入力されたユーザーと映画評価の組み合わせの総数は，数十億に上ります．

この入力は，図 7.2 の左側のように，ユーザーを行，映画を列とした表で視覚的に表すことができます．表内の各要素は，その位置が，(ｉ) どのユーザーかと，(ii) どの映画かを示していて，値自体は，(iii) 評価値（星の数）を示しています．不明な評価については疑問符（？）で示しています．

これらの入力は，システム内の予測アルゴリズムの種々のパラメータを調整するために使用されます．パラメータは調整可能なツマミまたはボタンと考えることができます．この場合，パラメータの値を変更すること（つまり，ツマミを回すこと）は，システムが出力として返すものに何らかの影響を与えます．入力データは，システムのトレーニング段階で使用され，良質の出力が得られると期待される値にパラメータを設定します．

出力

レコメンドシステムは出力として何を返すのでしょうか？　主な出力は，ユーザーがまだ視聴していない映画に対してユーザーが与えると思われる評価値の予測です．これは図 7.2 の右側に示されており，左図の疑問符はある予測値に置き換えられています．これらの出力には小数点がつきます（つまり，1 から 5 までの整数ではありません）．これらをどのように解釈できるでしょうか？　4.2 の予測というのはつまり，4 と 5 の間のどこかにありますが，4 に近い予測です．それは 4 から 5 に向かう道のりの 20％の地点，5 から 4 への 80％の地点です．したがって 4.2 という値は，20％の確率でユーザーがその映画に 5 つ星を与え，80％の確率で 4 つ星を与えることだと解釈できます．

しかしながら実際のところは，これらの予測された評価値は，最終的に視聴者に示されるものではありません．システムの最終的な出力は，個々のユーザーにレコメンドされる，一連の簡潔でランク順に並んだ映画のリストです．予測評価値を使用して各ユーザーのリストを決定するにはどうすればよいでしょうか？　これには，いくつかの異なる基準を適用することができます．たとえば，ユーザーがまだ見ていない最も高い予測評価値をもつ映画を 5 つ推薦したり，または 4 つ星以上の予測をもつすべての映画を推薦したりできます．

予測評価値の評価

さて，このようなシステムの品質や性能はどのように判断すればよいのでしょうか？　その確かなテスト方法は，何人のユーザーが実際にレコメンドされている映画が好きだったかを確かめることでしょう．しかし，この情報を収集するのは困難です．そこで，代わりとなる測定基準が必要になります．

未知の評価値の予測に加えて，既知の評価値について予測したらどうでしょうか？　そうすれば，そのような既知の評価値に対する予測値が実際の値とどれほどよく一致しているかを確認できるでしょう．それらが一致すればするほど，未知の評価値に対して質の高い予測が期待できます．この考え方は，下記のような各種のシステム評価をする際に広く使用されています．(ⅰ)システムのパラメータを調整するためにデータを使用する際，(ⅱ)システムを使用して目標値（いくつかは既知でいくつかは未知）について予測を行う際，(ⅲ)既知の対象に関する予測値を実際の値と比較して予測の質を推定する際，などです．

これを正しく行うには，図7.3に示すように，トレーニングに使用するデータとテストに使用するデータを分離する必要があります．これらはどちらも既知のデータセットですが，未知の新しい評価値を予測するアルゴリズムの性能をテストするためには，データセットは2つに分割する必要があります．言い換えれば，トレーニング段階では，評価システムに入力するデータに「テスト用の評価値」を含めない（あるいは与えない）必要があります．

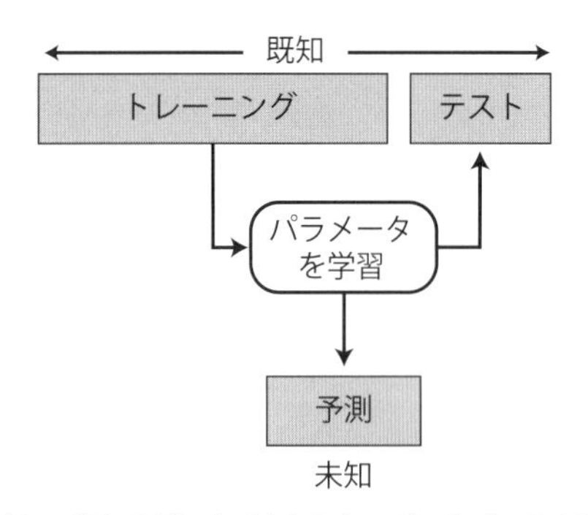

図7.3　評価のために，既知のデータ（すなわち，データベース内にある評価値）を，トレーニング用とテスト用の2つのグループに分ける．

比較対象となる予測値と実際の評価値を得たら，どのようにシステムの性能を決定したらよいでしょうか．標準的な方法は，**平均二乗誤差**（root mean square error：RMSE）です．定義は簡単です．データセットのすべての点に対して誤差を出し，それらを二乗し，平均を求め，そして平方根をとります．また，最後の（平方根をとる）ステップを除いたMSEを参照することもあります．たとえば，数値1，2および3を3つの値の誤差とします．それらを二乗すると，$1^2 = 1 \times 1 = 1$，$2^2 = 2$

$\times 2 = 4$，および $3^2 = 3 \times 3 = 9$ となり，平均は

$$\frac{1+4+9}{3} = 4.67$$

となります．これが MSE です．RMSE は，その平方根をとった $\sqrt{4.67} = 2.16$ です．RMSE（または MSE）が低いほど，システムがもつ出力の質が高いと予想されます．

評価値の予測アルゴリズムについて詳しく説明する前に，そのアルゴリズムがどのように Netflix の歴史において重要な役割を果たしてきたかを見てみましょう．

Netflix 賞コンテスト

Netflix の最初の予測アルゴリズムは CineMatch と呼ばれていました．Netflix は，実現可能で最高の評価値予測アルゴリズムを所有することの重要性を認識して，2006 年 10 月にある挑戦を始めました．**Netflix 賞**と呼ばれる，オープンかつオンラインの国際コンテストは，CineMatch に比べて RMSE を 10％向上させるアルゴリズムを開発することができたチームに 100 万ドルの賞金を提示しました．

コンテストが始まったとき，Netflix は，1999 年から 2005 年までの記録の一部である 1 億以上の評価値を公開しました．そのデータ量は 2006 年の標準的なデスクトップコンピューターのメモリーに収まるため，世界中の誰でも競争に参加することができました．評価値データは，48 万以上のユーザーと 17,770 の映画から得られたものです．平均して，各映画は 5,000 人以上のユーザーによって評価され，各ユーザーは 200 以上の映画を評価していました．

このデータセットを使って，コンテストの参加者はアルゴリズムを訓練しなければなりませんでした．それは各ユーザーの予測を行うためには十分な情報だったでしょうか？　一見すると，そのように見えます．しかしデータをさらに掘り下げてみると，ごくわずかなユーザーが多数の映画を評価したことにより，ユーザーの平均評価数は 200 まで引き

上げられていました（ある1人のユーザーなどは1万7千本を超える映画を評価していました！）．大半のユーザーについては，利用できる評価はわずかしかありません．この事実は，個々のユーザーの好みをどう集約するかという面白い課題を投げかけました．

Netflixは，アクセスできるデータのうち，数百万の評価値を取り除いたものをトレーニングデータとしました．このうちの140万の評価値をテストデータとして最終判定に使うことで，勝者を決めることになります．CineMatchはテストデータにおいてRMSEで0.9525を達成したため，RMSEを同じデータで0.9 × 0.9525 = 0.8573以下にすることがこの賞の目標となりました．これはあまり変わらないように見えるかもしれませんが，実際にはRMSEを0.01だけでも下げることは，最終的なレコメンド結果に大きな違いをもたらすことがあります．

全体としては，このコンテストにより，近年のレコメンドシステムの研究において稀に見るほど活発な活動が生まれました．世界中の5,000を超えるチームが44,000件以上もの応募をしました．CineMatchの記録は2006年10月の競技開始から1週間以内に塗り替えられましたが，第1位のチームが2009年6月に10%以上の改善を達成するにはほぼ3年がかかりました．結局，上位2チーム，The EnsembleとBellKor's Pragmatic Chaosは，両者ともテストデータでRMSEの10.06%の改善を達成しました．後者のチームは20分早くアルゴリズムを提出していたため，彼らが勝者と宣言されました[†]．

ベースライン予測器の作成

Netflixのデータセットで RMSEをさらに数%改善するには，多くのアルゴリズムを同時に使用し，数千のモデルパラメータが正しく調整されていなければなりません．その手順の詳細な説明は，本書の範囲を超えます．代わりに，ここではその最初の2ステップ，すなわちベースラ

[†] この競技のタイムラインと，トレーニングとテストのためにデータセットがどのように分割されたかについての詳細は，原書ウェブサイトのQ7.1とQ7.2を参照．

イン予測器と近傍モデルに焦点を当てますが，途中計算はできる限り簡略化します．下記に見るように，これらの計算スキームの核心となるアイディアは，ユーザーの好みや映画の特徴を予測するために，すでにもっている「群衆」のデータを活用するというものです．

サンプルデータセット

図 7.4 のサンプルデータセットを見てみましょう．各行はユーザーを表し，各列は映画を表します．したがってこのデータは 6 人のユーザー（A ～ F）と 5 つの映画（I ～ V）で構成されています．太字でも疑問符でもない要素は，予測器に対するトレーニングデータとして使用されます．5 つある太字の要素はテストデータとして使用されるため，このデータでアルゴリズムの性能を評価することができます．5 つの疑問符は，システムが最終的に予測する出力になります．

	I	II	III	IV	V
A	5	**?**	4	**?**	4
B	4	3	5	**3**	4
C	**4**	2	**?**	**?**	3
D	2	**2**	3	1	2
E	4	**?**	**5**	4	5
F	4	2	5	4	**4**

図 7.4　6 人のユーザー（A ～ F）と 5 つの映画（I ～ V）をもつデータセットの例．

明らかに，この例は，数千万人のユーザーと数万の映画をもつ Netflix のデータセットの規模とは比べるべくもありません．また，Netflix のデータははるかに疎です．この例では，テーブルの要素の 83%が埋まっていますが，Netflix では 1%しか埋まっていません．それでも，アイディアの概要をつかむにはこの程度のサンプルデータセットで十分です．

素朴な予測器

予測器はどのように作成されるのでしょうか？　手始めに，トレーニングデータのすべての要素の平均をとって，これをすべての未知の要素としてみましょう．トレーニングデータの20個の数字について，これは

$$\frac{5+4+2+4+4+3+2+2+\cdots}{20}=3.5$$

となり，この値は図7.5の右側に表示されています．

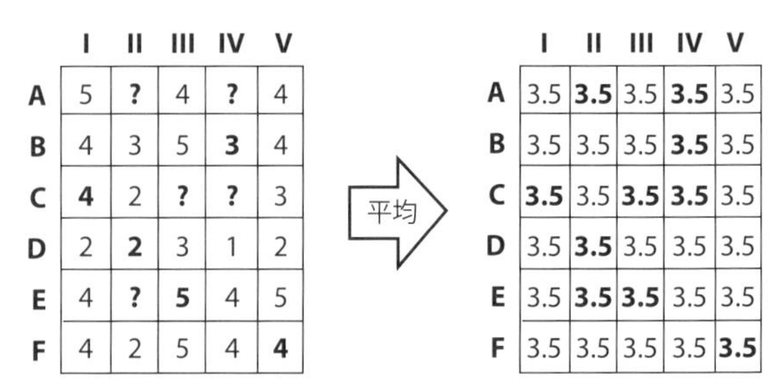

図7.5　もとの評価値（左）と素朴な予測器（右）．

MSE（つまり，簡単に言えば「誤差」）を計算することによってこの予測器の性能を評価しましょう．前述のように，「二乗差」の平均をとる必要があります．ここではテストデータを対象としますが，同様にしてトレーニングデータについても行うことができます．

まず，テストデータ内の各要素について，もとの評価値と予測された評価値の差を求め，二乗します．たとえば，ユーザーBの映画Ⅳの場合は，予測が3.5でもとの評価値が3なので，二乗差は $(3-3.5)^2=0.25$ です．ユーザーDの映画IIはどうでしょうか？　$(2-3.5)^2=2.25$ になります．

図7.5のテストデータの各要素の二乗差を求めたら，これらの平均を求めます．

$$\frac{(4-3.5)^2+(2-3.5)^2+(5-3.5)^2+(3-3.5)^2+(4-3.5)^2}{5}$$

$$= \frac{0.25 + 2.25 + 2.25 + 0.25 + 0.25}{5} = 1.050$$

トレーニングデータにおいては，同じ計算をすれば誤差が 1.350 であることがわかります．

ベースライン予測器

Netflix のデータセットにおいて評価値の全体平均に頼るのはかなり素朴な方法です．それは，第 6 章での Amazon の例において，すべての商品に同じ平均カスタマーレビューを使用するようなものです．そこで，まさに，その章で学んだ 2 つの事柄を組み込むことができるでしょう．つまり，レビューアーのなかにはより甘い評価あるいは厳しい評価をしがちな人がいるということ，そして，そもそも商品（この場合は映画）自体に，ほかと比べた良し悪しがあることの 2 点です．

たとえば，ユーザー D を見てみましょう．彼女がつけた最高の評価値は 3 で，これは他のユーザーから 4 あるいは 5 をつけられた映画（Ⅲ）に対してなされたものです．彼女はまた 2 を 2 つつけ，実のところ 1 をつけた唯一の人物でもありました．よって，ユーザー D は厳しい批評家のようですので，映画Ⅱの評価値で予想される値にはこれを反映する必要があります．また，映画Ⅲを見てください．それは（厳しい評論家 D による）唯一の 3 を除いて，4 あるいは 5 をつけられています．この映画はまだ評価してない人たちに好意的に受け入れられるであろうと考えられます．

言い換えれば，各ユーザーと各映画には独自の評価バイアスがあります．**ベースライン予測器**（baseline predictor）は，特定のユーザーと映画のペアに関する評価値が，全体平均から対応するバイアス分だけ埋め合わせて得られていると仮定します．すなわち，

$$評価値 = 平均 + ユーザーのバイアス + 映画のバイアス$$

となります．

私たちはすでに（全体の）平均を見つける方法を知っています．バイアス項はどうでしょうか．ユーザーと映画のやりとり（つまり，あるユーザーが映画をどう評価したか，そしてある映画はユーザーによってどう評価されたのか）を考慮して，それを把握することができます．一般に，その可能な限り最良の値を見つけるには，最適化問題を解く必要があります．これを行う代わりに，直感的なアプローチをとってみましょう．あるユーザーに対して，その人が（トレーニングデータのなかで）評価したすべての映画の平均評価値を見つけ，これを全体の平均と比較します．これが高い場合は，そのユーザーがデータセット全体と比較してどれほど甘い評価をしがちかを示す指標であり，それが低い場合は，どれほど批判的であるかがわかります．同様に，各映画について評価したすべてのユーザーに対する平均を見つけ出し，それを全体の平均と比較します．

図7.4をもう一度見てください．厳しいユーザーDの場合，トレーニングデータには2，3，1，2の評価値があります．したがって，

$$\text{D のバイアス} = \frac{2+3+1+2}{4} - 3.5 = -1.5$$

となります．これは，期待されるように，ゼロよりもかなり小さい値です．なぜなら，そのユーザーの平均評価値は全体の平均よりはるかに小さいからです．よい映画Ⅲはどうでしょうか？　こちらも4つの評価値4，5，3，5があります．したがって，

$$\text{Ⅲ のバイアス} = \frac{4+5+3+5}{4} - 3.5 = 0.75$$

となります．これは期待どおり，ゼロよりも大きいです．残りのバイアス項も同じ方法で見つけることができます．それらの値を，図7.6の行（ユーザー）と列（映画）の末尾に示します．

これらの項が得られると，ベースライン予測を行うことができます．ユーザーDの映画Ⅲに対しては何が得られるでしょうか？

	I	II	III	IV	V	
A	5	-	4	-	4	**0.83**
B	4	3	5	-	4	**0.50**
C	-	2	-	-	3	**-1.00**
D	2	-	3	1	2	**-1.50**
E	4	-	-	4	5	**0.83**
F	4	2	5	4	-	**0.25**
	0.30	**-1.17**	**0.75**	**-0.50**	**0.10**	

図 7.6 ユーザーおよび映画のバイアス項は，それぞれの行／列の末尾に与えられる．

平均 + D のバイアス + Ⅲのバイアス = 3.5 − 1.5 + 0.75 = 2.75

これは，ユーザー D の実際の評価からわずかに 0.25 離れています．未知の評価の 1 つである，ユーザーA の映画Ⅱに対しては何が得られるでしょうか？

平均 + A のバイアス + Ⅱのバイアス = 3.5 + 0.83 − 1.17 = 3.16

30 あるユーザーと映画のペアごとにこれを繰り返すことができます．ベースライン予測器によるすべての予測値は，図 7.7 の右側に示されています．予測値のどれもが 1 未満にならず，どれも 5 を上回らないということに気づくかもしれません．なぜでしょうか？　予測がこの範囲外になると（たとえば，ユーザーE の映画Ⅲに対しては，3.5 + 0.83 + 0.75 = 5.08），実際の評価が 5 を超えることや 1 未満になることはでき

	I	II	III	IV	V
A	5	**?**	4	**?**	4
B	4	3	5	**3**	4
C	**4**	2	**?**	**?**	3
D	2	**2**	3	1	2
E	4	**?**	**5**	4	5
F	4	2	5	4	**4**

ベースライン →

	I	II	III	IV	V
A	4.63	**3.16**	5.00	**3.83**	4.43
B	4.30	2.83	4.75	**3.50**	4.10
C	**2.80**	1.33	**3.25**	**2.00**	2.60
D	2.30	**1.00**	2.75	1.50	2.10
E	4.63	**3.17**	**5.00**	3.83	4.43
F	4.05	2.58	4.50	3.25	**3.85**

図 7.7 右側にベースライン予測器を示す．

ないため，誤差が大きくなるだけです．よって，予測される評価値の範囲は常に制限されることになります．

では，ベースライン予測器を使用したときの誤差はどうなっているでしょうか？　テストセットの図7.7の予測値と実際の値を比較すると，

$$\frac{(4-2.80)^2+(2-1.00)^2+(5-5.00)^2+(3-3.50)^2+(4-3.85)^2}{5}$$

$$=\frac{1.44+1.00+0.00+0.25+0.023}{5}=0.543$$

を得ます．

素朴な予測器のテストセットの誤差1.050と比較して，$(1-0.543/1.050)\times 100\%=48\%$の改善がなされました．トレーニングデータにおけるベースライン予測器の誤差は0.223で，1.350から83%改善しています．悪くないですね！

「ご近所」からの助言

これまでは，ユーザーと映画の関わりを見つけるために，評価値データの単一の行または列に沿って平均をとってきました．さらに，さまざまな映画同士や異なるユーザー間の類似性を活用するというのはどうでしょうか？　これは，**近傍モデル**（neighborhood model）の本質であり，2人のユーザーが映画に関するとくに類似した（または相違した）意見を共有する場合，彼らを「近傍」と呼びます．また，2つの映画がとくに類似した（または相異なる）評価をされたとき，それらも「近傍」と呼びます．近傍モデルは，**協調フィルタリング**（collaborative filtering）のなかでは直感的な方法の1つで，要素の「協調」の様子（この場合はどのように評価し，評価されるか）を見てそのパターンに基づきデータセットをフィルタリングします．次にこの方法を見ていきます．

類似性と相違性

アンナとベンは映画『グッド・ウィル・ハンティング／旅立ち』と『ビューティフル・マインド』が好きですが，どちらも図 7.8 のように『ライオン・キング』と『アラジン』は好きではないとしましょう．この場合，アンナとベンは，**正の相関**（positive correlation）にあるユーザー（つまり，類似した嗜好をもつユーザー）であるように見えます．アンナが『ジュラシック・パーク』を好んでいることを知ったなら，ベンもそれが好きだと予期できるでしょう．アンナがそれを気に入らないのであれば，ベンもそれが気に入らないと予期できます．相関関係は逆にも働きます．ベンが最初の 2 つの映画が気に入らず，後の 2 つが好きだった場合，アンナとベンには大きな**負の相関**（negative correlation）があるようです．この場合，アンナが『ジュラシック・パーク』を好きなら，ベンはそれが気に入らないでしょう．逆もまた同様です．

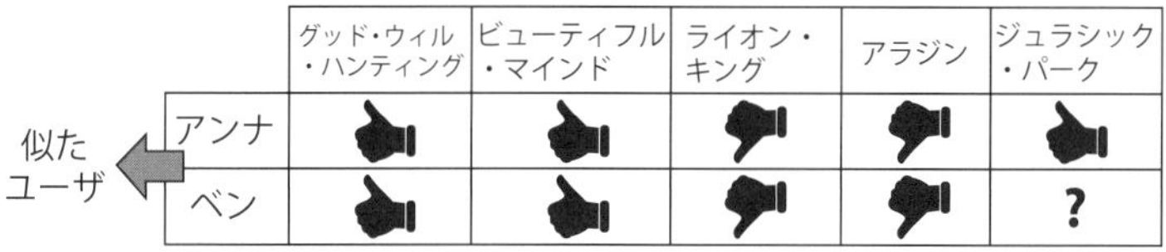

	グッド・ウィル・ハンティング	ビューティフル・マインド	ライオン・キング	アラジン	ジュラシック・パーク
アンナ					
ベン					?

似たユーザ

図 7.8 数々の映画に対して同じ意見をもつ傾向があるとき，2 人のユーザーは類似している．

別の例をあげましょう．アンナとベンによって『グッド・ウィル・ハンティング／旅立ち』と『ビューティフル・マインド』の両方が高い評価を受けていますが，どちらもチャーリーによって低い評価を受けているとします．ダナが『グッド・ウィル・ハンティング／旅立ち』を高く評価した場合，彼女は『ビューティフル・マインド』も高く評価すると期待できるでしょう．なぜなら，他の人の意見によってそれらの映画が正の相関関係をもっていることが示されているからです．同様に，ダナがそれらの映画の 1 つを低く評価した場合，彼女はもう一方も低く評価することが予期されます．図 7.9 で見ることができるように，逆もまた同様です．アンナ，ベン，チャーリーが『ビューティフル・マインド』

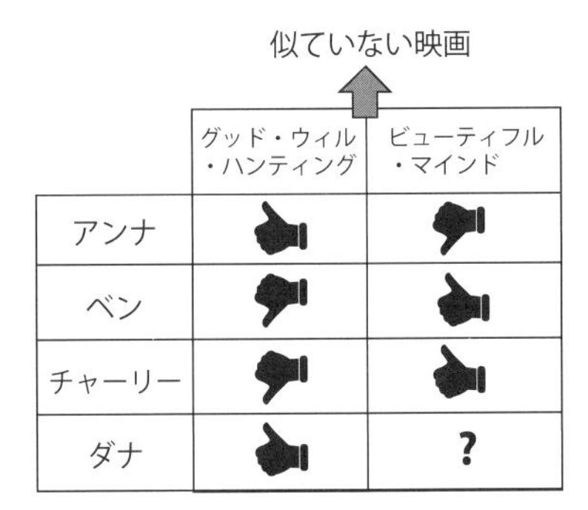

図 7.9　ユーザーから反対の反応が発せられる傾向がある場合，2つの映画は相違性をもつ.

を『グッド・ウィル・ハンティング／旅立ち』と反対に評価した場合，それらの映画は負の相関関係にあります．そして，ダナもそれらの映画を反対に評価することが予期できます．

どのようにしてこの類似性の概念を定量化できるでしょうか？　その標準的な方法は，**コサイン類似度**（cosine similarity）と呼ばれる量を使うものです．これを計算するには幾何学の知識が少し必要なので，ここでは厳密な数学は扱いません[†]．計算済みの映画同士の類似度を，図7.10に示します．この表から，たとえば，映画ⅢとⅣとの間の類似度が0.50であるということができます．これらの値はどのように解釈さ

	I	II	III	IV	V
I	---	-0.11	-0.82	0.01	-0.74
II	-0.11	---	-0.74	-1.00	0.88
III	-0.82	-0.74	---	0.50	0.79
IV	0.01	-1.00	0.50	---	0.48
V	-0.74	0.88	0.79	0.48	---

図 7.10　映画間類似度の一覧．各映画の列では，最も近い近傍が強調されている.

[†] 詳細は，原書ウェブサイトの Q7.3 を参照.

れるのでしょうか？　コサイン類似度のいくつかの関連する重要な特性は次のとおりです．

- 常に −1 と +1 の間にある．
- 完全な正の相関は値 +1 をとる．+1 に近い値は強い正の相関をもつ（すなわち，高い類似度がある）．
- 完全な負の相関は値 −1 をとる．−1 に近い値は強い負の相関をもつ（すなわち，高い相違度がある）．
- 相関の完全な欠如は，値 0 をもつ．0 に近い値は，弱い相関しかないということを意味する（すなわち，類似も相違もしていない）．

2 つの映画，たとえば，映画 III と V について，何を推測できるでしょうか．0.79 は +1 に近いので，これらの 2 つの映画には正の相関があります．これは図 7.4 の評価値から納得できます．ユーザー A と B はそれぞれこれら両方の映画を比較的高く評価し，ユーザー D は両方の映画を比較的低く評価しました(なお, 他のユーザーはトレーニングセットのなかで両方の映画を評価していないので考慮することができません)．映画 I と II はどうでしょうか？　−0.11 は +1 と −1 のどちらにも近くないため，とくにこれといって相関していません．

近所を賢く選ぶ

これらの映画同士の類似度の値，あるいはユーザー同士の類似度は，近傍モデルをつくるときも使います．それでは，「類似度」からどのように「近所（近傍）」を表現すればいいのでしょうか？　ある特定の映画の近傍を決定するためには，さまざまなルールを使用できます．たとえば，各列に沿って類似度の最も高い 3 つの映画を選択することができるでしょう．あるいは，類似度の値がある閾値よりも大きい場合，それを満たすどの映画も近傍であるとすることもできます．ここで「より高い」とは，絶対値がより大きいという意味であり，強い正の相関または強い負の相関のいずれかであると言えます．どちらの相関も有益です．

後の数式をより簡単にするために，各映画に対して最適な近傍を 1 つ選んでみましょう．図7.10の結果を見てください．色をつけた箇所は，その列の映画がその行の映画を近傍として選択していることを示します．たとえば，Ⅴは近傍としてⅡを選んでいます．それはⅡがⅤを選ぶことを意味するでしょうか？　そうではありません．類似度の値が**対称**（symmetric）である（すなわち，ⅡのⅤに対する類似度がⅤのⅡに対する類似度と同じである）場合であっても，近傍の選択は必ずしも対称ではありません．ⅡとⅣとの相関はⅤよりも大きいので，ⅡはⅣをその近傍として選択します．

近傍の選択もグラフとして表すことができます．図7.11を見てください．各映画は選択された近傍を指すノードです．映画がより多くの近傍を選択できるようにすると，このグラフの各ノードはより多くの出力リンクをもちます．

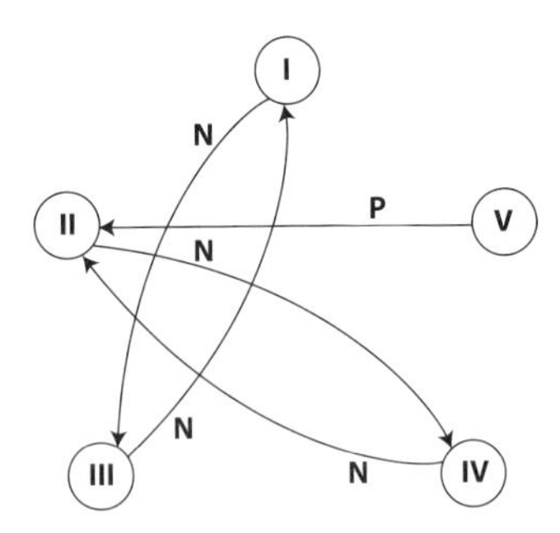

図7.11　最近接の映画の関係を表したグラフ．ノードからのリンクは，その最も近い近傍を示す．「N」は相関が負であることを意味し，「P」はそれが正であることを意味する．

さて，これらの近傍をどう用いるべきでしょうか？　やりたかったのは，これを予測器の性能向上が期待できる仕方で活用することです．そのために，図7.7のベースライン予測器によって得られた誤差を使用します．この調整により，トレーニングセットからテストセットに持ち越された誤差の効果を打ち消すのが狙いです．図7.12のように，もとの評価値からベースライン予測値を差し引くことによって，各々のユーザー－映画のペアごとの誤差を取得できます．これらは，全体的な性能

	I	II	III	IV	V
A	0.37	**?**	-1.00	**?**	-0.43
B	-0.30	0.17	0.25	---	-0.10
C	---	0.67	**?**	**?**	0.40
D	-0.30	---	0.25	-0.50	-0.10
E	-0.63	**?**	---	0.17	0.57
F	-0.05	-0.58	0.50	0.75	---

図 7.12　ベースライン予測器の誤差の表.

を測る MSE のような単一の要約された誤差ではなく，個々のペアに対する誤差です(すなわち, 各ユーザー－映画ペアに対して 1 つあります).

今や私たちは，近傍法を適用するために必要なものすべてをもっています．はじめに映画Ⅴ，ユーザー C を例にとりましょう．映画Ⅴの最も近い近傍はⅡであり, 強い正の相関をもっています(＋0.88). ユーザー C は映画Ⅱを評価し，予測器はその評価値に対して ＋0.67 の誤差を生じました．この誤差は何を教えてくれるのでしょうか？　私たちの予測値は正解より 0.67 だけ低く，ⅤはⅡと似ているので，ユーザー C の映画Ⅴの評価値も低すぎていた可能性があります．したがって，そのベースライン予測値 2.60 に 0.67 を追加します.

$$2.60 + 0.67 = 3.27$$

実際の評価値の 3 と比較すると，この誤差はより小さくなっています．つまり，0.4 だけ小さすぎるのではなく，0.27 だけ高すぎます.

別の例として，映画Ⅳに対するユーザー B を考えましょう．映画Ⅳの最も近い近傍はⅡであり，完全な負の相関（－1.00）をもっています．映画Ⅱに対するユーザー B の評価値の予測の誤差は ＋0.17 であり，0.17 だけ低すぎます．ⅣはⅡと似ていないため，ユーザー B の映画Ⅳに対する評価値の予測値が高すぎていた可能性があります. この場合は,どうすればいいのでしょうか？　3.50 のベースライン予測値から 0.17 を引きます．

$$3.50 - 0.17 = 3.33$$

ここでも誤差は小さくなります（0.5 が 0.33 に）．

したがって，相関が正の場合は，近傍のベースラインの誤差を加算し，負の場合は誤差を減算します．

$$\text{評価値} = \text{ベースライン} \pm \text{近傍の誤差}$$

これは，近傍予測器を単純化したものです．ここでは，最も近い近傍（隣接）のみを使用しています．前述のように，この方法はより多くの近傍を使用するように拡張することができますが，ここではそれは取り上げません．

近傍予測器が行っていることは，第 I 部で述べたネガティブフィードバックの一種とみなせます．それは，ベースラインによる誤差を「フィードバックシグナル」の一種として使用しており，電力制御において目標とする信号の品質からの差を調整に使用したのと同じように，出力に生じる潜在的な「ミス」を補正しています．

図 7.13 の右側に，すべての予測値を示します．値のいくつかは，図 7.7 にあるベースライン予測値と同じです．同じになるのは，ユーザーが隣接する映画を評価しなかった場合，または隣接した評価がトレーニング

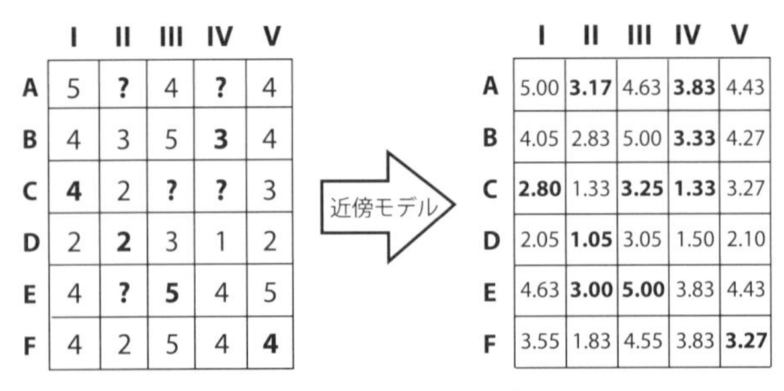

図 7.13　右側に近傍モデルによる予測値が示されている．

データの一部でない場合のいずれかです．たとえば，ユーザー C の映画 I に対する評価値を見てみましょう．映画 I の近傍はⅢであり，C はそれを評価しませんでした．したがって，ベースライン予測値は変更されません．

それぞれの個別の評価値に対しては誤差は必ずしも小さくなりません．例として，映画 V に対するユーザー F の評価値をとれば，この近傍による方法（近傍法）は 3.27 と予測します．これは，ベースライン予測器の 3.85 よりも，真の評価値の 4 からさらに離れています．いくつかの個別のケースでは，近傍予測器が外れるかもしれませんが，しかしながら，全体的には有益であることが期待できます．これを確認するために，全体的な誤差を求めましょう．テストセットについては，

$$\frac{(4-2.80)^2+(2-1.50)^2+(5-5.00)^2+(3-3.33)^2+(4-3.27)^2}{5}$$

$$=\frac{1.44+0.25+0.00+0.11+0.53}{5}=0.466$$

を得ます．

同様に，トレーニングデータの誤差を 0.134 と計算できます．これらは，当初の素朴な平均予測器と比べてテストセットに対しては 56%，トレーニングセットに対して 90% の改善です．ベースライン予測器と比較して，それぞれ 14%，39% 改善しています．

*

まとめとして，4 つの例に関してトレーニングデータとテストデータで得られたさまざまな予測器の誤差が図 7.14 で比較されています．最初の 3 組の棒グラフは，この章で説明した方法による結果です．4 つ目は，それぞれの映画に対して，最近接の 1 つの近傍だけでなく，2 つの近傍を使用した場合に生じる誤差を示しています．これを見ると，トレーニングセット上の誤差はほぼ同じですが，テストセット上の誤差は大幅に増加しています．したがって，この場合には近傍を 1 つ使う方法のほ

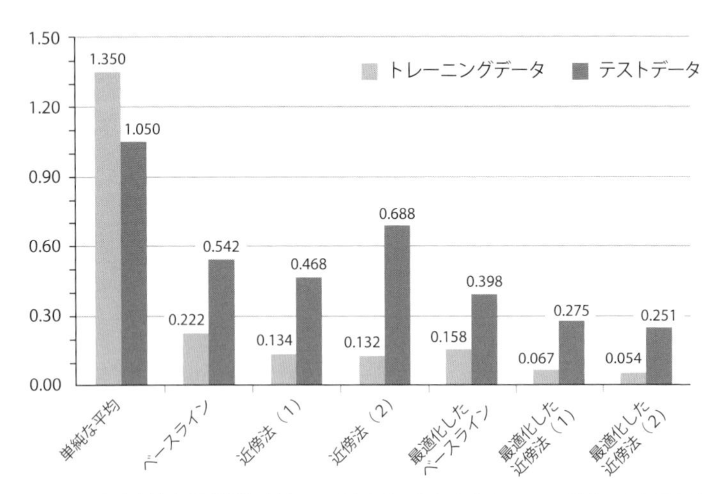

図 7.14　さまざまな予測器に対して，例で用いられたトレーニングデータとテストデータをもとに得られた誤差．

うがよい選択だったことがわかります．

先に，列や行の平均に基づいてベースライン予測器のバイアス値を計算することは最適なアプローチではないと述べました．5 番目の棒の組は，バイアス項の最適化問題を解いた場合に得られる誤差を示しています．これは，2 番目の棒の誤差を下げます．一番右に，最適化されたベースラインを用いて近傍法を使用した場合に得られた誤差を示します．これが図 7.14 のなかで最も改善しており，後から振り返ってみると，2 つの近傍を用いるのが最善策だったことになります．

この章の目的は，Netflix 賞コンテストで勝利を収めたすべてのアルゴリズムの詳細を説明することではありませんでした．それをするには高度な数学的手法が要求されます．しかし，あなたは今，Netflix が映画をレコメンドする際の背景にある基本的な考えを知っています．ユーザーと映画のなかにあるパターンを見つけ，これらのパターンを使って未知の意見を予測するというアイディアです．

8

ソーシャルな学習

Learning Socially

ここまで,「群衆」から集められた情報に基づいてどのように意思決定ができるかを見てきました.この章では,人々がお互いに学び合うような状況,すなわち各人が群衆に叡智を提供する状況に目を向けます.

技術と教育:学習の大規模化

インターネットが生まれた背後にあった動機は,コンテンツへのアクセスを容易にしたいというものでした.今日では,ネットサーフィンによって多くの個別の情報を1つずつ集めるだけでなく,特定のテーマについて構成された丸ごと1つのコースを受講することができます.講義を受けに現実の教室に行く代わりに,インターネットによってパソコンから講義動画を見ることができるようになりました.

いわゆるオンライン学習は,爆発的に普及してきています.多くの高等教育機関はオンラインで学位取得プログラムを提供しており,ほとんどの大学では,学生に対して少なくともいくつかのコースの一部をオンラインで提供しています.実際,2012年秋には米国のカレッジに通う学生の25%以上がオンラインで少なくとも1つのコースを受講していました.

過去10年間で,インターネットは2つの意味で学習を大規模なものにしました．オンラインコースを受講する人の総数も，1つのクラスを同時に受講している人数も，ともに非常に多くなっています．場合によっては，1コースに何十万人も登録するということさえあります！　クラスの学生の数が非常に多くなると，講師にとって学生が抱えるすべての質問に答えたり，あらゆるニーズに対応したりすることは難しくなってきます．そこで，学生たちがソーシャルに学ぶこと，つまり互いに教えたり教わったりすることが必要になります．

遠くから学ぶ

遠隔学習（distance learning）がインターネットとともに始まったと言うのは，運送が自動車とともに始まったと言うのと同じくらい的外れでしょう．昔から，たいていの通信システムは何らかの形で教育を促進するために使用されてきました．1800年代半ばにはすでに，郵送による（教材や宿題が家庭に郵送される方式の）学位課程がいくつか登場していました．1900年代初頭から中頃にかけてラジオやテレビが普及した際には，一部の大学はこのようなネットワークを用いた講座も放送し始めました．

オンラインコースや，オンライン学位，さらにはオンライン大学が，ウェブが登場する1990年代に台頭し始めました．2003年には，80%のカレッジに何らかの形でオンライン技術を使ったクラスが少なくとも1つありました．2014年にいたると，オンラインプログラムをいかなる形でも提供していない公立のカレッジと総合大学は5%未満でした．

オンライン学習が提供する，以前の遠隔教育では得られなかったものには何があるでしょうか？　各テクノロジーが得意とする学習方式を比較してみましょう．図8.1には基本的な学習の種類が示されています．ここにあげたのは，講師の話を聞くこと（音声），記述された情報を見ること（映像），資料を読むこと（テキスト），友人と議論すること（ソーシャル），その場で質問すること（同期）の5種類です．私たちが学校で経験したように，対面式の教室ではこれらのすべての学習方式がサポートされています．インターネットでは，事前に録画された講義ビデ

	音声	映像	テキスト	ソーシャル	同期的
教室内	✔	✔	✔	✔	✔
メール		✔	✔		
ラジオ	✔				
テレビ	✔	✔			
インターネット	✔	✔	✔	✔	

図 8.1 教育に使用されてきた各種テクノロジーと，それぞれが得意とする学習様式の比較．

オ（音声および映像）や，生徒が討論するためのフォーラム（ソーシャル），補足資料（通常はテキスト）を使用することによって，同期的な学習以外のすべての学習を行うことができます．他のそれぞれのテクノロジーは，1つあるいは2つの方式しかサポートしていません．

さまざまな種類のオンライン学習も登場しています．一方では，誰でも登録できるオープンコースがあり，他方では学位課程の一部になっているものがあります．また，登録人数が大規模なものもあれば，伝統的な教室規模のものもあります．

最近のオンライン学習の方式が確立したのは，MIT が無料で誰でもアクセス可能なコース教材のオンラインリソースを作成した 2002 年に遡ります．多くの人はこの大胆で一見非合理的な行動に困惑しました．なぜ MIT はコース教材を無料でネットに公開することにしたのでしょうか？　MIT はそこまで知識を広めることでいったい何を得るのでしょう？　後に明らかになるように，これは，教室規模であったオンラインコースを大規模公開オンラインコース（massive open online course：MOOC）へ変化させる巨大なトレンドをつくる草分けとなりました．米国の多くの有名大学が過去 15 年あまりでその動きに加わりました．そして，MIT に続いて，Coursera，edX，Udacity，Udemy などの MOOC サイトと提携し，オンラインコースを提供しています．実は，本書のもとになったコースも MOOC であり，それは 2012 年に行ったネットワークに関する初めての MOOC でした．

MOOC の "MOO"

現在，MOOC を提供する業者（MOOC プロバイダー）は十数社存在しています．運営上の違いはありますが，ほとんどは共通の特徴をいくつかもっています．「MOOC プロバイダー」という名前にふさわしく，そのコースはオンラインで提供され，無料または安い価格で誰でも登録が可能となっています．MOOC の講師が用いる最も一般的な方法は，図 8.2 に示すように，クイズ形式の質問が埋め込まれた YouTube 形式の講義動画を配信することです．これらのプラットフォームはまた，討論フォーラムを通してソーシャルネットワーキングの仕組みも組み込んでいます．討論フォーラムでは，お互いに質問をやりとりして教え合うことができます．

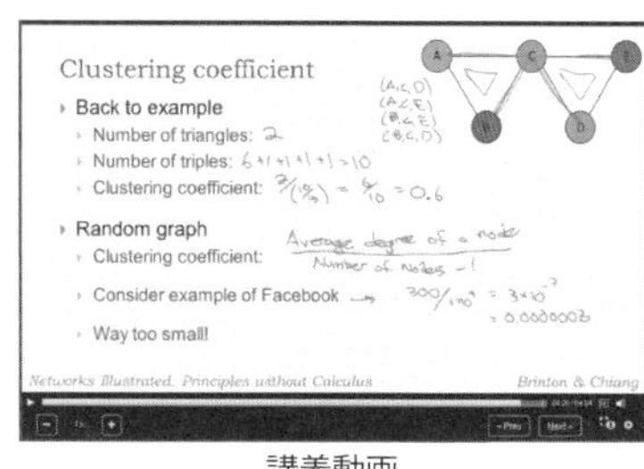

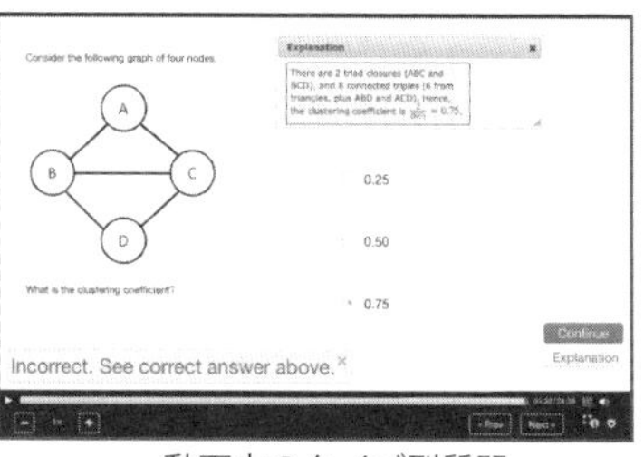

図 8.2　本書の内容に基づいたオンラインコースから抜粋した講義動画（左）と，動画に埋め込まれたクイズ型の質問（右）の例（この資料の内容には本書第 14 章で触れる）．

無料オンライン配信の副次的結果として，MOOC は非常に多くの登録者数を獲得しています．「非常に多く」とは正確にはどれくらいでしょうか？　標準的な MOOC の講義には，数十人から数十万人の学生が世界中から参加しています．そのような多くの人たちと実際の教室にいるところを想像してみてください！　対面方式では不可能に思えますが，ウェブ技術の進歩によって，多くの人々がオンラインの仮想的なクラスに集まることが可能になりました．

たった数十人の生徒しかいない伝統的な教室でも，教師は生徒が抱くあらゆる質問や悩み，間違いに対応するので手一杯です．教える側としては，**学習の個別化**（individualizing learning，各学生に対して教え方を調整すること）は重要な仕事です．MOOC でこれを成し遂げることは難しいです．大規模化によって，各教師がより多くの学生を担当するようになります．誰でも登録できることで，さまざまな背景知識や目標を抱いた，より異質な学生たちが集まる傾向があり，そもそも各自が非常に異なった要求をもっています．さらに，オンラインでしかやりとりがない場合は，講師が各自の学習ニーズを把握することはより難しくなります．

簡単に言えば，伝統的な教授法を MOOC の規模にまで拡大することは困難です[†]．**画一的**（one-size-fits-all）**な指導様式**はすべての人に用いることができますが，たとえそれが学習コースの「平均的な」ニーズに基づいて戦略的に設計されていても，多くの学生にとってうまくいくとは考えられません（図 8.3）．しかしながら，オンライン教育にはスケーラブルな要素が 1 つあります．次に見るように，ソーシャルネットワークにおいて行われる学習です．

図 8.3　講師にとって全員にくまなく教える確実な方法は，その状況の学習ニーズの「真ん中」をめがけて指導することだろう．教室においては，この点は依然としてほとんどの学生に近いが，大規模なオープンオンラインコース（MOOC）では，多くの学生にとってこれは遠くなる．

ソーシャルに学習する

ボブは，彼が取っているコースの教材のある箇所で悩んでいます．どうしたらいいでしょうか？　彼が大勢の仲間に埋もれてしまっているときには，講師は他の生徒の面倒を見ながら，ボブのあらゆる学習ニーズ

† さらに興味のある方は，原書ウェブサイトの Q8.1 から Q8.6 までを参照のこと．

に応えることはできないでしょう．しかし，受講者のうち少なくとも1人は彼を助けることができるかもしれません．彼の質問への返答を見ることで他の多くの人も恩恵を受けるでしょう．

今ここで説明しているのは，学生が互いに交流や協力することを通して学ぶことができる社会的な学習（**ソーシャルラーニング**）のプロセスです．学生たちはともに勉強し，学んだことを話し合い，お互いの質問に答えることができます．ソーシャルラーニングは，MOOCや教育全般にとっての重要な要素です．そこでは，群衆は1人の知識から学ぶのではなく，多くの人の集合知から学びます．

フォーラムでの討論

ソーシャルラーニングは，オンラインコースにおいてどのように行われるのでしょうか？　学生間（および教師と学生）の交流は主に**討論フォーラム**（discussion forum）を使って行われます．討論フォーラムのスクリーンショットが図8.4にあります．人々はメッセージを通じて意見交換を行います．ここで，各「メッセージ」は投稿か投稿に対するコメントです．メッセージは，学生個人が文章で書いたものです．一連の投稿（およびコメント）によって，大きな**スレッド**（thread）が構成さ

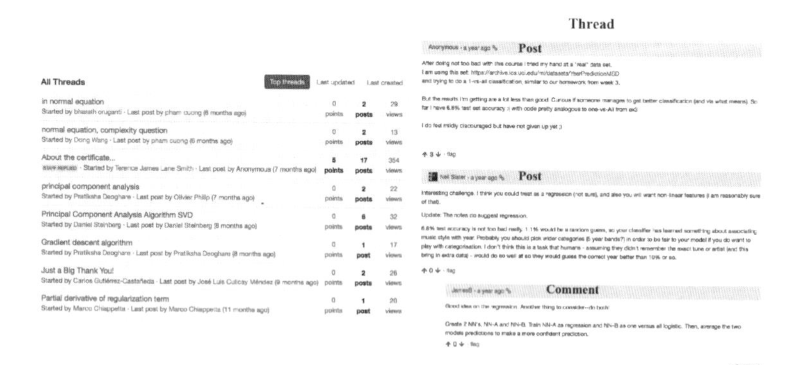

図 8.4　MOOCにおける討論フォーラムは通常，一連のスレッドによって構成される（左）．各スレッドは一連の投稿からなり，各投稿には返答としてコメントが書き込まれる（右）．

れます．フォーラム全体は，そのようなスレッドの集合になっています．

学生はどのようにフォーラムを使用するのでしょうか．ボブの質問に戻りましょう．彼はまず，同じ質問や十分な答えを伴う似た質問が，すでにほかの誰かによってフォーラムに投稿されているかどうかを確認します．それを探すために彼は，質問に類似したフレーズを検索バーに入力したり，あるいはフォーラム内を地道に探し回ったりします．

ボブは彼と同じ質問をしている投稿を見つけたとき，どうするのでしょうか．彼は答えがそのコメントにあるのか，あるいは他の投稿にあるのかを調べます．もしあれば，彼はその答えがよければ賛成票を投じ，悪ければ反対票を投じてフィードバックを返します．もしその質問が未だ返答されていない場合は，彼は質問に賛成票を投じます．すると，ほかの誰かが気づいて，その質問に早く答えることができるでしょう．

もし彼がそのような投稿を見つけることができなかったら，彼は似た討論のスレッドがあるかどうかを確認し，そこに新しく投稿をします．もし彼の探しているものに近いスレッドが見つからなければ，適切なタイトルをつけて新規のスレッドを作成するでしょう[†]．

ソーシャル・ラーニング・ネットワーク（SLN）

仲間と教え合う学習は，**ソーシャル・ラーニング・ネットワーク（SLN）**を形成します．SLN の 3 つの主な特徴は，その名前のなかに含まれています．

- **学習**（「**ラーニング**」），つまり興味のあるテーマに関する知識を獲得することは，ここでのプロセスそのものです．通常，これは教材に書かれる一連のトピックとして分解することができます．
- 「**ソーシャル**」ラーニングは，仲間同士の交流があってのものです．決められた教師あるいは指導者がいる場合でも，それぞれの学習者同士における協力がなければ，ネットワークは効果的に働きません．
- 仲間同士のソーシャル「**ネットワーク**」は学習プロセスに依存する

[†] この過程を記したフローチャートが，原書ウェブサイトの Q8.7 にある．

とともに，逆にそのプロセスに影響を与えます．

SLNは，教育を個別化する方法について興味深い視点を与えてくれます．個々人が求める要望に対して講師の返答を頼りにするのではなく，ユーザーはSLN内で解決策を探すことができます．そのような学習プロセスは大規模化が可能です．なぜなら，多くの学生がたくさん質問をして，かつその多くが潜在的な解答者になることで，両方のバランスが維持されるからです．このアイディアは図8.5に見ることができます．

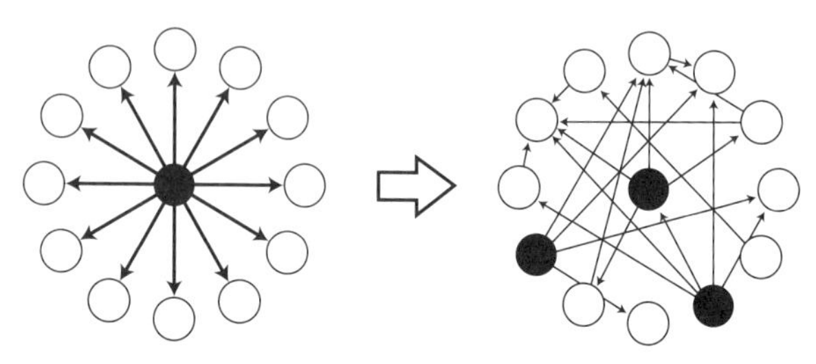

図8.5　講師（中心のノード）があるコースにおけるすべての要望に対処しなければならない場合（左），学習プロセスはスケーラブルではない．ソーシャル・ラーニング・ネットワークの背後にある前提は，学習者自身が教師としても振る舞うことができるというものである（右）．

Netflixがその加入者の映画の評価を取得し，Amazonが購入者の商品レビューを収集するのと同様に，MOOCプラットフォームは，学生がコースをこなしている際に，学生に関するデータを記録することができます．これには（たとえば，討論フォーラムにおける投稿，コメント，投票を介して）彼らが相互にどのようなやりとりをしているかや，（たとえば，講義動画を見ているときの一連のクリックから）コース内容をどのように消化するのかという情報が含まれます．問題は，このデータをどう分析し活用するかになります．

SLNはどこにあるのか

ここまでは，オンライン教育やMOOCという文脈のなかでSLNについて議論してきました．それ以外には，このようなネットワークはどこにあるでしょうか？　SLNは，ソーシャルに（つまり，人との交流を通して）学習が生じるようなあらゆる状況において存在します．**反転授業**（flipped classroom）を例にとりましょう．これは，普通は教室で教わる内容が宿題の一部として出され，その代わり授業時間が議論とインタラクションに使われるという形態の授業です．このような学習コースと連携してエドテック（Education Technology）を導入すれば，SLNに関するデータを収集することができます．

応用先は教育以外にもあります．教室のなかの学生ではなく，企業の従業員について考えてみましょう．新入社員は通常，仕事を遂行するのに必要な新たな情報とスキルを習得するために，新人研修を経なければなりません．また，その社員はキャリアを通して頻繁に企業の訓練コースを受けます．これらの授業以外の場面においてソーシャルラーニングを促進するために，多くの企業はJiveやYammerのような企業版の**ソーシャル・ネットワーク・プラットフォーム**をもっています．

最後に，Quora（クォーラ），Yahoo! Answers，そしてStack Overflowなどの**Q&Aサイト**を考えてみましょう．Q&Aサイトは，オンラインコースにある討論フォーラムと機能的には同じで，質問者と回答者の間にSLNを作成します．また，建設的な関与を促すためのインセンティブ構造も取り入れられていて，ユーザーは作成した質問や回答で賛成票を受け取ったときにポイントを得ることができます．

この章の残りの部分では，このネットワークに関する重要な研究領域をいくつか概説します．執筆時点における最新のトピックの1つとして，このテーマにはまだ回答のない多くの面白い課題があり，研究者が関心を寄せています．同じくらい重要なこととして，関係を可視化するためのネットワークを構築する例も見ていきます．

SLNを効果的に可視化する

図8.4のように，フォーラムにおける一連の議論について考えてみましょう．ここでは，SLNに関する多くの情報を読み取ることができます．

スレッドには誰が投稿したか，誰が答えたか，その投稿と返答はどのような内容か，等々です．この情報を用いてネットワークはどのように可視化されるのでしょうか？　すべてのデータを1つの画像で表現することはできません．それは，あまりにも複雑で入り組んだものとなり，意味のある洞察を得ることが難しくなってしまうでしょう．どれが描写する価値のある重要な情報であるかを，注意深く考える必要があります．

ネットワークはどのように表現するべきでしょうか？　グラフといえば，第5章のウェブグラフのようなものがあります．SLN のグラフでは，何をノードとして考え，何をリンクとすべきでしょうか？　そしてそのリンクには（あるノードから別のノードへと）向きをつけるべきでしょうか．また，それは（各リンクの大きさを表現した数字で）重み付けされるべきでしょうか．

より基本的な問題から始めましょう．SLN はこれまで見てきた他の種類のネットワークとどのように違うのでしょうか（たとえば，第5章のウェブページのネットワークや，第1章と第2章のような端末のネットワークと比較して）？　1つには，図8.6に示すように，SLN はインターネットに接続された端末間の通信ネットワークとは対照的に，人々の間のソーシャルネットワークの一種です．SLN における人々の間のコミュニケーションの媒体は相変わらずインターネットかもしれませんが，SLN については，情報が人々の間を物理的にどのように伝わるのかということよりも，どのような情報が共有されていて，結果としてど

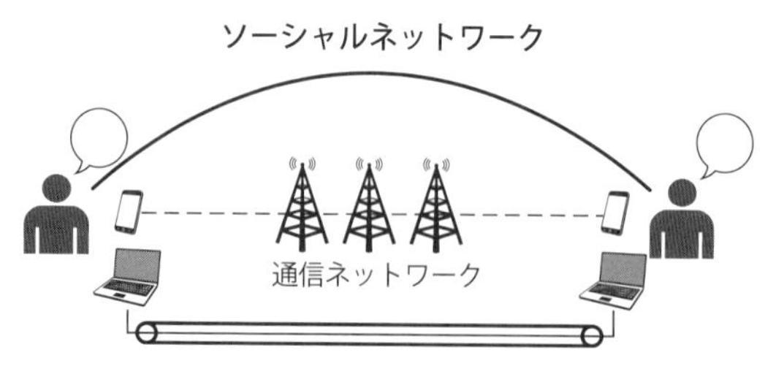

図 8.6　ソーシャルネットワークでは人々の間の交流が興味の対象になるが，通信ネットワークの研究では人々の端末間における通信と伝達経路に注目する．

のような社会的なつながりがつくられるのかということに焦点があります．第 10 章と第 14 章では，さらに他の種類のソーシャルネットワークを見ていきます．

したがって，討論のグラフは，情報共有のプロセスを描写するものでなければなりません．それでも，何をノードやリンクとするかについては，最終的にどのような可視化をしたいかにより，多種多様な選択肢があります．

学生のグラフ

最も自明な選択肢として，ノードを各々の学生を表したものと考えることができます．すると，2 人の学生（たとえば，アリスとボブ）の間のリンクは，情報の共有方法に関しての，彼らの関係を表現するものになるはずです．4 つの可能性があります．

(a) アリスとボブが一緒に討論に参加したかどうか．
(b) アリスとボブが一緒に討論に参加した回数．
(c) アリスがボブの投稿に返答したかどうか，またその逆．
(d) アリスがボブの投稿に何回返答したのか，またその逆．

これらはささいな表現の違いに見えるかもしれませんが，それぞれ異なる種類のリンクをもたらします．リンクが有向か無向か，重み付けられているか否かによる各種のグラフを，図 8.7 に示します．

(a)は，無向で重み付けられてないグラフです．このリンクは，アリスとボブの両者が投稿したスレッドがあるときにつながれます．(b)は，2 人が一緒に参加した回数を用いて(a)に大きさを追加したもので，無向で重み付けされたグラフになります．たとえば，アリスとボブの両者が 3 つのスレッドに投稿した場合，両者間の重みは 3 になります．

(c)は返答について考えているので，(a)とは異なります．さらにボブがアリスによって書かれた質問に回答したからといって，アリスがボブによって書かれた質問に回答したことにはなりません．この区別をするには矢印が必要なので，有向で重み付けられていないグラフを得ます．

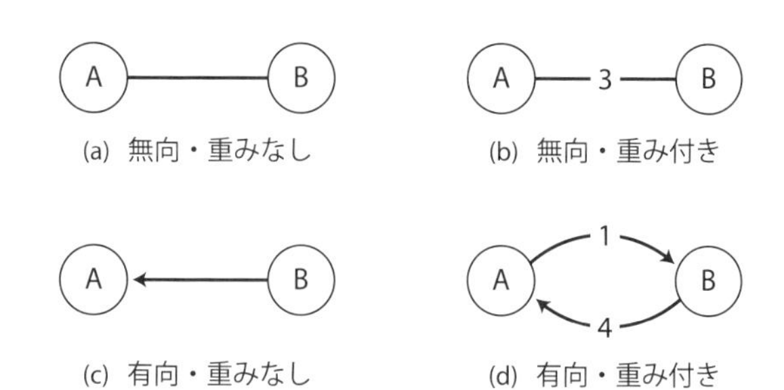

図 8.7　ソーシャル・ラーニング・ネットワークをグラフとして表現するために使用されるリンクの性質の4つの異なる組み合わせ.

(d)においては,(c)から一歩進んで返答の数を数えます.よって,有向で重み付けられたグラフを得ます.もしボブがアリスに4回返答し,アリスがボブに1回返答したならば,アリスへのボブのリンクは重み4を,ボブへのアリスのリンクは重み1をもちます.

このようなグラフの見地から,図8.8において,(小さな)討論フォーラムを可視化した例を見てみましょう.アリス,ボブ,チャーリー,ダナの4人の学生がおり,それぞれの参加者はフォーラムに異なった回数参加しています.スレッドⅠで3つ,スレッドⅡで2つなど,4つのスレッドの各々で,さまざまな数の投稿がなされています.それぞれの投稿には,質問をした人(リストの上側の名前)とそれに返答する人(下側の名前)がいます(実際には,1つの質問に対して多くの返答があるでしょうし,質問がないような投稿もあります).

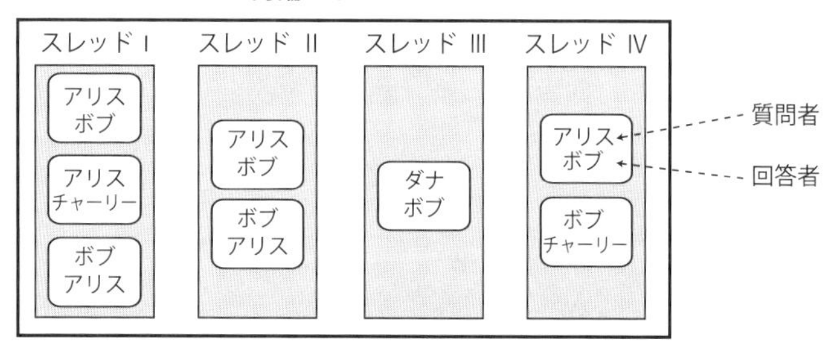

図 8.8　4つのスレッド,4人の学生,8つの投稿をもつ小さな討論フォーラム.

何をグラフのノードとみなせばよいでしょうか？　学生１人につき１つのノードとすれば，４つのノードになるでしょう．リンクはどうでしょうか？　ボブとチャーリーのそれぞれの場合を見てみましょう．

(a) 無向，重みなし：ボブとチャーリーは一緒に同じスレッドに参加したか——はい，どちらもスレッドⅠとⅣに投稿しています．したがって，このグラフ中では彼らの間にリンクを引きます．

(b) 無向，重み付き：ボブとチャーリーが一緒に参加したスレッドの数はいくつか——２つです．したがって，リンクの重みは２になります．

(c) 有向，重みなし：ボブはチャーリーが作成した投稿に返答したか——していません．チャーリーはボブが作成した投稿に返答したか——はい，スレッドⅣでしました．チャーリーからボブにはつながりますが，ボブからチャーリーにはつながりません．

(d) 有向，重み付き：ボブはチャーリーに何回返答したか——０回です．チャーリーはボブに何回返答したか——１回です．したがって，チャーリーからボブへのリンクの重みは１になります．

残りの学生ペアに対してこれを実行すると，図 8.9 が得られます（確認してみてください）．有向なグラフ（(c)と(d)）のなかで，互いに指し示し合っている唯一のノードのペアはアリスとボブです．アリスはボブに２回（スレッドⅠとⅡで１回ずつ）返答し，ボブはアリスに対して３回（スレッドⅠ，Ⅱ，およびⅣで１回ずつ）返答しました．

学生とスレッドのグラフ，スレッドとスレッドのグラフ，……

ノードとして学生を使用することは，ネットワークのなかの「誰」（すなわち，どの学生が交流しているか）を伝えることには役立ちます．しかし，それは「何」（つまり，会話でどのようなトピックが討論されているか）を説明するものではありません．これも，描写すべき重要な情報です．なぜなら，どのトピックが最もよく討論される傾向にあるか，あるいは人々を混乱させる傾向があるかなどを示す指標を与えてくれる

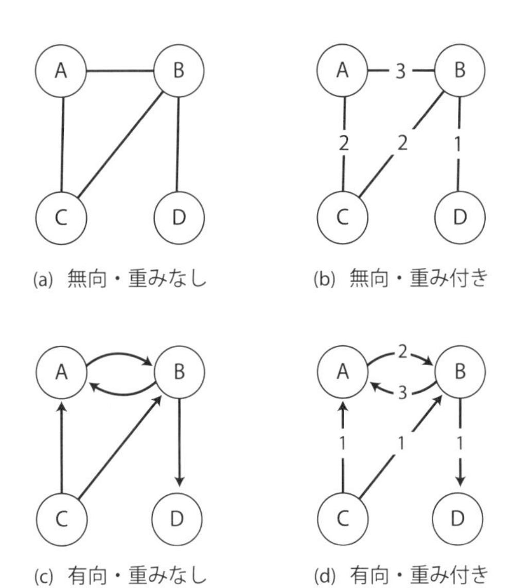

図 8.9　図 8.8 のソーシャル・ラーニング・ネットワークを 4 種類のグラフで可視化する.

からです.

主要なトピックが何であるかを，どのようにして見つけることができるでしょうか？　討論の生のテキストは，未加工の形では長すぎて情報元として役立てにくい傾向があります．そこで，**自然言語処理**（natural language processing）の適切な方法を選択し，テキストの背後にあるトピックを抽出することができます．トピック抽出の出力の例を，図 8.10 に示します．ここでは，一緒に発生する傾向のあるキーワードを含んだいくつかのトピックが得られています．各投稿は，テキストに含まれる 1 つ（または複数）のトピックに関連づけることができます．

ある特定のトピックに関して，各学生が質問をしたり答えたりしているかの有無をどのように推測できるでしょうか？　もしかしたら，これは簡単な作業に見えるかもしれません．あるトピックに対する学生の投稿に疑問符が含まれているかどうかを確認するだけでよいのではないでしょうか？　残念ながらそう簡単ではありません．なぜなら，疑問符を

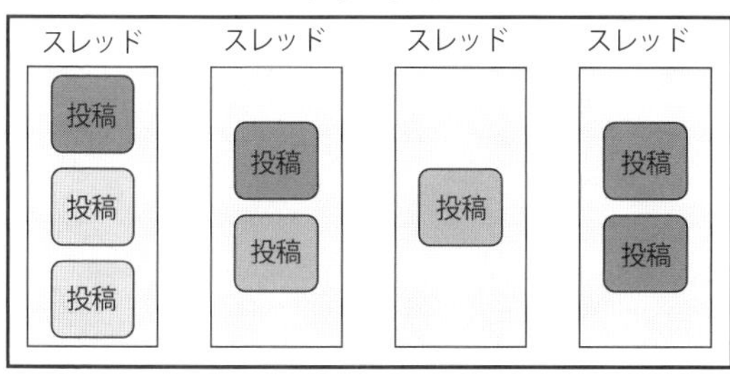

トピック	リンク	ノード	重み付き	有向
トピック	ノード	ページ	ウェブ	ランク
トピック	グーグル	ランク	広告	オークション

図 8.10 討論フォーラムからトピックが抽出されたときに得られるものの例．トピックは一緒に出現するとわかった単語で構成され，各投稿はその最も顕著なトピックに関連づけられる．

使わずに質問したり（例：「これがどのような仕組みなのか説明してください」），質問の形で答えを提示したり（例：「それらは違うとお考えのようですね？」），またはただ正しく句読点がつけられていなかったりというような，たくさんの例外があるためです．

トピック抽出と質問の検出は，**情報検索**（information retrieval）における興味深い研究領域です．幸いなことに，今日では，これらの機能をもった精巧なプロセスが存在しています．私たちはさらに以下のことを仮定します．すなわち，（i）各スレッドは互いに明確に異なっていて別々のトピックを表しており，（ii）どの投稿／コメントが質問であり回答であるかが正確に決定されている，とします．

学生とトピックの関係性はどのように可視化できるでしょうか？　グラフのなかに，学生のノードだけではなく，各トピックに対応する第二のタイプのノードを加えることで，ビジュアルを拡張することができます．図 8.8 の例に戻ると，それは図 8.11 のようなものになります．ここでは，学生ノードが上に，トピック（スレッド）ノードが下にあり，各リンクはある学生があるトピックの議論に参加した回数を示します．

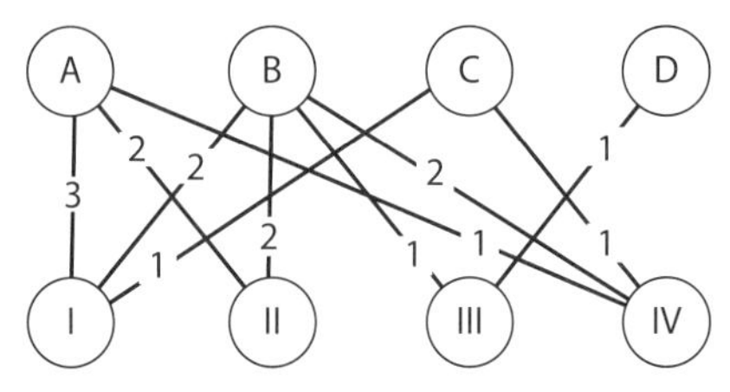

図 8.11　図 8.8 の討論フォーラムを学生とトピックをつなぐ二部グラフとして表現したもの.

図 8.11 は**二部グラフ**（bipartite graph）です．二部グラフは，2 種類のノードの集合（ここでは学生とトピック）をもち，各リンクは片方の集合（すなわち，学生）のノードから他方の集合（すなわち，トピック）のノードにつながっています．図 8.11 のグラフは重み付けされていますが，もしある学生があるトピックについて議論したかどうかだけに関心がある場合は，リンクからその重みを落として，重み付けされていない二部グラフを用いることができます．

この図のなかには多くの有益な情報が含まれています．それぞれの学生がどのトピックを議論したか，それぞれのトピックについてどの学生が議論したか，そしてその回数がわかります．示されない情報の 1 つとして，各学生が行う投稿の性質があります．つまり，それらは質問か回答のどちらかがわかりません．たとえば，ボブはそれぞれのトピックに対して合計 7 つの投稿をしていることがわかりますが，質問と回答がおよそ半分ずつ（3 つが質問で，4 つが回答）であることを確認するには，図 8.8 を参照する必要があるでしょう．詳細情報の喪失は，ネットワークという簡潔な視覚表現を追求する際に，支払うべき代償になります．

一方，どのような洞察を求めるかによっては，図 8.11 には主要なメッセージにとって余計な情報が多く含まれているかもしれません．もし，あるトピックに関して 2 人の学生がどれほど「類似している」のか，あるいはある学生にとって 2 つのトピックがどれほど「類似している」のかを見たいとしたらどうでしょうか？　これを知る方法の 1 つが，二部グラフの共参加数を見ることです．学生に関しては，その各ペアに対して，両者が同時に投稿したスレッドの数を数えます．たとえば，ボブとダナについて考えてみましょう．スレッドⅢが両者がともに投稿した唯一のスレッドなので，共参加数は1になります．スレッドに関しては，その各ペアに対して，両方に投稿した学生の数を数えます．スレッドⅡとⅣについて考えると，アリスとボブがそれぞれ両方に投稿しているので，共参加数は2になります．

これを他の各ペアについて繰り返すと，図8.12のグラフが得られます．この図では，たとえばスレッドⅠとⅣにおいて，同じように投稿している学生が3人いることが非常によくわかります．しかし，さらにどの3人の学生がⅠとⅣの両方に投稿していたかを知ることはできません．彼らがアリス，ボブ，チャーリーであることを確認するためには，二部グラフまで戻って参照する必要があります．図8.12の学生－学生ネットワークは，各ペアの共参加数を用いているので，図8.9の重み付けされた無向グラフと同じになっています．

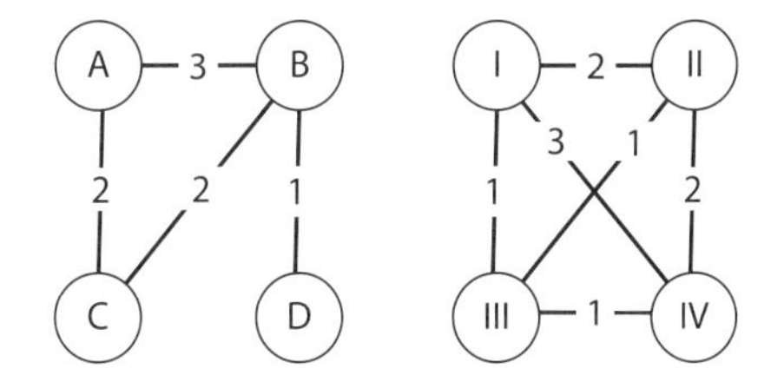

図8.12　図8.11の二部グラフから得られた学生－学生（左）とスレッド－スレッド（右）の共参加グラフ．

二部グラフをノードの種類ごとに2つの別々のグラフに分割することは，**ネットワーク投影**（network projection）と呼ばれています．投影の種類は，結果として得られるグラフのノード間の重みをどのような規則で決めるかによって区別されます．ここでは単純な重み付け，つまり二部グラフの各リンクに同等な重みを与える方法を用いました．

SLN 研究を実践する

ここまでに，SLN をさまざまな側面から可視化することができる種類のグラフを見てきました．しかし，例として用いたネットワークの大きさは，実際の MOOC の討論フォーラムで見られるものよりもはるかに小さいものです．これらのグラフは，どれほど実際の状況での使用に耐えうるのでしょうか？

実世界の SLN

以下において，筆者ら自身の MOOC の 1 つにおける討論から作成したグラフを簡単に見ていきましょう．図 8.13 では得られた SLN を可視化する手法として，無向で，重み付けのない，学生－学生グラフを用いました．まず左のグラフを見てください．2 人の学生の間のリンクは，彼らがともに少なくとも 1 つのスレッドに参加したことを示しています．このグラフは美しいという点では満足のいくものかもしれませんが，ノードとリンクの数が非常に多いため，これから意味のある結論を導くことは実際にはとても難しくなります．しかも，ここに示しているのはフォーラムに 1 回以上投稿した 713 人の学生だけです．それ以外も含めたら，グラフはさらに大きくなるでしょう．

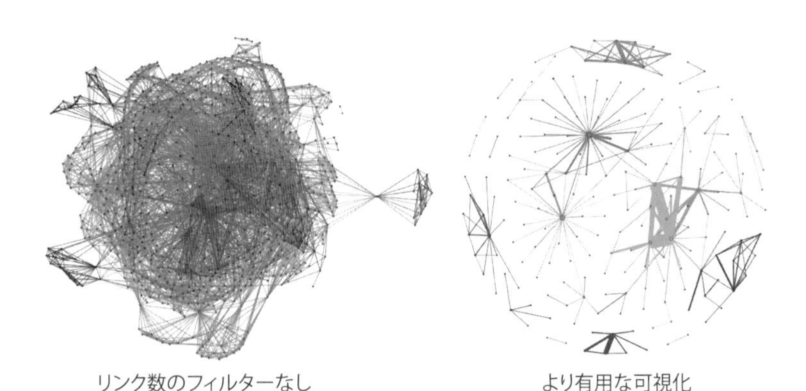

図 8.13　ある MOOC における学生のソーシャル・ラーニング・ネットワークの表現．

SLN についての有益な情報を見つけ出すには，この見た目を「整理」する必要があります．方法としてはどのようなものがあるでしょうか？ スレッドへの共参加数を利用することを考えましょう．左図では，一度でも一緒にスレッドに参加した 2 人の学生がつながっています．そこで，リンクをつなぐために必要な共参加数をより多くしたらどうでしょうか？　これを行えば，グラフにおける弱いつながりが取り除かれ，多く共参加したペアを見つけることができます．図 8.13 の右図は，例としてリンクの閾値を 3 にしたものです．この図では，一緒にスレッドに参加する傾向をもった学生のコミュニティ（あるいはペア）をはっきりと確認することができます．これはとても単純な例ですが，ソーシャルネットワークにおける**コミュニティ検出**（community detection）の基本を例示しています．

MOOC における SLN がこのような構造になることは理にかなっているはずです．このように大きなネットワークでは，学生にとって他の大部分の生徒とつながりをつくることは難しいでしょう．たとえ共参加している学生同士であっても，時間差のあるコミュニケーションを用いる環境では，強いつながりを維持することは難しいのです．

教師が学生を手助けすることを支援する

SLN の究極の目標の 1 つは，より効果的な指導と学習の方法を見つけることです．ここで紹介したようなネットワークを参照することによって，教師がより効果的に行うことができる業務としてはどのようなものが考えられるでしょうか？

1 つには，これらのグラフを用いることで，教師は問題を抱えている学生を見つけやすくなります．質問を多くしがちな学生は，対象のコンテンツから最適な学習経験を得られていないかもしれません．（重み付けられた，有向の）学生－学生グラフにおいて入次数（入力するリンク数）が少ないようなこの種の学生は，本当に学びたいと思っていても，他の学生からの十分な助けを得られていないと思われます．このような学生たちは，教師に直接手助けしてもらうことでとても大きなメリットを享受できるかもしれません.

他方では，教師はこのような可視化によって「学生教師」を見つける こともできます．たくさんの問いに正しく答える学生は教材を熟知して いるだけではなく，できない学生を進んで助けようとします．このよう な学生は，学生－学生グラフにおいて高い出次数（出力するリンク数）をもった「重要度」——これはおそらく第5章のPageRankで定義できるでしょう——の高い人物かもしれません（例：図8.14のグレーのノード)．このような学生には，問題を抱えた学生たちを手助けするように促すことができます.

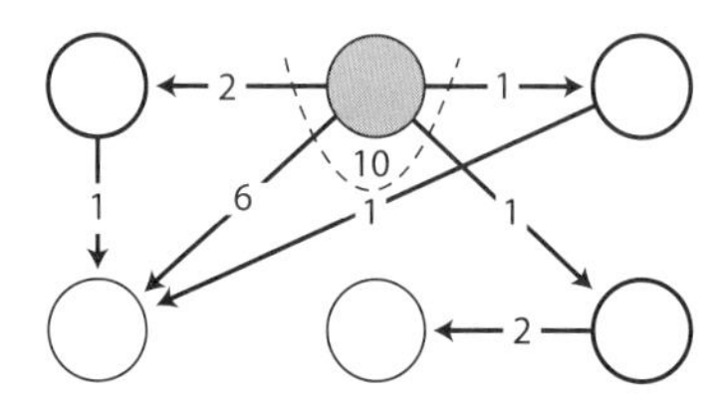

図 8.14　教師は学生－学生グラフを使えば，ソーシャル・ラーニング・ネットワークにおいて問題を抱えた人や優秀な人を見つけることができる.

これらの可視化を用いることで，教師はどのコースのテーマが学生の関心を最も多く（あるいは最も少なく）集めているかを見つけ出すことができます．教師は，そうしたテーマに注意を集中したいと思うかもしれません．たとえば学生－スレッドの二部グラフを用いれば，最も多いリンク数をもったスレッドを見つけることで，そのようなテーマがどれかを知ることができます.

教師たちに可視化結果を見せて洞察を与えることに加えて，自動でいくつかの特徴——とくに，マシンインテリジェンス[†]がそもそも見つけやすいような特徴——を見出すことはできないでしょうか？　一例として，コースの初期において，学生の現在の成績から最終的な学習成果を予測するアルゴリズム構築の研究が活発に行われています．これらのアルゴリズムのなかには第7章で説明した協調フィルタリングを用

[†] 訳注：人工知能に近いが，それを含むより広い範囲の技術を指す概念.

いるものがあります．ただしその目的は，映画に対するユーザー評価の予測ではなく，テストにおける学生の成績や，学生フォーラムへの参加時間の変化，またはその他の関心のある結果を予測することです．

このテーマに関する最近の面白い発見の1つに，学生の行動の特性——具体的には，学生が講義動画視聴中に行う一連の行動や，訪れるリンクなど——によって，小テストや試験の得点を予測できるというものがあります．たとえば最近の研究では，問題に関連する動画を視聴している間に学生が示した行動だけに基づいて，その学生が問題を正解するか否かを70～80%の精度で予測できることが示されています．コース開始時に成績が悪いと予想される生徒に対してコンピューターが印をつけることで，教師は事前に誰を助けるべきか知ることができるでしょう．MOOCから途中で脱落して修了できない人の割合を考えれば，精度が1%でも向上することで，リスクがある何十人もの学生が事前に正しく識別されることになります．

*

可視化，レコメンド，および予測はソーシャル・ラーニング・ネットワークの数多くある応用例の3つにすぎません．結局のところSLNの有効性の最大の鍵は，学生が質問を投稿することにより他の学生から正しい回答を引き出せるという点にあります．非常にたくさんの学習者の参加と貢献によって，学生のニーズの一部が学生内で満たされるだろうという期待——SLNが今後も持続可能であるかどうかは，そのことにかかっているのです．

第Ⅲ部のまとめ

第Ⅲ部では，商品の評価，映画の推薦，ソーシャルな学習という3つのネットワーク化された活動の例を紹介しました．このような一見多種多様なネットワークの応用は，それぞれある種の群衆の叡智と関連しています．すなわち，真実に基づいた意見や知識を多く集めることができれば，適切な状況下では，より精度の高い推測が行えます．

第6章では，ユーザーの評価値からその背後に潜む「真実の値」を正確に推定する際に，群衆の叡智が有効であることがわかりました．個々のサンプルサイズが小さいときには，ベイズ調整のような手法を使えば，より大きな集団と比較するための重み付けができます．これらの技術は，Amazonが商品をランキングする手法の背後にある原理として紹介しました（ただし，Amazonが実際にどのようにユーザー評価からランキングを導出しているかは明かされていません）．

そして第7章では，レコメンドの問題に目を向けました．そこでは，収集されデータベースに保存されていた過去の評価の履歴を参照して，Netflixがどのように映画に対する未知のユーザー評価を予測する「読心」ゲームを行っているのかを見ました．Netflixが特定のユーザーと映画にまつわる過去の履歴からベースラインを形成する際の考え方，そして多様なユーザーや映画に存在する類似点に基づいてこれを調整する方法を見てきました．

最後に第8章では，ソーシャル・ラーニング・ネットワーク（SLN）を扱いました．SLNは，教育をテーマとして学生の間で形成されるある種のソーシャルネットワークです．この章では，大規模なオープンオンラインコース（MOOC）について論じ，そのSLNを可視化，分析，活用しようと試みている現在の研究を紹介しました．SLNの核心にあるのは，たくさんの学生が協力し合うことで互いの問題を解決できるという期待です．

第 IV 部

群衆はそんなに賢くない

CROWDS ARE NOT SO WISE

第Ⅲ部では群衆の叡智について学びました．それは，大勢の人々の情報を統合することは，個人の場合に比べしばしばよい決定をもたらすというものでした．ただし，これはすべての人の意見が独立していると仮定しています．どんな状況では彼らは独立していないのでしょうか？独立でないときには何が起こるのでしょうか？

実際，多くのシナリオにおいて，他の人がどう思うかがあなたの行動に影響を与えています．YouTube 動画のように，皆がそれについて話していたから，あなたはそれを見た．皆がそれをもっていたから，あなたは iPad を買った．宿題の答えをクラスメイトが合っていると言うとおりに書いた．さらに，そのような行動をする人が増えるほど，同じことをする誘惑はより増加します．

このような振る舞いについて，第Ⅳ部では社会ネットワークにおける意見の非独立性に焦点を当てます．第 9 章ではバイラル化，第 10 章では社会的影響について述べます．第Ⅳ部を読み終わった後，あなたは特定の状況下では群衆に影響を与えることは難しくないことがわかるでしょう．

9 動画のバイラル化

Viralizing Video Clips

ユーザーが作成した動画コンテンツを配信するサービスのなかでは，YouTube（図 9.1）が最有力の共有サイトとして君臨しています．そのサイトを閲覧することで，私たちはスポーツのスーパープレイの動画クリップから自称 YouTube アーティストの楽曲や教育的なテーマの講義まで，さまざまな動画を発見することができます．2015 年現在，YouTube では毎日 1 億時間に相当する動画が見られています．

図 9.1　YouTube の商標ロゴ．

YouTube に関して取り沙汰される用語の 1 つに**バイラル化**（viralization，ウィルス化）があります．ビデオクリップがウィルスになるとはどういうことでしょうか？　この章ではそれを見ていきましょう．そうするなかで，YouTube の視聴行動が情報拡散によってつくり出された非独立な行動のよい例であることがわかってきます．

YouTube とバイラル化

バイラル化の議論の前に，YouTube の発展について見ていきましょう．この企業は，2005 年 2 月に，当時 PayPal 社の社員だった 3 名によって設立されました．当初からこのサイトは急速に成長し，2006 年 7 月までに 1 日あたり 65,000 の新しい動画と 1 億の視聴数が記録されました．数ヶ月後の 2006 年 11 月に，YouTube はグーグルに 16 億 5 千万ドルで買収されました．

数年のうちに，YouTube で動画を見る人は非常に増え，Google それ自身に次ぐ大きさの検索エンジンになりました．YouTube の平均的な 1 日の動画視聴数の増加を図 9.2 に示します．2009 年 10 月には 10 億に達し，2012 年 1 月にはさらにその 4 倍に増加しました．もし，あなたがこれまで YouTube の推薦サイドバーの中毒性を経験していたとしても，これは驚くようなことではないでしょう．それは視聴者に関連する動画クリップをクリックなしに見続けさせる仕掛けです．

2016 年半ばまでに 1 日に 10 億人以上の人が YouTube を訪れるようになり，動画はおおよそ 50 億回視聴されました．新しいコンテンツは平均して毎分 400 時間に相当する量がアップロードされており，それ

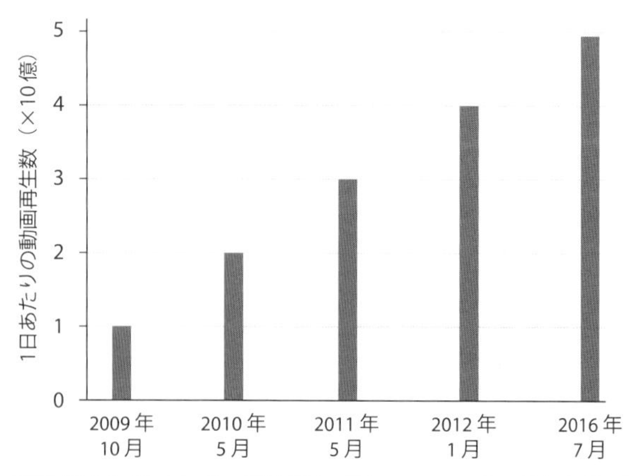

図 9.2　2009 年から 2012 年の 4 年間では，毎年 YouTube の 1 日あたりの平均動画再生数が 10 億回ずつ増加した．2016 年には 50 億回弱になっている．

は1日でおおよそ66年分です（つまり次の24時間にアップロードされるすべての動画を見ようとすると66年の年月を費やすことになります）．動画のバイラル化を目指してきたYouTubeですが，それ自身がバイラル現象となりました．

バイラルの形（スタイル）

何が動画をバイラル化させるのでしょうか．その問いに単純な答えはありませんが，それについてあれこれ考察することはできます．

本書の第Ⅲ部では，ウェブサイトがユーザーの行動を記録する方法について述べました．YouTubeも例外ではなく，動画プレイヤーとどうインタラクションしたかを含むユーザー行動を記録することができます．このデータによって人々がどのように動画を見て，動画がどのようにバイラルにいたるかを分析することができます．総合的な視聴行動に着目するYouTubeの分析ツールのいくつか（たとえばYouTube Insight）は公開されています．

バイラル化した最も有名な動画は何でしょうか？　それは歌手PSY（サイ）による4分のミュージックビデオ「江南（カンナム）スタイル」でしょう．「江南スタイル」は2012年7月にリリースされ，たった5ヶ月で視聴数10億に達し（2012年12月），2年も経たないうちに，20億に達しました（2014年5月）．時間経過に伴う視聴数の増加の様子を図9.3に示します（YouTubeアナリティクスより）．

2013年以来，他の12個の動画も10億の壁を突破しました．2016年初頭の視聴数において「江南スタイル」の次はテイラー・スウィフトの

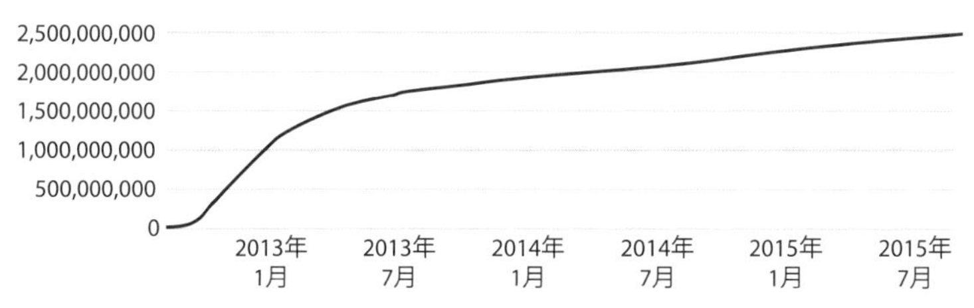

図9.3　YouTubeにおけるPSYの「江南スタイル」の累積視聴数の時間推移．

「Blank Space」（13億ビュー）でした．ただし「江南スタイル」は（原書）執筆時点では20億ビューに到達した唯一の動画です．2014年12月に2,147,483,647ビューを超えた瞬間には，YouTubeのページに表示されていたビュー数がそれ以上カウントできなくなってしまいました．

なぜYouTubeはこのランダムに見える数値でカウントを止めたのでしょうか？　この値は32ビットを使って保存できる最大の値で，YouTubeは32ビットで視聴回数を保存していたからです．長い間，単独で32ビットを超える視聴回数の動画が出てくるとは誰も予測していませんでした．YouTubeはカウンターを64ビットにすることですばやくこの問題に対応しました．新たな最大値は9,223,372,036,854,775,808です．これにはさすがのPSYもスウィフトもほかの誰もが到達しそうもなく，YouTubeのカウンターは当面大丈夫そうです．

視聴者を動画に導く

「江南スタイル」のような動画はどのようにして人気を得ていくのでしょうか？　これを考えるために，そもそも視聴者をYouTube動画に導く4つの主な経路を見ていきましょう．

- Googleなどのサイトでの，動画とタグづけられたワードの検索
- Eメール，Facebook，広告などからのリンク
- YouTubeチャンネルの購読
- YouTubeのサイドバーに表示される推薦

購読と推薦はしばしば動画の人気を決める上で，「高く評価」･「低く評価」ボタンよりも大きな役割を演じます．購読がどのようなものかは容易に理解できますが，一方でYouTubeは推薦をどのように生成しているのでしょうか？　Netflixが映画を推薦するように協調フィルタリングをしているのでしょうか？　PageRankのようなアルゴリズムで動画の重要度をランキングしているのでしょうか？

どちらのアルゴリズムもこのアプリケーションではうまくいかないことがわかっています．Netflixの映画と異なり，YouTubeの動画は長さ

もライフサイクルも短く，視聴行動もさまざまです．それらは，ユーザーによる動画評価のための一貫性のあるシステムを確立することを難しくします．また PageRank でアプローチするには，私たちは何らかの形で動画を「リンク」する必要があります（たとえば動画説明文の他動画へのハイパーリンクを探す，動画間のタグの一致度比較によるリンクなど）．しかし，タグと説明文は品質面で信頼できないことがあります．

YouTube 動画推薦の方法はそれらと異なり，より単純なものであると考えられています．第 8 章の共同参加数を思い出してください．そこでは議論のスレッドにおける学生の共参加数によって学生間リンクの重み付けをしました．YouTube では動画の**同時訪問数**（co-visitation count）を記録しています．つまり，視聴者が最近（たとえば過去 24 時間以内に）両方の動画を視聴した回数です．もし 100 人が A と B 両方の動画を見たならば，A と B は重み 100 でつながります．このアプローチによって，動画同士をつなぐ重み付きグラフを構築することができます．例を図 9.4 に示します．

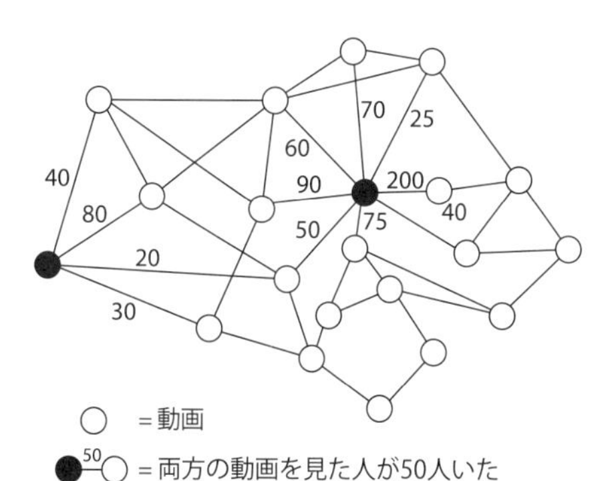

図 9.4　YouTube の推薦が利用する動画の共視聴数．各ノードは動画，リンクの重みは特定時間内の共通の視聴者数．

YouTube は，この共視聴グラフと動画タイトルのキーワード，タグ，サマリーの一致を用いて推薦を生成しているようです．今見ている動画と視聴数が似ている，または少しだけ多い動画が推薦ページに表示されがちなことも観測されています．これは多く見られている動画がより一層見られるというポジティブフィードバックを発生させます.

バイラル化の定義

バイラル化とは何を意味するのでしょうか. 共通に受け入れられている定義はありませんが, 通常は動画の総視聴数が時間経過で図9.5の(c)のような曲線を描くことを意味します. これには3つの重要な特徴があります.

1. 高い総視聴数
2. 十分に持続する高速な増加
3. 急増するまでの時間が短い（こともある）

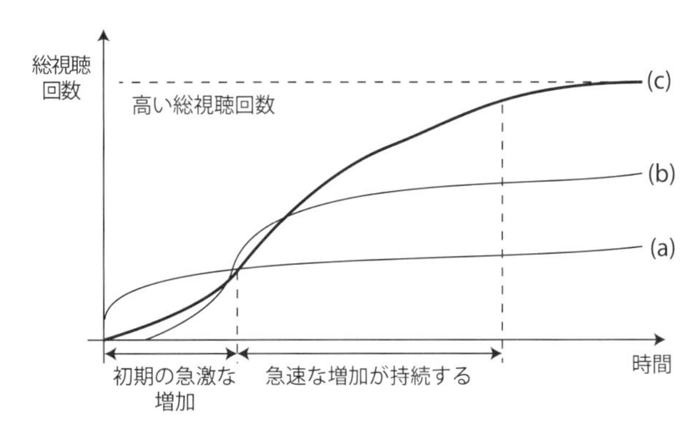

図 9.5　時間経過に伴う動画の総視聴回数推移の典型的な形状. 動画(a)は低いレベルのまま. (b)は急速に増加するが, その後は急に視聴回数が減る. (c)は長期にわたって急速に増加し続ける.

動画がバイラル化することを保証する法則はありません. それでも, **情報拡散**（information spread）のために構築されたモデルは, なぜバイラル化が起りうるのかについて興味深い洞察を与えます. それらの理想化されたモデルは, 集団において「アイテム」（物理的な製品から疫病まで）の拡散を分析することに使われてきました. この章ではYouTubeの動画をアイテムとして考えて, シンプルで明快な1つの情報拡散モデルを見ていきましょう.

人気

ある品物が人を惹きつけるそもそもの要因について考えましょう．もちろんそれは品物が人にもたらす**内在的な価値**（intrinsic value）です．他の人がそれについて何を考えているかに関係なく，それを好む人もいるかもしれません．

とはいえ，多くの場合には，品物を手に入れる決定は他の人がしたことに依存します．これは**ネットワーク効果**（network effect）と呼ばれ，2つの理由のうちいずれかで発生します．第一に，サービスや製品の価値はそれを使っている人の数に依存するかもしれません．誰も使ってない電話は利用価値があるでしょうか？　もしあなた1人しかFacebookを使ってなかったら，はたしてそれは面白いでしょうか？　これらの製品やサービスは**正のネットワーク効果**（positive network effect）をもちます．

第二に，他の人のある品物についての考えを知ることは，あなたの決定に影響を与える可能性があります．あなたは今までに，その映画のジャンルを自分が好むかどうかとは関係なく，友達がよかったと話していたから観たということはありませんか？　このように人の意見や決定は他の人に影響されます．群衆はもはや，第Ⅲ部のように賢くありません．独立性の仮定が成立しないからです．結果として，代わりに**群衆の誤謬**（fallacy of crowds）が発生します．

これらの要因のうち，YouTubeで動画を視聴することを選択した人に該当するのはどれでしょうか？　サイト自体には正のネットワーク効果がありますが，それは誰かが特定の動画を見るかどうかには関係しません．より影響力が大きいのは残りの2つの構成要素，つまり，動画の内在的価値（すなわちその動画が視聴者の好みに合っているかどうか）と群衆の誤謬（すなわち視聴者は他者がたくさん見た動画を見ること）です（図9.6）．後者はネットワーク効果に基づく要素であり，これが集団に動画視聴を拡散させる効果をもつため，動画のバイラル化により大きな影響を与えます．

ネットワーク効果の定量化は簡単ではありません．それらは個人・動

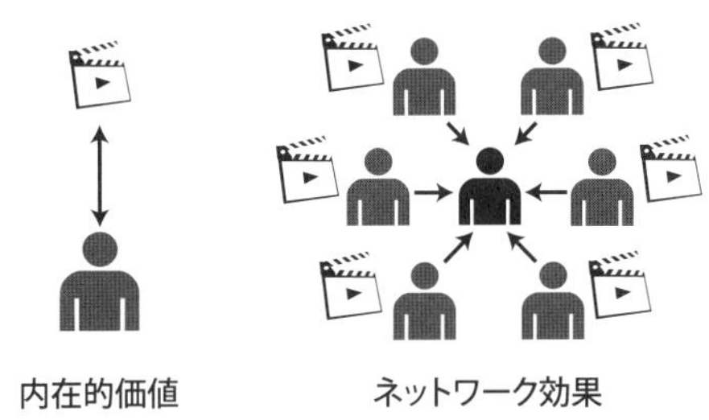

図 9.6 YouTube 動画視聴ユーザーに影響する 2 つの要因は内在的価値とネットワーク効果.

画・興味の状況に依存します. 次に私たちは**情報カスケード**(information cascade) のモデルについて見ていきます. それは群衆の誤謬の簡単な例です.

群衆の誤謬：情報カスケード

もしあなたが街角で空を見上げる人を見かけたら, あなたは何をするでしょうか？ おそらく, その人が鼻血を出しているとでも考え, あなたは自分のやっていたことをし続けるでしょう. しかし, 図 9.7 のように 10 人が一緒に空を見上げていたらどうでしょうか？ そのとき, あなたはおそらく何かが起きているかもしれないと考えて立ち止まり, 空を見上げるでしょう. この行動は群衆をさらに大きくします. 次に通りすがる人は 11 人の空を見上げる人を見ることになり, さらに無視しにくくなります.

これは情報カスケードの古典的な例です. ここでは人は集団の行動に従い, 彼ら自身の内的な理由づけは無視します. 情報カスケードは, 意見に関する独立性の仮定（第Ⅲ部の群衆の叡智）が崩れたときに発生します. 実際, 結果は真逆になります. つまり, 完全な独立性のもとに行われる意思決定ではなく, 以前に起こったことに完全に依存する決定となるのです.

情報カスケードのすべての例（株式市場のバブルから, ファッション

図 9.7　誰もが街角の空を見上げている．これによって通行人が何かおかしいと思い，影響を受けて自身も見上げる．

の流行，歴史を通して見られる全体主義体制の崩壊まで）について書いたら，それだけで1冊の本になります．情報カスケードはどのようにして動画のバイラル化に適用されるのでしょうか？　人気のある動画ほど，偶然巡り合う可能性が高くなります．それが自分の好みに合わなかったとしても，あなたはそれが何であるかを見ざるを得ないかもしれません．あなたはそれを気に入らず見ることをやめるかもしれませんが，動画の視聴数にはカウントされ，推薦ページの内容を部分的に決めます．より多い視聴数は同様にしてより多くの人に影響を与え，それは蓄積され続けます．

逐次的な意思決定

やがて情報カスケードを引き起こす過程とはどのようなものなのかを見る必要があります．**逐次的な意思決定**（sequential decision making）において，各人は個人的なシグナル（たとえば鼻血が出る）を得，公開行動，すなわち他人から見える行動（たとえば空を見上げる）を表出します．次の人は個人的なシグナルではなくその公開行動を観測することができます．十分な数の同じタイプの公開行動（たとえば10人が空を見上げている）に遭遇したすべての人は，彼ら自身の個人的なシグナルを無視し，単純に他者のしていることに続くでしょう．この段階でカスケードが引き起こされたことになります．

カスケードのために必要な公開行動はどれくらいなのでしょうか？それは直前の状況に依存します．たとえば，人に空を見上げさせるよりも YouTube の動画を皆が見るようにすることはおそらくより難しいでしょう．また，人々の傾向にも依存します．カスケードは，人々が他者の行動に自分の判断をゆだねる傾向が高いほど，より早く開始します．

カスケードは，**ポジティブフィードバック**（positive feedback）を通して累積し，大規模になることができます．図9.8のように，より多くの人が同じ公開行動を示すほど，次の人にとってより強い刺激になります．それはグループをより大きくし，その結果，より大きな刺激になります．第I部のネガティブフィードバックの議論を思い出してください．ポジティブフィードバックはそれの反対です．前者ではネットワーク内の各効果を体系的に打ち消すことで，システムを平衡へ導きます（たとえば第1章の分散電力制御や第3章の従量課金制）．後者では各効果は

図9.8　逐次的な意思決定におけるポジティブフィードバック．同じ公開行動をする人が増えるにつれて，次の人もその行動を模倣しやすくなる．

何にも妨げられず，自分自身の影響を糧に，より影響を大きくし，より巨大に成長し続けます．どちらのタイプのフィードバックもネットワークの重要なテーマです．

カスケードにおいて皆が従う公開行動は正しいのでしょうか，間違っているのでしょうか？　どちらの場合もありえます．間違ったカスケード（たとえば，何もないのに空を見上げる）は群衆の誤謬の典型例です．一方でカスケードは壊れやすくもあります．少しの個人的なシグナルが漏洩しただけでも（たとえば，ある人が街角で「私は鼻血が出たので空を見上げている！」と叫ぶ），それは速やかに消え失せるか，または，違う方向へのカスケードを生むことさえあるでしょう．なぜでしょうか？　人は群衆に従うので，多くの人々が同じことをしているにもかかわらず，彼らは自分がしていることの正しさにほとんど確信をもっていないからです．

いくつかの逐次的な意思決定モデルが以前から提案されています．次節ではシンプルなモデルの１つを見ていきましょう．

「数字当てゲーム」の思考実験

１列に並び，数字を推測するゲームを行う人々のグループを考えてみましょう．司会者は０か１のどちらかを正解とします．１人ずつ順番に黒板の前に来て，正解はどちらかを考えます（図 9.9）．

図 9.9　この思考実験では人が並んでいて，一度に１人ずつ，彼らは自分の推測を黒板に書くために呼び出される．これは３番目の人のときの黒板．

ある人の番がくると，司会者は0か1のどちらかが書かれたカードを示します．これはその人の個人的なシグナルとして機能します．正解が0である場合，司会者は80％の確率でカード0を選び，カード1を20％の確率で選びます．もし正解が1であれば，司会者は80％の確率でカード1を選び，カード0を20％の確率で選びます．各人に示される数字が正しいという保証はありませんが，カードは正しい確率のほうが間違っている確率より高いということを，全員に伝えられます．

各人の下す推測は，その人の公開行動となります．ある人が推測するとき，その人は自分よりも前の人の公開行動を知っています．しかし，彼らに示された個人的なシグナルはわかりません．例として，図9.9，図9.10に，3番目の人が黒板の前に来たときの状況を示します．

- その人は，カードに書かれた個人的なシグナル（PRV Ⅲと呼ぶことにします）を示されます．
- そして，最初の2人の黒板の前での公開行動（PUB Ⅰ，Ⅱとする）を見ます．
- この情報を使って，その人は推測（PUB Ⅲとする）を黒板に書きます．

最初の人をアリスと呼びましょう．彼女は何をすべきでしょうか？

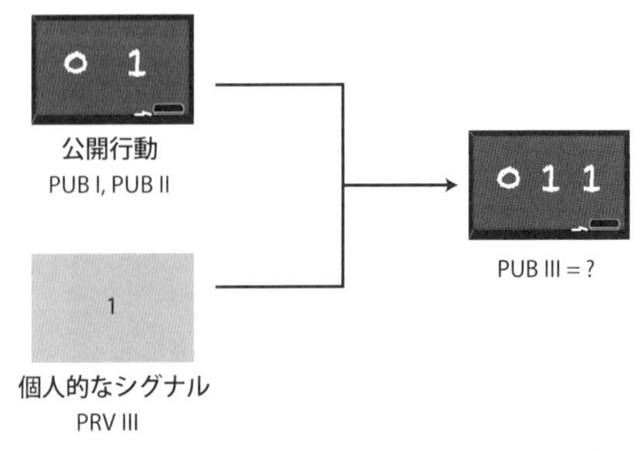

図9.10　3番目の人が見る最初の2人の公開行動（PUB ⅠとPUB Ⅱ）とその人の個人的なシグナル（PRV Ⅲ）．この情報から，その人は自分の推測を黒板に書く．

黒板の前には何もないので，彼女はカードの数字だけから行動を決めなければなりません．彼女はその数字は間違っているよりは正しい可能性が高いことを知っています．だから，彼女がもし 0 を見たら，彼女は 0 と書くでしょう．もし 1 であれば 1 と書くでしょう．

ここで 2 番目の人，ボブが来たとします．彼の状況はアリスとどのように異なるでしょうか？　彼はアリスが書いた公開行動（PUB Ⅰ）と彼自身の個人的なシグナル（PRV Ⅱ）だけでなく，アリスがどのように推測したかも知っています．ボブはアリスの個人的なシグナルは知ることはできませんが，それが PUB Ⅰと同じはずだということを知っています．なぜならばアリスは彼女が推測したときには他の情報をもっていなかったからです．だから実際にはボブは 2 つの個人的なシグナル（PRV Ⅰと PRV Ⅱ）を知ることになります．

- もし両方とも 0 であれば，彼は明らかに 0 と書くでしょう．これは単にアリスの状況の強力な場合です．
- もし両方とも 1 であれば，同様に彼は 1 と書くでしょう．
- しかし異なっていたらどうでしょうか？　そのとき，彼にはどちらの数字がより正しそうかのヒントはありません．この場合，彼はコインでも投げて 0 か 1 をランダムに書くでしょう．

情報カスケードが始まる最初のチャンスがやってきました．3 人目のカーラが推測するとき，彼女はどんな情報をもつでしょうか？　彼女は個人的なシグナル PRV Ⅲと 2 つの公開行動 PUB Ⅰと PUB Ⅱの情報をもっています．カーラは PUB ⅠとⅡを比較する必要があります．

まず両者が異なる場合はどうでしょうか？　そのとき，アリスとボブの個人的なシグナルは異なるはずだとカーラは考えるでしょう．ボブは自分とアリスの不一致を見てランダムに推測しているだろうと．この両者の個人的なシグナルの相反は相殺され，カーラは最初（アリス）と同じ状況になりました．彼女は自分自身の個人的なシグナル PRV Ⅲに基づいて推測します．

PUB ⅠとⅡが同じ場合はどうでしょうか？

- もしカーラのPRV Ⅲとそれらが同じなら，悩む必要はありません．彼女は自分とアリスの2つの個人的なシグナルを知り，ボブのシグナルがアリスと一致したことがわかります．したがってカーラはこの数字をPUB Ⅲに選ぶべきです．
- ここで興味深いことは，カーラのPRV ⅢがPUB Ⅰ，Ⅱと一致しないときでさえ，彼女にとっての最適な推測は，自分の個人的なシグナルを無視し，2つの公開行動と同じ選択になることです．

したがって，もし最初の2人（アリスとボブ）が同じ推定値を書いたのであれば，情報カスケードが開始します．3人目（カーラ）の合理的選択はまさに集団の傾向を維持させます．もし3人目がそのようにした場合，4人目以降の人たちもそのようにするでしょう（他の何かによってそのカスケードが壊されるまで）．

なぜ最初の2人の後にカスケードが開始したのでしょうか？ それを論理的に分解してみましょう．カーラはアリスの個人的なシグナルを知っています．それが彼女のシグナルと異なり，両者は相殺するので，カーラの決定はボブの個人的なシグナルについての推測値にかかってくることになります．ボブの決定に戻ると，彼の公開行動がアリスの決定に合致するには2つのパターンがあります．

1. ボブのPRV ⅡはアリスのPUB Ⅰと一致した（これはボブの公開行動が個人的なシグナルと同じであることを意味します）．
2. ボブのPRV ⅡはアリスのPUB Ⅰと一致しなかったが，彼がランダムに選んだのはPUB Ⅰだった（これはボブの公開行動と個人的なシグナルが異なることを意味します）．

より可能性が高いのは最初のケースです．そのため，ボブは彼の個人的なシグナルを正しく推測した可能性のほうが高いことになります．したがって，カーラの最善の選択は，PUB Ⅱが何であれそれを選ぶことです．こうして情報カスケードが始まりました．

最初の2人の後にカスケードが始まらない場合はどうなるのでしょ

うか？　そのときすべては再スタートし，カスケードは次の２人やそれ以降に始まるでしょう．偶数番号の人が直前の奇数番号の人物と同じ公開行動をするだけです．図 9.11 では 3 番目と 4 番目の人が公開行動 1 をした後に，1 のカスケードが引き起こされています．

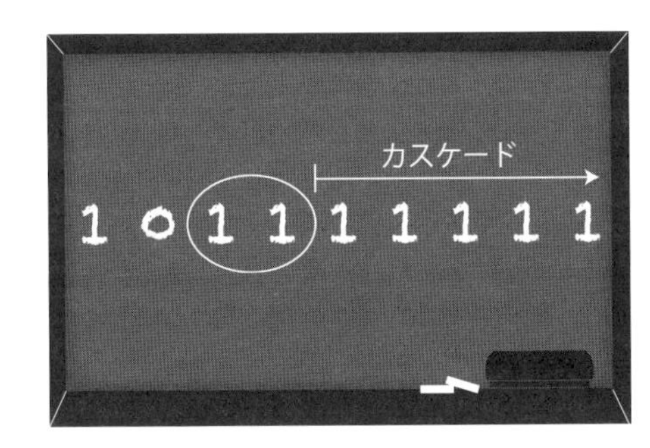

図 **9.11**　3 番目と 4 番目の人が同じ推測をすると，1 のカスケードが引き起こされる．

カスケードの開始

カスケードの開始にはどれくらいの時間がかかるのでしょうか？　そのカスケードを壊すことは簡単でしょうか？　ここでは，数字当てゲームの実験を例としてこれらの点について見ていきます．

最初の二人

アリスとボブはこの実験の最初の推測者のペアです．司会者が正しい数字を 1 と決め，個人的なシグナルとして各人に 1 と示す確率は 80％とします．

カスケードをタイプごとに分解する最も簡単な方法は，図 9.12 のような樹形図を描くことです．それはアリスとボブの個人的なシグナルに基づく 6 つの異なった可能性を示しています．間違ったカスケード（両者の公開行動が 0）における 2 つの可能な結果，正しいカスケード（両者の公開行動が 1）における 2 つの可能な結果，2 つのカスケードではない結果（公開行動が異なる）が示されています．たとえば PRV Ⅰ ＝ 1,

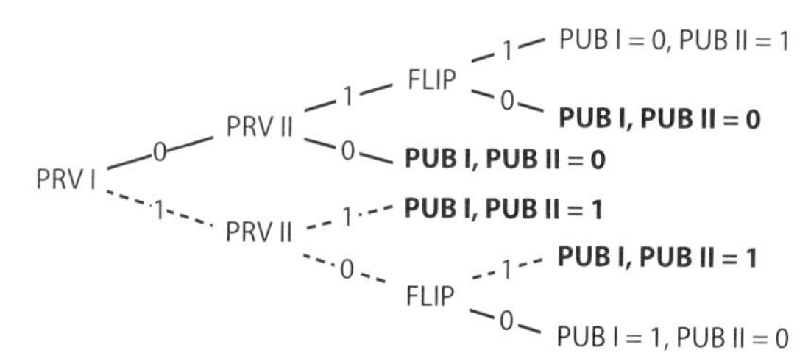

図 9.12　最初の２人のすべての可能なシナリオ．４つの太字のケースは情報カスケードを引き起こす．

PRV Ⅱ ＝ 0, FLIP ＝ 1 は，アリスが 1 のシグナルを得て（1 を推測し），次いでボブが 0 を得て，半々の見込みのなかコイン投げをして 1 と推測し，正しいカスケードが引き起こされたケースを表します．

彼らのターン終了時にカスケードが発生しない確率はどれくらいでしょうか？　これが実現するには，最初の２つの公開行動が異なる必要があります．それは（i）PUB Ⅰ ＝ 0 かつ PUB Ⅱ ＝ 1，または（ii）PUB Ⅰ ＝ 1 かつ PUB Ⅱ ＝ 0 です．同図より，以下の個人的なシグナルの組み合わせがありうることがわかります．

- （i）PRV Ⅰ ＝ 0，PRV Ⅱ ＝ 1，FLIP ＝ 1：このときアリスが個人的なシグナル 0 を受け取る確率はどれくらいでしょうか？　20％です．そのとき，ボブが 1 を受け取る確率はどうでしょうか？　80％です．コイン投げをして表が出る確率は 50％です．これらが起こる確率は 0.2 × 0.8 × 0.5 ＝ 0.08，すなわち 8％です．
- （ii）PRV Ⅰ ＝ 1，PRV Ⅱ ＝ 0，FLIP ＝ 0：こちらも同様にアリスが 1 を受け取るのが 80％，ボブが 0 を受け取るのは 20％，半々の見込みで決めるとすると 8％です．

したがって，カスケードが発生しない確率は 8％ ＋ 8％で 16％です．

カスケードが起こる確率はどれくらいでしょうか？　それは簡単に求まります．16％が発生しない確率なので，100％ − 16％ ＝ 84％がその確率です．84％をさらに分解できるでしょうか？　答えはイエスです．２つの異なったタイプのカスケードが発生しうるからです．正しいもの

(1) と間違ったもの (0) です．間違ったカスケードはこのモデルにおける群衆の誤謬の典型です．

これらの確率を計算するために，図 9.13 に 6 つの異なる可能性に分解したものを示します．それぞれの場合では，各枝の確率を掛け算するだけです．たとえば PRV Ⅰ = 0 の確率は 20%，PRV Ⅱ = 1 の確率は 80%，FLIP = 0 は 50% の確率なので，これが順に起こる確率は 0.2 × 0.8 × 0.5 = 0.08 で 8% です．関連する確率を足し合わせると，正しいカスケードの確率は 64% + 8% = 72%，間違ったカスケードの確率は 4% + 8% = 12% です．

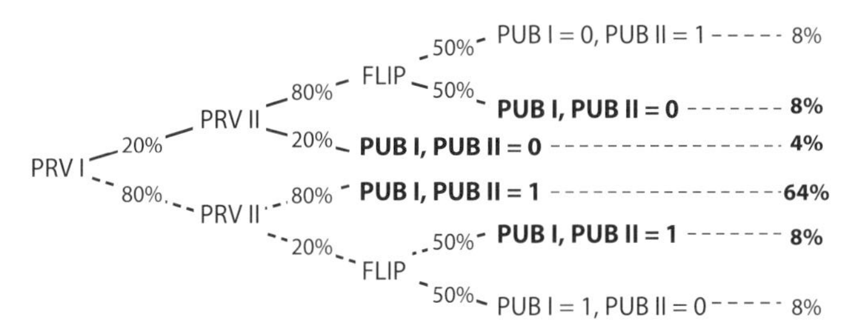

図 9.13 図 9.12 の例の各結果の発生確率を樹形図の右側に示す．

正しいカスケードの確率は非常に高くなりました．どうしてでしょうか？ 最初に司会者に対して行った仮定を思い出してみましょう．司会者が各人に正しい個人的なシグナルを示す確率は 80% です．これもとても高い数値です．もし，それを低くすれば，間違ったカスケードが起こりやすくなるとともに，カスケードそのものが起こりにくくなります[†]．

将来の推測者のペア

アリスとボブの直後にカスケードが発生しない確率は 16% です．カーラの後はどうでしょうか？ 3 番目の人（カーラ）は自分自身でカスケードを発生させることができないことを思い出してください．ボブの後で引き起こされなかったのであれば，カーラは実際にはアリスと同じ立場でゼロからスタートすることになります．したがって，最初の 3 人の後

[†] この関係のより詳細な計算については，原書ウェブサイトの Q9.1 と Q9.2 を参照．

でカスケードが発生する確率はまだ16%です．

ダナの後はどうでしょうか？　ここではカスケードが発生しうる2つの時点があります．アリスとボブの後とカーラとダナの後です．ダナの後にカスケードが起きないためには，最初のペア（アリスとボブ）と第二のペア（カーラとダナ）の両方でカスケードが発生しないことが必要です．したがって $0.16 \times 0.16 = 0.0256$（2.56%）です．つまり，ダナの後には97%以上の確率でカスケードが発生します．

その後のエヴァンではどうでしょうか．第三のペアの最初の人なので彼はカスケードの起因にはなりえません．したがって確率は同様に2.56%です．次のフランクではどうでしょうか？　ここではカスケード発生の機会が3回あります．ボブ，ダナ，フランクの後です．すなわち $0.16 \times 0.16 \times 0.16 = 0.0041$（0.41%）です．カスケードしない確率は非常に小さくなっています．

図9.14を見るとパターンがあることに気づくかもしれません．「N」個のペアの後にカスケードが発生する確率を知るには，0.16を N 回掛ければよいのです．たとえば5つのペアについて知るには，$0.16 \times 0.16 \times 0.16 \times 0.16 \times 0.16 = 0.000105$（約100分の1%）．50個のペアの場合は，最初の有効桁の前に37のゼロがついた数値になります．

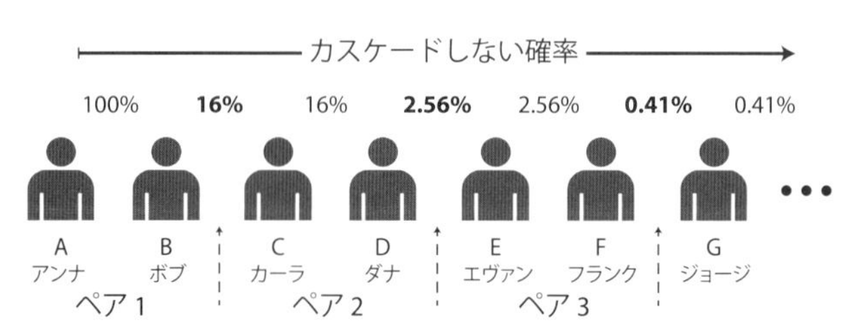

図9.14　数字推定実験において，推測した人のペアが増えるほど，カスケードしない確率は低くなる．

明らかにこの確率は急速にゼロに近づきます．したがって少数のペアの後には，カスケードが発生することがおおよそ保証されます．この点において，将来の人たちの決定は黒板に書かれた過去の数字に完全に依存します．

しかし，カスケードには正しい場合と間違っている場合の両方がありうることを思い出してください．ペアの数が与えられたとき，私たちは各タイプの確率を計算できるでしょうか？　可能です．ただし，そのためには掛け算の繰り返しより少しだけ複雑な数学を必要とします．結局のところ，どちらのカスケードのタイプがより発生しやすいかは，推測するペアの数に依存しません．たとえば，司会者が正しい確率が80％のとき，誤ったカスケードが生じる確率は最初のペアの後で12％なのに対し3ペア目の後では約15％になりますが，正しいカスケードの確率も72％から約85％になります．正しいカスケードの確率は間違ったカスケードの確率よりも高いままです．

カスケードのタイプに影響を与えるのは，ペア数ではなく，司会者が定める確率自体です．たとえば，もしこの確率が60％まで下がったら間違ったカスケードの確率は最終的に35％以上になり，正しいカスケードの確率は65％以下になります．50％のときにはどちらも同じになります[†]．

正しいカスケードを発生させることが目的であるならば，司会者が正しい数字を間違ったものよりも頻繁に示すことを願うほかないのです．これはやや直感的ではありません．なぜならば，ペアの数が多いとき，大量の情報（つまり多くの公開行動）が利用でき，正しいカスケードはより起こりやすくなりそうだからです．しかし，カスケードは独立した情報の集約——これは第Ⅲ部の群衆の叡智に関する議論で非常に重要な役割を果たしていました——を妨げます．大事なのは2つの連続した0または1なのであって，それがその後のすべての公開行動を意味のないものにしてしまうのです．

裸の王様

カスケードが簡単に開始しうることをここまで見てきました．一度発

[†] これらの関係のグラフは，原書ウェブサイト Q9.3 を参照．

生したカスケードはどのぐらい持続するのでしょうか？　何らかの妨害（たとえば個人的なシグナルの公開）がない限り，永遠に続くでしょう．どれくらいの外乱がそれを起こすでしょうか？　興味深いことに，どれだけ長くカスケードが続いていても，ほんの少しで十分です．参加者の数にかかわらず，基本的には，正しく推測する確率を最大化するための「真似っこゲーム」を行っているのだということを誰もが知っています．

裸の王様効果（Emperor's New Clothes effect）は，情報カスケードの壊れやすさを要約した概念です．この名前は19世紀のハンス・クリスチャン・アンデルセンの童話に由来します（図9.15）．新しい衣装は最高の生地でできており，愚か者には見えないと虚栄心の強い王様は教えられます．実際には衣装などどこにもありません．誰もが調子を合わせていますが（これはすなわち彼らの公開行動です），それは誰もが自分の意見（彼らの個人的なシグナル）を言うことで不適切だと思われたくないからです．しかしある子供が「王様は何も着ていない！」と叫ぶだけで，誰もが王様は本当に何も着ていないと確信することになります．

話を数字当て実験に戻しましょう．どのようにカスケードを壊すことができるでしょうか？　最初のペアで1のカスケードが開始したと仮

図 9.15　裸の王様効果は情報カスケードが比較的簡単に崩壊するという概念を表す．

定しましょう．その後，フランクの推測において，彼は個人的なシグナルとして 0 を得ます．彼の公開行動として彼は 1 と推測しますが，彼は自分のシグナルは 0 であると叫びます．

ここでグレッグの順番がきて，彼も個人的なシグナル 0 を受け取ります．彼は個人的なシグナルについて以下の情報を得ます．

- 一方では，アリスは少なくとも 1 だが，ボブが 1 であったかは確信がもてません．なぜならボブは個人的なシグナル 0 を得ても覆した可能性があるからです．
- 他方で，少なくとも彼自身とフランクの 2 人は 0 です．

ではグレッグはどうするでしょうか．彼は 0 と推測するでしょう．これが正しいという証拠のほうが多いからです．この推測はカスケードを壊します．カスケードは少人数が揃っただけで開始することを思い出してください．もし誰もがそれを知っているのであれば，少数の人の別の妨害がそれを壊すことができるかもしれません．

多くの追加要因

数字当ての思考実験では，たった 2 人だけでカスケードを始められます．より一般的には，どれほどの集団サイズがあれば人は自身の直感を無視するかは，(ⅰ)シナリオと(ⅱ)個人差の両方に依存します．たとえば，集団に従う判断をさせるには，通行人として空を見上げる場合は，黒板に数字を一致させる場合よりも，より多くの人が必要でしょう．また，急いでいる通行人に対しては，退屈で好奇心の強い人よりも説得力が必要です．

しかし，本章が前提としてきた最も大きな仮定は，全員が合理的に行動するということです．ここでは全員が自身のもっている情報に基づいて最適な推測をし，意思決定をすることを仮定しました．この仮定は常に正しいでしょうか？　当然そんなことはありません．一人ひとりがどう振る舞うかは現実には大きく異なることがあります．研究者たちは，数字当ての思考実験で理論が予測するとおりにはならないことを観測してきています．おそらく，ほとんどの人が確率についてこのような推測をしていないためでしょう．

*

逐次的な意思決定を YouTube 動画のバイラル化にどのように当てはめることができるでしょうか？　簡単ではありませんが，主なアイディアは明確です．目指すべきはあなたの動画で情報カスケードを起こすことであり，そうすれば誰かがそれを視聴した（つまり公開行動をとった）ときに，他の人がそれが自身の本来の好み（個人的なシグナル）に合致しているかどうかに関係なく，おそらくそれを見るでしょう．人があなたの動画を自動的に見るためには，どれくらいの公開行動が必要なのでしょうか？　そのような数字は存在するのでしょうか？　たとえ存在したとしても，その人がどれくらい影響されやすいかによって異なるでしょう．これらはすべて，まだ明確な答えが得られていない興味深い疑問です．

10

インフルエンサー

Influencing People

第9章の主なメッセージは，意見の公表は群衆の叡智に必要な独立性を損なうということでした．それが誤謬につながり，他者はその行動に影響されてしまいます．

この章でも影響というテーマを引き続き取り上げます．ここではソーシャルネットワークに内在するグラフに着目します．前章でのバイラル化における考察は，各人の公開行動が個人間の関係にかかわりなく他の人に同じ影響を与えることを仮定した集団ベースのシナリオでした（図10.1）．この章ではFacebookやTwitterのようなソーシャル・ネットワーキング・サイトに目を向け，人数に基づく影響ではなく，トポロジーに依存した影響を重視します．

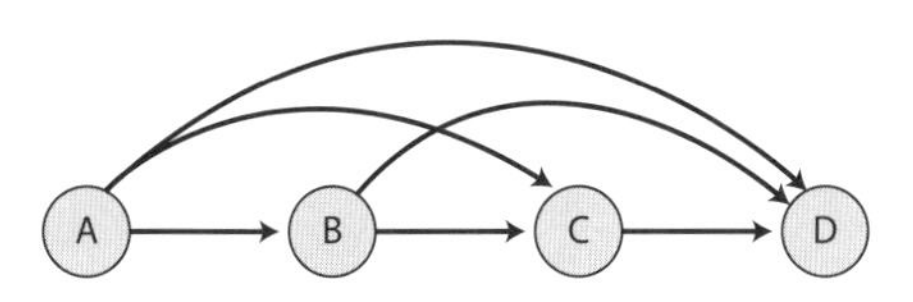

図 10.1　第9章の数字当て実験で仮定した，集団に基づく人の関係．

社会的影響の現場（サイト）

Facebook の友人関係

現在の最大のソーシャルネットワークのアプリケーションといえばFacebook です（図 10.2）．2016 年 3 月の時点で 16.5 億の人たちがFacebook に少なくとも 1 度はアクセスしています．地球上の全人口の5 分の 1 以上です．

図 **10.2**　Facebook（左）と Twitter（右）の商標ロゴ．

2004 年 1 月，マーク・ザッカーバーグは “Thefacebook” というソーシャル・ネットワーキング・サイトをハーバード大学の同級生のために立ち上げました．そこに学部生の半数以上が引き寄せられました．そして 3ヶ月も経たないうちに他のアイビーリーグの学校に拡大し始め，徐々に米国とカナダのほとんどの大学で注目を集めました．2005 年には Facebook はその名前から “the” を削除し，高校生や会社員にも開放しました．2006 年 9 月からは，有効な E メールアドレスをもつ 13 歳以上の誰もが参加できるようになりました．これが今日の状況です．

図 10.3 では，Facebook の月間アクティブユーザーが 2004 年から2015 年の間に急速に増加したことが見てとれます．2012 年には初めて10 億ユーザーを突破し，同社は株式公開（IPO）をしました．

2015 ～ 2016 年の 1 年間には，Facebook には毎分 400 万件以上の投稿が「いいね」され，3,200 万件のアイテムが「シェア」され，24 万件の写真がアップロードされています．全ユーザーの 30％を占める最大の年齢層は 25～34 歳です．彼らは Facebook が登場した 2006 年には高校生か大学生でした．最もユーザーが多いのは米国ですが，Facebook は国際的な足場も築いており，ユーザーの約 20％はヨーロッ

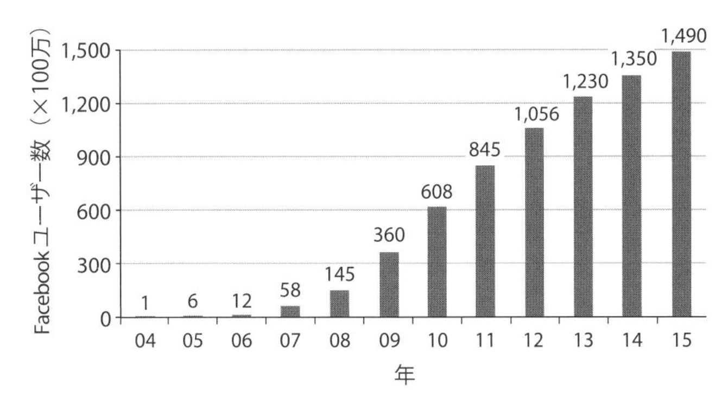

図 10.3　2004 年以降の各年の Facebook のアクティブユーザー数.

パで，アジアにも 20%のユーザーがいます.

Facebook の「友達」機能が，Facebook がそもそも流行る理由になりました. この数年来,「友達になる」ボタンを使って人々の間につくられたすべてのつながりを想像してみてください. これらのリンクとそれが可能にする相互作用が，ソーシャルメディアとしての Facebook とソーシャル・ネットワーキング・サイトとしてのそれの橋渡しをします.

Facebook のユーザーをノードとみなし，友達であるすべてのペアの間にリンクを描くことでグラフを作成できます. 2015 ～ 2016 年には約 15 億人のユーザーがおり，各ユーザーには平均して約 350 人の友達がいました. つまり，グラフには 15 億のノードがあり，15 億 × 350/2 = 2,600 億のリンクがあります（リンクの重複カウントを避けるため 2 で割っています）. これは非常に大きく複雑な構造です. これほど多いとなると，Facebook 上の 2 人の間のリンクが何を意味するのかという疑問が湧きます.「友達」関係は確かにリンクを定義する具体的な方法ですが,「友達」同士でコミュニケーションをした回数のように，より強力な概念のほうが意味のある定義となるかもしれません.

Twitter のフォロー関係

Twitter（図 10.2）も有名なソーシャル・ネットワーキング・サイトで，ユーザーはテキストベースのマイクロブログに 140 文字以内のツイートを投稿・閲覧し，他のユーザーをフォローすることができます．2016 年の第 1 四半期までに約 13 億の Twitter アカウントが作成され，毎月のアクティブユーザー数は 3 億 1,000 万人に上ります．

Twitter は 2006 年 3 月にオデオ社に在籍していたジャック・ドーシーによって発表され，同年 7 月にサービスを開始，翌年の 4 月に独立した会社として設立されました．Facebook と同様に，同社は創業以来急成長を遂げており，四半期あたりのツイート数は 2007 年の約 40 万ツイートから 2008 年には 1 億ツイートになりました．2015 年の 9 周年には，1 日あたりほぼ 5 億ツイートになりました（1 秒あたり約 6,000 ツイート！）．

Twitter では，大きなイベントの最中に利用者が急増する傾向があります．2011 年夏のアメリカ東海岸地震では，ツイートはバージニア州からニューヨークまで地震そのものよりも早く届きました．図 10.4 はこの地震が発生した 10 秒後と 80 秒後の Twitter 活動レベルを示しています．2016 年現在，第 49 回スーパーボウルはゲーム中に合計で 2,510 万ツイートされ，今までで最もツイートされたイベントです．

2016 年 5 月現在，ケイティ・ペリーは 8,800 万人のフォロワーを抱え，Twitter で最も多くフォローされています．次いでジャスティン・ビーバーは 8,100 万人で 2 番目です．有名人にとって，Twitter でのフォロー関係の一方向性（つまり，フォローするのにフォローされる必要がない）は，ファンへ情報をブロードキャストするのにとくに便利です．

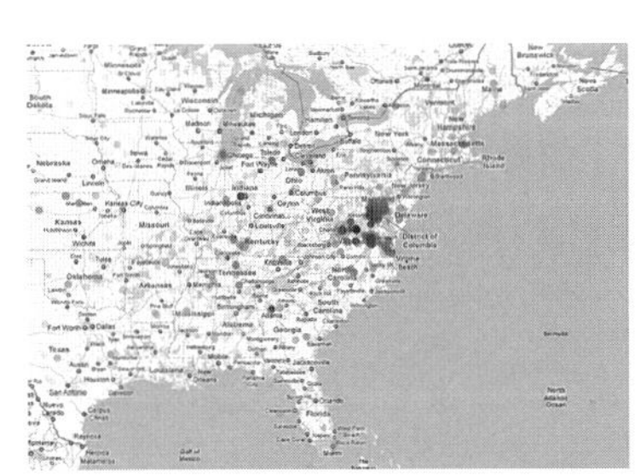

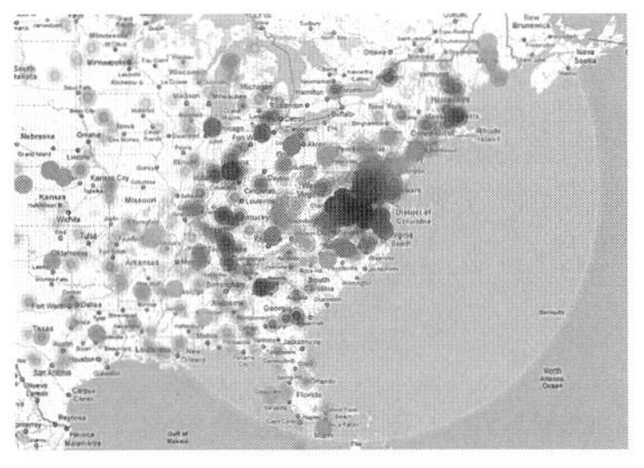

図 10.4　2011 年夏の東海岸地震における Twitter の活性度．発生から 10 秒後（左）と 80 秒後（右）．

Facebookの有名人用の「Facebookページ機能」の「いいね」も，このように機能します.

誰が重要なのか？

Facebook と Twitter は，今日インターネット上に存在する多くのソーシャル・ネットワーキング・サイトのうちの2つにすぎません．写真や動画を共有するInstagram，ビジネスレビューをするYelp，（第8章で議論した）社会的学習のMOOCなど，特定の領域では他のアプリケーションが登場しています.

これらのネットワークにおいて，どのように人は振る舞い相互作用するかについて，多くの研究が行われてきました．以下の2つの重要な問いに答える試みがなされています.

1. 個人の影響力はどのように測定することができるか？
2. オンラインでどの人物に影響力があり誰にはないかという知識は，どのように活用することできるか？

どちらも簡単に答えることはできません．理論と実践の間には大きなギャップがあり，この本で見られる最大のギャップのうちの1つです．しかし，それでも人々はこれらの問いに挑んできました.

たとえば，最初の問いについては，いくつかの企業は個人の影響力を図示化しています．それらはどのようにして定量化されているのでしょうか？　いくつかの可能性があり，たとえば，フォロワー数，リツイート数，その人の投稿が転載された数などです．また，Facebookのソーシャルグラフ全体をまとめようとしている企業もあり，これができればネットワーク内のどのユーザーが最も重要なのかを把握することができます．この章では重要性を定義する方法を検討します.

第二の問いについては，たとえばマーケティング企業は影響力に関する知識をどのように製品販売に活かすのでしょうか？　彼らは最も社会的影響力のあると思われている人に製品を渡そうとします．彼らは少数の影響力のある人たちやランダムに選ばれた（影響力がありそうな）多数の人たちに製品を渡し，彼らが製品とともに他の人たちに見られ，その人たちが製品を購入することを期待して，彼らにインセンティブを与えるかもしれません．この章の後半では，製品を広める最もよい人を見つけるのがいかに難しく，その方法がいかに直感に反するかを見ていきます．

販促キャンペーン以外にも，個人を特定して活用することの利点については丸ごと一冊の本を書くことができます．興味深い歴史的逸話として，1775年のアメリカ独立革命直前のポール・リビアとウィリアム・ドーズのいわゆる「真夜中の騎行」を考えてみましょう．4月18日の夜，ボストンとケンブリッジの近くから出発して，彼らはアメリカ民兵に，イギリス軍がレキシントンとコンコードへの攻撃を計画していることを警告しました．彼らはコンコードへ進む前に別々のルートでレキシントンへ向かいました．リビアはレキシントンへ向かう途中で強力な民兵指導者に警告を与えることができました．結果として，彼の言葉はドーズよりも効果的に広がりました．これは翌日，アメリカ民兵がこの戦争の最初の戦いに勝利することに貢献しました．

社会的重要性の一般的な定義

ソーシャルネットワークにおける人の重要性は，どのように測ることができるでしょうか？　図10.5のように，各ノードが人であるネットワークのソーシャルグラフから始めましょう．第8章の社会的学習ネッ

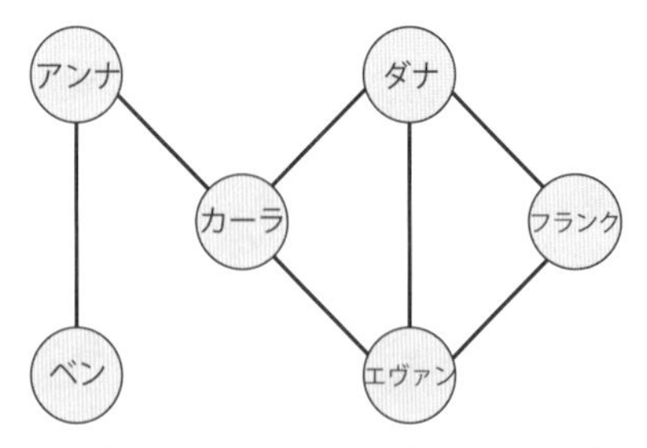

図10.5　中心性指標の計算に使う無向ソーシャルグラフの例．

トワークで見たように，ソーシャルグラフにおけるリンクが表現可能なものは数多くあります．グラフを表現したいものに応じて，有向・無向，重み付き・重みなしを変えることができます．

図 10.5 では，リンクは無向（矢印なし）です．ここでのリンクとは，接続された 2 つのノードが互いに知り合いだということを意味するとしましょう．たとえば，ダナはカーラ，エヴァン，フランクを知っており，ベンはアンナのみを知っていることを表しています．Facebook の友達グラフも無向グラフです．あなたが私の友達であれば，私はあなたの友達でなければならないからです．一方で，Twitter のフォロー関係のグラフは有向グラフです．あなたが好きなミュージシャンをフォローしていても，彼／彼女はあなたをフォローしてない可能性があります．これは第 5 章のウェブグラフにも当てはまります．

どのように各ノードの重要度を測ればいいのでしょうか？　実際には多くの異なった測定基準が提案されています．ここではノードの**中心性**（centrality）に関する 3 つの一般的な尺度を検討します．

簡単な方法：次数中心性

最も明らかな尺度は**次数中心性**（degree centrality），つまりそのノードにつながれているノードの数です．第 5 章では，有向ウェブグラフの入次数と出次数の両方を数えました．無向グラフではそれらの区別がないので，その計数はさらに単純です．

図 10.5 における次数は何でしょうか？　アンナの次数は 2（ベンとカーラと友達），ベンは 1（友達はアンナのみ），カーラ，ダナ，エヴァン，フランクはそれぞれ 3，3，3，2 です．この基準によれば，カーラ，ダナ，エヴァンは最も重要で，アンナとフランクはその次に重要であり，ベンは最も重要でないノードになります．

この順位は合理的でしょうか？　ベンがおそらく最も重要でないことには異論は出ないでしょう．彼はアンナとしかつながっていません．また，ダナとエヴァンが同じ重要性であろうことにも合意できるでしょう．彼らが同じ人とつながっているからです．

しかし，カーラについてはどうでしょうか？　彼女はアンナとベンとそれ以外の部分と唯一接続しています．彼女がいなければ，図 10.6 のようにネットワークは 2 つに**分断**（partition）されてしまいます．加えて，アンナがいなければベンはグラフとつながりません．もし私たちが中心性について議論しているのであれば，アンナとカーラにより得点を与えるべきではないでしょうか？　彼らはよりグラフの接続性にとって重要だからです．

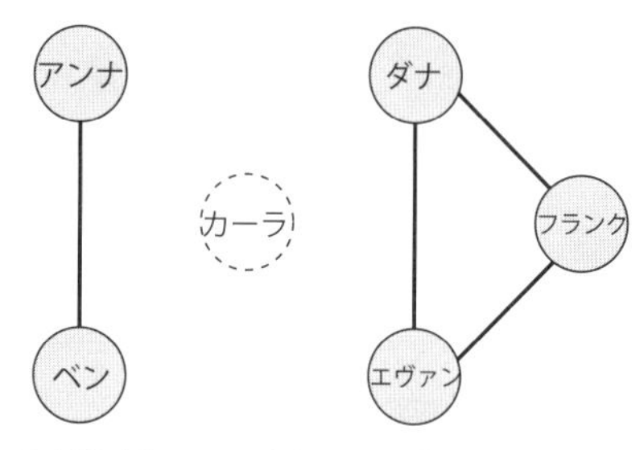

図 10.6　もしカーラを除くと，アンナとベンは他のノードとつながらなくなる．これはカーラの中心性に関する何かを示すはずである．

次数中心性が考慮しないもう 1 つの点は，第 5 章でウェブページをランキングするときに見たものです．ノードが多くの重要なノードに接続されている場合は，重要でないノードに接続される場合よりも重要だろうということです．PageRank アルゴリズム（第 5 章）は，各ノードが近傍ノードの重要度も考慮することによって，これらの問題を解決します．その方法をここにも適用することができるでしょうか？　できます．それをやってみることは素晴らしいエクササイズになるでしょう．ただし，ここではソーシャルグラフの重要度を定義するために別のアプローチを模索していきます．

経路の数え上げ：近接中心性

第二の重要度尺度である**近接中心性**（closeness centrality）は，ノードが隣人からどのぐらい離れているかを調べるものです．これを知るためには，2 つのノード間の距離，すなわち**最短経路長**（shortest path）

を考える必要があります．ノード間をつなぐリンクの並び（**経路**，path）において，最短経路は可能な限り少ないリンクを使用する経路です．通常，最初から最後までに訪問したノードの順列により経路を指定します．図 10.5 では，ベン（Ben）からフランク（Frank）への経路にはアンナ（Anna），カーラ（Cara），エヴァン（Evan），ダナ（Dana）を通過するものがあります（B，A，C，E，D，F）．この経路長は 5 です（最短経路長をアルゴリズム的にどう探すかについては第 12 章と第 14 章で検討します）．ベンからフランクへ行く方法はほかにもあります．たとえばエヴァンの前にダナを訪問することもできます．また，より少ないリンクの経路もあります．ダナとエヴァンの両方を経由する必要がないからです．（B，A，C，D，F）と（B，A，C，E，F）はそれぞれ 4 つのリンクのみです．図 10.7 では，ベンとフランクの最短経路の 1 つを太線で示しています．

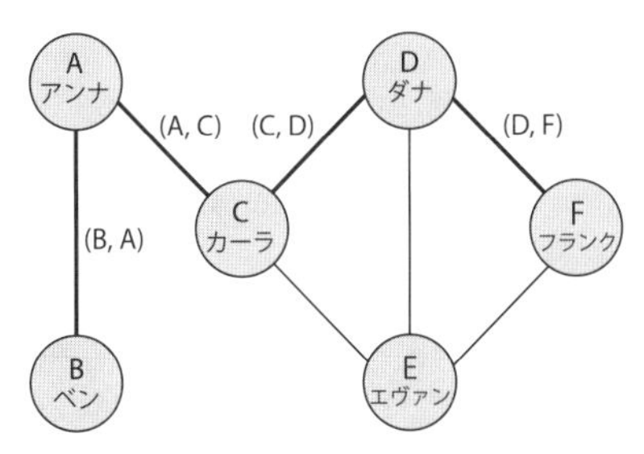

図 10.7　ベンとフランクの最短経路の 1 つ（B，A，C，D，F）．

近接中心性は他のノードに対する最短経路長の平均に基づいています．これが小さいノードは他のノードに近い傾向があり，この指標においてより重要になります．カーラの値を計算してみましょう．まずは，図 10.5 における彼女とそれ以外との最短経路長を見つける必要があります．

- カーラからベンへの最短経路長はいくらでしょうか？　唯一の経路は（C，A，B）です．これの長さは 2 です．
- アンナへの経路はどうでしょうか？　最短経路は 1 つのリンク（C,

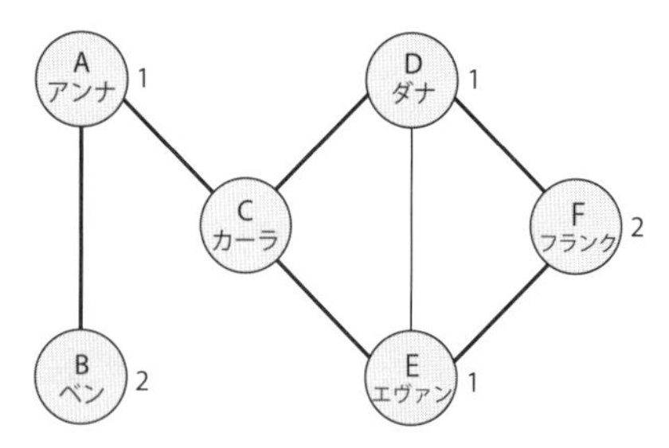

図 10.8　カーラからのリンクと最短経路長.

A）です．これの長さは1です．
- ダナへは？　最短経路はリンク（C，D）で，長さは1です．
- エヴァンへは？　リンク（C，E）で，長さは1です．
- フランクへは？　最短経路は（C，D，F）と（C，E，F）で，長さは2です．

これらの距離を図10.8にまとめます．では平均はいくつでしょうか？距離を合計して個数（5）で割ることで，次のようになります．

$$\frac{2+1+1+1+2}{5}=\frac{7}{5}$$

もう一歩で欲しい値を得ることができます．私たちが求めているのは，人同士の距離が近いときにより小さく（大きくではなく）なるような平均値です．そのため逆数をとります．

$$\frac{1}{7/5}=\frac{5}{7}=0.714$$

同じ手順でグラフの他のノードの近接中心性を計算できます[†]．以下に計算と結果を示します．

$$\text{アンナ：}\quad \frac{5}{1+1+2+2+3}=\frac{5}{9}=0.556$$

[†] ダナ経由の場合に興味がある場合は，原書ウェブサイトのQ10.1を参照.

$$\text{ベン：}\quad \frac{5}{1+2+3+3+4} = \frac{5}{13} = 0.385$$

$$\text{ダナ：}\quad \frac{5}{2+3+1+1+1} = \frac{5}{8} = 0.625$$

$$\text{エヴァン：}\quad \frac{5}{2+3+1+1+1} = \frac{5}{8} = 0.625$$

$$\text{フランク：}\quad \frac{5}{3+4+2+1+1} = \frac{5}{11} = 0.455$$

近接中心性では，カーラが最も高く，次いでダナとエヴァン，その後にアンナ，フランク，ベンと続きます．次数中心性と比較すると大きく異なることがわかります．カーラが最高値であり，アンナはフランクよりも勝っています．カーラとアンナのスコアが高いのは両者がグラフの接続にとって重要であることから納得できます．

近接中心性は非常に直感的です．すなわち近い人が多いほど，その人はより中心的です．これは最もよい方法でしょうか？　人によってはこのランキングにはまだ矛盾が存在すると言うでしょう．第一に，なぜアンナはダナとエヴァンより重要ではないのでしょうか？　ダナとエヴァンはアンナのようにグラフを接続させません（図 10.9）．第二に，なぜカーラの近接中心性はダナやエヴァンよりもわずかに高いだけなのでしょうか？　彼女はグラフの接続性にとって非常に重要なはずです．

次に紹介するもう 1 つの中心性の概念は，近接中心性と同じくらい有

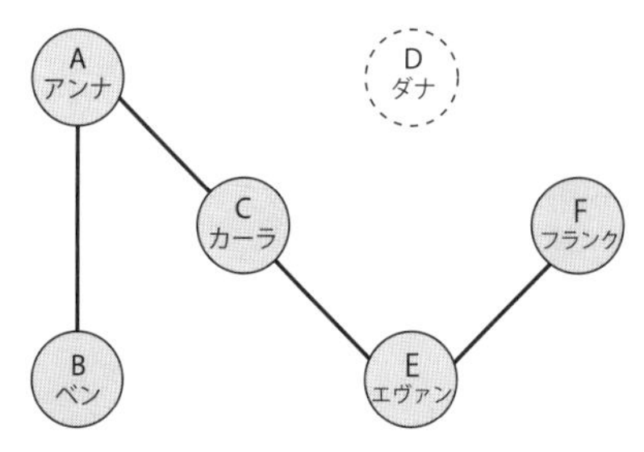

図 10.9　他のノードを分断せずにダナとエヴァンを除くことができる．

用であり，おそらくこの直感によりよく適合するものです．

接続性の測定：媒介中心性

アンナがネットワーク経由で可能な限り最短の経路でフランクにメッセージを送る必要があるとします．図10.10のように，彼女には2つのルートがあります．

- カーラに伝え，カーラがダナへ，ダナがフランクへ
- カーラに伝え，カーラがエヴァンへ，エヴァンがフランクへ

どちらの場合でも，彼女はカーラに伝える必要があります．しかし，カーラは2つの選択肢をもちます．彼女はダナかエヴァンのどちらかを選ぶことができるのです．アンナのフランクへのメッセージにおいて，重要度を割り当てるとしたら，どのようにすればいいでしょうか？　両方の経路にカーラが関与しているので，カーラが一番大きくなるかもしれません．2つの経路のうち，1つだけがダナまたはエヴァンに関係するので，彼らはカーラが割り当てられる重要度をそれぞれ半分ずつ得てもよいかもしれません．

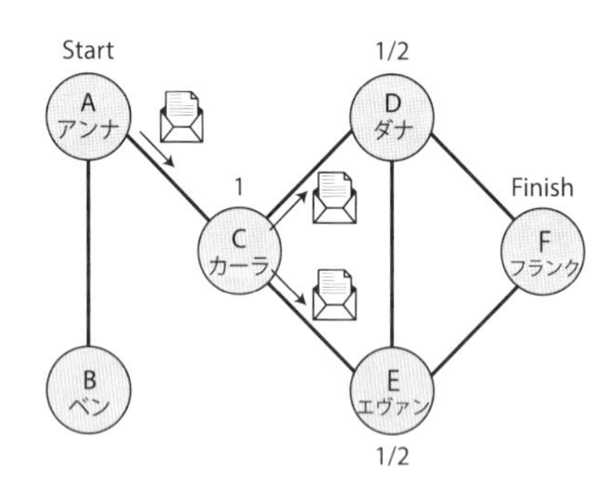

図10.10　アンナがフランクにメッセージを送ろうとするならば，彼女はカーラにそれを送る必要があり，カーラはダナまたはエヴァンにそれを渡すことができる．

他の例としてベンがダナにメッセージを送信したい場合はどうでしょうか？　この場合には最短経路は1つしかありません．アンナに伝え，アンナからカーラに行き，ダナに伝わります．重要度を割り当てるとす

るとアンナとカーラは同じ値になるでしょう．私たちが先程の例でカーラ，ダナ，エヴァンに与えたものと比べてどうなるでしょうか？　その例では2つの経路が可能でしたが，この例では1つしかないのでより重要です．アンナやカーラがいなければ，ベンはダナにメッセージを送ることができませんでした．同様にカーラがいなければアンナはフランクにメッセージを送ることができませんでした．したがって，アンナとカーラは先程の例でカーラが得たのと同様の重要度を得ます．

これに基づいて，**媒介中心性**（betweenness centrality）は，ネットワークの他ノード間のより重要な経路上にあるほど，そのノードはより重要であるとします．AからBまでの最短経路が多いほど，それぞれは他のノードの中心性に考慮されることは少なくなるでしょう．それらがそのペアにとってそれほど重要ではないからです．もしAからBへの最短経路が3つあり，そのうち2つがCを含むのであれば，このペアにおいてCはいくらの重要度を割り当てられるでしょうか？　2/3です．先程の例では，アンナとフランクのペアについては，カーラは2/2（両方の経路で通る），ダナとエヴァンは1/2（2つの経路のどちらかに属している）でした．ベンとダナの例では，アンナとカーラはそれぞれ1/1です（2人とも1つの経路に属している）．

ではカーラの媒介中心性を計算してみましょう．始める前にまず直感的に考えてみましょう．カーラの値は他の誰かよりも相対的に高いでしょうか．おそらく高いでしょう．彼女はグラフの両側をつないでいます．あなたのソーシャルネットワークにもこのような人がいるかもしれません．

カーラの中心性を計算するためには，グラフにおけるカーラを除いたノードの各ペアを考える必要があります．そのためには2つの問いに答える必要があります．各ペアの最短経路はどれくらいあるでしょうか？そして，カーラを含む最短経路はいくつあるでしょうか？

- アンナとベン：最短経路はいくつか——リンク（A, B）の1つです．それはカーラを含んでいるか——含んでいないので彼女は0/1 = 0

点を得ます．

- アンナとダナ：最短経路はいくつあるか――(A, C, D）の1つです．それはカーラを含んでいるか――含んでいるので彼女は1/1 = 1点を得ます．
- アンナとエヴァン：こちらも1つの経路（A, C, E）があり，カーラを含んでいるので，彼女は1/1 = 1点を得ます．
- アンナとフランク：最短経路はいくつあるか――(A, C, D, F）と（A, C, E, F）の2つです．カーラは何度登場するか――2回なので，彼女は2/2 = 1点を得ます．
- ベンとダナ：1つの最短経路（B, A, C, D）があり，それはカーラを含んでいます．したがって彼女は1/1 = 1点を得ます．
- ベンとエヴァン：同様に1つの最短経路（B, A, C, E）があり，それはカーラを含んでいます．したがって彼女は1/1 = 1点を得ます．
- ベンとフランク：最短経路はいくつあるか――(B, A, C, D, F）と（B, A, C, E, F）の2つで，両方がカーラを含み，彼女は2/2 = 1点を得ます．
- ダナとエヴァン，ダナとフランク，エヴァンとフランク：各ペアはそれぞれ1つの最短経路（D, E)，(D, F)，(E, F）をもちます．どれもカーラを含まないので彼女は0/1 = 0点です．

これらを足し上げるとカーラの媒介中心性が得られます．

$$0 + 1 + 1 + 1 + 1 + 1 + 1 + 0 + 0 + 0 = 6$$

他のノードについても同じ手順で計算できます[†]．アンナの媒介中心性は4（カーラの次)，エヴァンとフランクは1.5（3番目)，フランクとベンは0（4番目で最短経路に含まれない）です．カーラは最も重要で，彼女の媒介中心性はアンナの1.5倍，ダナとエヴァンの4倍です．加えて，アンナはダナとエヴァンよりも重要です．他の中心性指標とは

[†] ダナの場合に興味がある場合は，原書ウェブサイトのQ10.2を参照．

異なり，媒介中心性はグラフの接続性へのアンナの貢献度を考慮します．

*

図 10.11 に，この例におけるさまざまな中心性尺度の計算結果をまとめます．それらは次数，近接性，媒介性です．また，PageRank の重要度も加えてもよいかもしれません．どれを使うかは中心性を使う目的によります．次数中心性は非常に素朴であるのに対し，近接性・媒介性によるランキングは，誰が重要かについて私たちの直感に合い，その重要性をより取り入れた尺度となっています．

ノード	次数		近接性		媒介性	
	値	順位	値	順位	値	順位
アンナ	2	2位	0.39	5位	4	2位
ベン	1	3位	0.56	3位	0	4位
カーラ	3	1位	0.71	1位	6	1位
ダナ	3	1位	0.63	2位	1.5	3位
エヴァン	3	1位	0.63	2位	1.5	3位
フランク	2	2位	0.45	4位	0	4位

図 10.11　本章の例で使用したさまざまな中心性の概要：次数，近接性，媒介性．

感染を通した社会的影響

中心性の概念を念頭に置きつつ，ソーシャルグラフを考慮に入れて，第 9 章の影響力モデルについて議論してみましょう．ここでは人同士の社会的関係が製品や品物の購買にどう影響するかを見ていきます．

図 10.12 のネットワークを考えてみましょう．中央の 1 つのノードに 8 つのノードが接続されています．隣接ノードの各々は製品・品物・サービスを買ったかどうかに関する 2 つの状態のうち 1 つの状態にあります．Y は「はい」，N は「いいえ」を意味します．「Y」状態の 4 つ

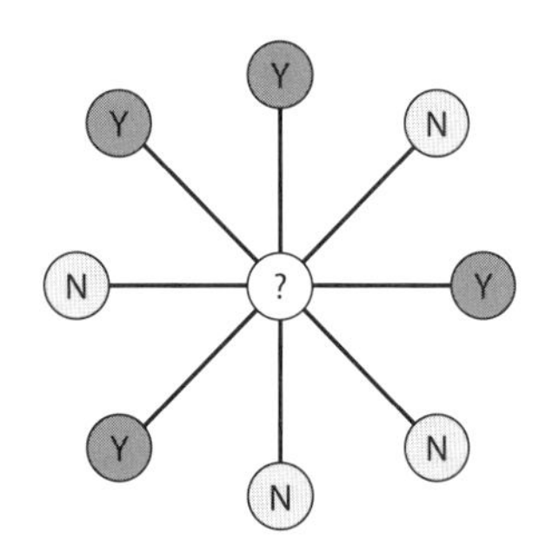

図 10.12　中央ノードにつながっているノードのうち4つが裏返され（Y），4つはそうではない（N）.

のノードは，中央ノードが裏返る（品物を買う）のに十分な社会的影響を与えるでしょうか？

あなたが中心にいるとしましょう．隣接ノードはあなたの親しい友人であり，そのうち何人かは最近，最新の iPhone を購入し（Y），他の人は購入していません（N）．それをもっている人が多いほど，（彼らがそれに満足していると仮定すると）あなたに与える影響力は大きくなり，あなたもそれが欲しくなるでしょう．あなたが最終的に Y になるかどうかを知る方法はあるでしょうか？

典型的なモデルは各ノードの**反転閾値**（flipping threshold）を設定することです．これは，そのノードを裏返すために，それ以前に裏返っていなければならない近傍ノードの割合でもあります．図 10.12 では中心の隣接ノードの 50%（4/8）が裏返されています．ノードの閾値が 50%未満であれば，そのノードは品物を購入するでしょう．もし閾値がそれより高ければ，社会的影響は足りず，そのノードは購入しないでしょう．たとえば，もし閾値が 80%ならば，そのノードの少なくとも 7 人の友人が購入していなければなりません（$7/8 > 0.8$ だが $6/8 < 0.8$ なので）.

現実にはこの反転閾値を推定するのは困難です．第 9 章で見た情報カスケードが発生するのに必要な群衆の大きさと同様に，多くの異なる要因に依存します．1 つは品物そのものです．たとえば，より安価でより魅力的な品物は，閾値を下げるでしょう．他の要因としては個人差があります．ボブは相対的に影響されやすく，彼の友人の 1，2 人が品物をもっているとすぐに買ってしまうが，一方アリスは決して影響されないといったことです．いくつかのネットワーク要因もあります．各関係の仲のよさ，リンクの意味などです．話を進めるために，ここでは私たちは反転閾値を知っており，それは各ノードで共通であると仮定します．

図 10.13 のような，8 人からなるソーシャルグラフを考えます．チャーリーは裏返っていますが，他の人はそうではありません．閾値を 50% と仮定すると，グラフはどのように変わっていくでしょうか？　この過程は**感染**（contagion）として知られており，理想化された別のモデルでは以下のようになります．

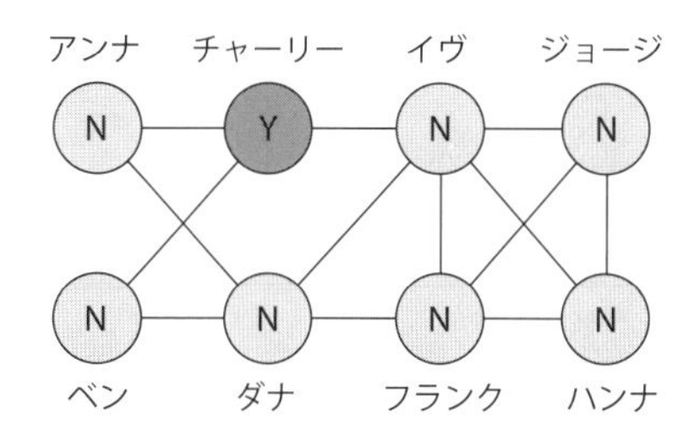

図 10.13　感染を説明するために使用する 8 ノードのソーシャルグラフ．これは製品を購入する人々のグループと考えることができる．最初にチャーリーはその製品をもっていて裏返っていたが，他の人はそれをもっていなかった．

最初のステップ

各時間ステップで，各人の反転閾値が満たされているかどうかを確認していき，もしそうであれば彼らを「Y」に切り替えます．

- アンナ：初期状態では，彼女の近傍の 1 人（チャーリー）は裏返っており，もう 1 人（ダナ）はそうではありません．彼女は裏返るか——近傍はちょうど 50% ですので，アンナは十分な社会的影響を受けているため裏返ります．
- ベン：彼の近傍は何人が裏返っているか——1 人（チャーリー）は裏返っていて，もう 1 人（ダナ）はそうではありません．50% ですので彼は裏返ります．

- ダナ：ダナはどうか——これは少々ややこしいです．私たちは彼女の隣の2人が裏返ると決めたからです．しかし，このステップではそれは起きません．この時点では，彼女の近傍は誰も裏返っていません．0%の影響なので彼女は裏返りません．
- イヴ：近傍の1人（チャーリー）が裏返っていて，他の4人はそうではありません．彼女はどのぐらい影響を受けているか——1/5，つまり20%です．これは50%より低いので十分ではありません．
- フランク，ジョージ，ハンナ：彼らの近傍は誰も裏返っていません．

この結果のグラフを図10.14に示します．

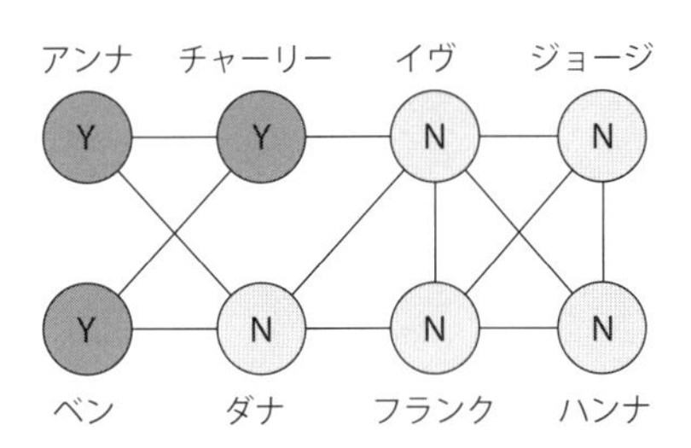

図10.14　最初のステップ後の感染．

第2ステップ

次は何が起こるでしょうか？　次のステップでは前のステップで更新されたグラフを使います（図10.14）．

- ダナ：彼女の近傍の2人（アンナとベン）が裏返っており，2人（イヴとフランク）は裏返っていません．50%はちょうど彼女が裏返るのに十分な影響力です．
- イヴ，フランク，ジョージ，ハンナ：彼らの状況は変わっていません．

図10.15では，第2ステップ終了時の各ノードの状態を示しています．

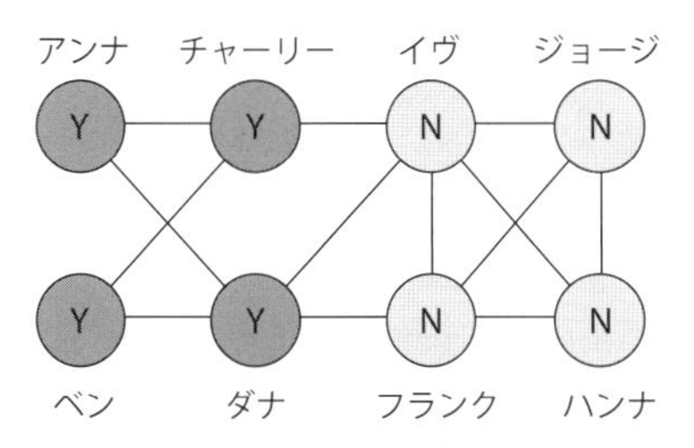

図 10.15　第 2 ステップ後の感染.

ネットワークの左半分は裏返り，右半分は裏返っていません．最終的にはすべてが裏返る方向に向かっているのでしょうか？　見ていきましょう．

第 3 ステップ

ここでは何が起こるのでしょうか？

- イヴ：近傍のうち 2 人が裏返っていて，残りの 3 人はそうではないので 40％です．したがって裏返るのに十分ではありません．
- フランク：近傍のうち 1 人が裏返っていて，他の 3 人はそうではありません．これは 25％です．イヴと同様に十分な影響力を受けていません．
- ジョージとハンナ：彼らの近傍は誰も裏返っていません．

したがって，第 3 ステップではどのノードも状態を変えることはありません．なぜでしょうか？　それはこれらのノードの近傍には裏返っていないノードが多く，誰も十分な影響を受けていないからです．イヴ，フランク，ジョージ，ハンナのうち，イヴは「Y」の人とのリンクが最も多いのですが，それでも影響力は 40％です．言い換えると，これら 4 つのノードは外部から侵入できない社会的な**クラスター**（cluster）を形成しています（図 10.16）．

より一般的には，ノード間の接続をもつノードの任意のグループをクラスターと呼びます．裏返っていないノードのクラスター内において，

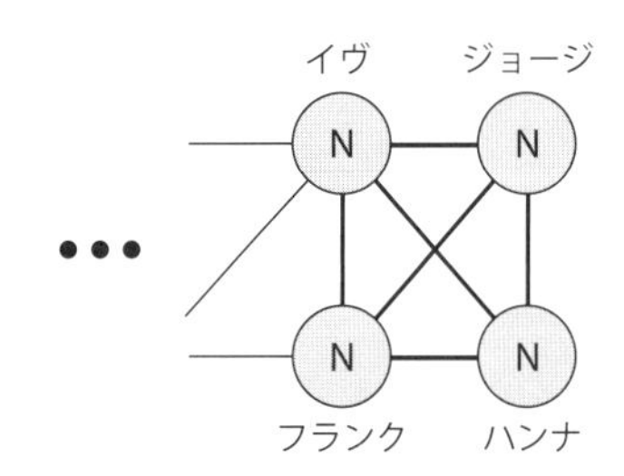

図 10.16 イヴ，フランク，ジョージ，ハンナのクラスターは外部の社会的な力によって侵入するには密度が高すぎる．イヴは彼女のリンクのうち60%をクラスター内にもち，フランクは75%，ジョージとハンナは100%をもつ．

それぞれのノードが非常に多くの裏返っていない近傍ノードをもっていれば，それに影響を与えることはできないでしょう[†]．

戦略的マーケティング：集合的影響の最大化

戦略的マーケティングが感染と関係があることはわかるでしょうか？ その目的は最初に適切な人を選んで販促の手を打つことによって，製品を購入する人の数を最大化することです．図10.15では，これは全体の半分に達しました．

より多くの人を裏返すために，私たちが一般的に取れる手段は何でしょうか？ ソーシャルグラフを知り感染モデルを信頼しているなら，いくつかの可能性があります．1つは反転閾値を下げることです．もし，一部のノードについてだけでも閾値を下げられたら，いつかの時点で品物を購入するよう全員に影響を与えられる可能性が高まります．もう1つの選択肢はクラスターを破壊することです．何かしらの方法で内部の社会的接続を減らせば，外部からの侵入をより簡単にできるでしょう．あるいはクラスター内部への社会的影響を導入するために，クラスターのなかに種を蒔く（シードにする）こともできます．

これらのうちどれが実行可能でしょうか？ 閾値を変えるには人々の嗜好を変える必要があります．一方でリンクを壊すことは社会関係を変

[†] もしクラスターの密度を決める方法に興味がある場合は，原書ウェブサイトのQ10.3を参照．

化させることになります．これらはマーケティング会社にはおそらく制御できない要因です．別の方法は，クラスター内のノードの人にお金を払って製品を使ってもらうことが可能かどうか検討することです．たとえば図 10.15 に戻って考えると，イヴ，ジョージ，フランク，ハンナのいずれかをシードにすることはそれに相当します．

より一般的に考えて，各人が一定の金額で影響を受けうるとしてみましょう．おそらく，自身に影響力があると認識しているノードほど，より多く金額を求めるでしょう（たとえば，デザイン会社が有名人に自社ブランドの衣類を着てもらうために多額の支払いをするかもしれません）．総予算の制約下で，平衡に達する時間を最小限にしながら，平衡時に裏返る範囲を最大化するためには，どのノードをシードにするべきでしょうか？

これはもう 1 つの難しい問題です．もし第 9 章で逐次的意思決定において見てきたように，ポジティブフィードバックを引き起こす方法を発見することができたら素晴らしいことでしょう．そこではシードは他のノードの裏返りに影響し，より多くの影響をつくり出すために十分な影響力をつくり出します．もし，1 つのノードだけをシードにするのであれば，中心性の基準の 1 つに基づいて最も重要なノードを決めるのがいいでしょうか？　これは必ずしも安全な賭けではありません．複数のノードをシードにする場合にはより煩雑になります．一般に，私たちは最も中心的なノードを選択したいわけではありません．私たちの目的は「総合的な」影響力が最大のものを選ぶことです．

図 10.5 の 6 つのノードからなるソーシャルグラフに戻って考えます．カーラは近接性と媒介性の両方で最も重要でした．もしカーラをシードにしたら，どのような結果になるでしょうか？　2 つのタイムステップの後，3 つのノード（アンナ，ベン，カーラ）が裏返ります．私たちはそれよりもよい結果にできるでしょうか？　できます．興味深いことにダナまたはエヴァンのどちらかをシードにすると，すべてのノードが 5 ステップ後に裏返ります．このように，中心性の測定値は影響を最大化する目的と必ずしも一致しません．そのためシードノードの選択に対し

ロバストな解決策を見つけることは非常に困難です.

シードを2つ選ぶ場合はどうでしょうか？　媒介中心性によって最も重要とされる2つのノードであるカーラとアンナを取り上げてみましょう. 何が起こるでしょうか？　実は, カーラだけをシードとしたときと比べて, それほど変わりません. では, 私たちが先程選んだダナとエヴァンよりも早くネットワーク全体を裏返すことのできる2つのノードの組み合わせは存在するでしょうか？　あります. 図10.17のようにアンナとダナをシードとするとどうなるか考えてみましょう.

- 1ステップ後, エヴァン以外の全員が裏返ります.
- 2ステップ後, エヴァンが裏返るので, 私たちの目標は達成されました.

繰り返しますが, 中心性に基づいて選択することは最良の選択になるとは限りません. 重要なことは, 選択したノードがトータルで最も影響力をもつことを確認することです. とくに, 現実の数十億のノードをもつオンラインソーシャルネットワークでは, これは簡単なことではありません.

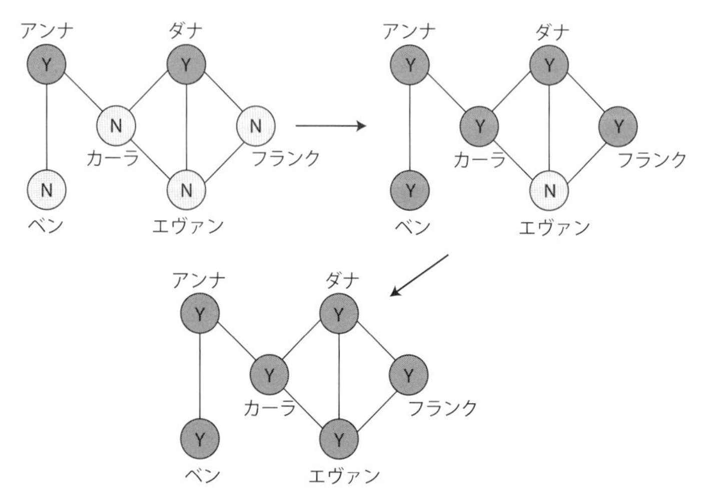

図10.17　もしアンナとダナをシードとすると, ネットワーク全体は2ステップで裏返る.

第Ⅳ部のまとめ

第Ⅳ部では人々が他の人の意思決定の影響を受けるシナリオ，たとえば「動画を見るか？」や「品物を買うか？」といったシナリオについて見てきました．情報カスケードのような集団に基づくモデルは，なぜいくつかの YouTube 動画がバイラル化し，それ以外はそうはならないのかの理由を明らかにしました．その後，ネットワークトポロジーを導入し，Facebook や Twitter のようなソーシャル・ネットワーキング・プラットフォーム上の影響力の大きな人を特定・活用する方法について考察しました．

この部を貫くテーマは第Ⅲ部の原則と正反対です．社会的な影響があると，人々の行動は他の人に依存し，群衆の叡智の背後にある根本的な前提を揺るがせます．相互に依存した群衆は，情報を――たとえそれが間違っていたとしても――人々に広めることに利用されうるのです．

第 V 部

分割統治

DIVIDE AND CONQUER

ここまでの４つのネットワーキング原則の探求では，私たちは何度もインターネットについて言及しました．以前の章で説明したトピックのほとんどは，インターネットの存在に依存しています．そのとき，おそらく読者のなかには「インターネットとはそもそも何なのか？」，「どのように設計，構築，管理されているのか？」と疑問に思った方もいるでしょう．この本の第Ｖ部と第Ⅵ部は，主にこれらの質問に関するものです．残りの２つの原則は，インターネットの主要な側面の一部を包含しています．

第Ｖ部では，インターネットがどのように拡大しているのかを見ていきます．インターネットでは，接続されたデバイスの数やネットワークの規模が絶えず拡大しているため，あらゆる意味でスケーラビリティーが必要不可欠になります．第 11 章で説明するように，そのためにはネットワーク資源を効率的に共有することと，地理的にも機能的にも管理責任を分担することにより，下位区分の対応を容易にする必要があります．次に，第 12 章では，インターネットのさまざまなサブネットが，あるデバイスから別のデバイスへメッセージをルーティングするという重要なタスクをどのようにスケーラブルに処理しているのかを見ていきます．それは，一言で言えば「分割して統治する」という方法です．

11

インターネットの発明

Inventing the Internet

インターネットは卓越した技術であり，大きな商業上の成功を遂げました．ネットワークからなるネットワークであるインターネットの成功は，その背後にある設計思想がいかに優れているかの実証にもなっています．以降3つの章でそれを見ていくにあたり，まずは特定の技術ではなく，インターネットが高いスケーラビリティーをもつ要因となった，パケット交換，階層の分散化，およびモジュール化という3つの重要なアイディアについて説明します．

再び，共有

リソース共有というキーワードからは，第I部が思い出されることでしょう．そこでは，ユーザーがネットワークリソースを共有することを可能にする多元接続のためのさまざまな手法を検討してきました．異なる周波数や，異なる時間，異なるコードで送信することは，通信媒体を分割するための一般的な方法です．

たとえば，人々の携帯電話から YouTube サーバーへの通信において，ユーザー個々人のためにリソースを確保しておくと，一つひとつの通信は経路の最初から最後まで区別することができます．このような**回線交換ネットワーク**（circuit switched network）は，各ユーザーに固定された量のリソースを割り当てるネットワークの一種です．

回線交換が非効率的となる状況としてどんなものがあるでしょうか？　ウェブ，E メール，ファイル転送，インターネット上のデータアプリケーションのように，間欠性をもつ通信ではどうでしょうか？　これらの通信は短時間で済むため，すべてのネットワークリソースが常時使用されるわけではありません．一般のユーザーが専用のリソースを常時必要としないなら，これらのリソースを共有してはどうでしょうか？

インターネットの異なる**セッション**（session）に属する情報を組み合わせて，ネットワーク上の経路を共有させることができます．これが，送信される情報をパケットと呼ばれる小さな塊に分割する，**パケット交換**（packet switching）の本質です．各セッションは複数のリンクを横断し，各リンクを異なるセッションのパケットが共有して使用します．

さて，インターネットのセッションとは正確にはどのようなものでしょうか？　これは，インターネットを介して接続された 2 つ以上の装

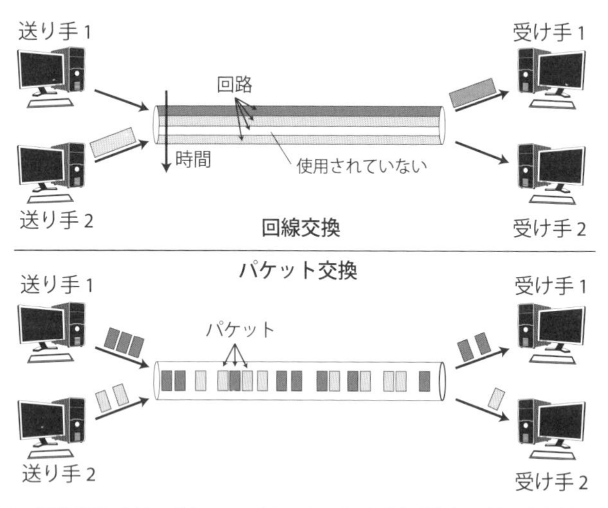

図 11.1　回線交換（上）では，2 つのセッションのそれぞれに，リンクに沿った専用のリソース（この場合は時間）が割り当てられる．パケット交換（下）では，各セッションがメッセージをパケットに分割し，パケットが到着するたびに送信する．経路は，すべてのタイムスロットおよび周波数帯域に沿って共有されている．

置間の情報交換や通信のことです．セッションが確立されると，通信経路の送信側から受信側までの経路が，そのセッションのリソースとして割り振られることになります．セッションは，複数の送信者および複数の宛先（受信者）をもつことができますが，ここでは，それぞれを1つずつもつ**ユニキャストセッション**（unicast session）に焦点を当てます．

図11.1を見ると，パケット交換と回線交換がどのように異なるかがわかります．回線交換では，特定の周波数帯域を占有したりタイムスロットを占有したりしますが，パケット交換ではそうした専用回線は必要としません．

インターネットの進化

1960年代以前は，通信ネットワークは主に回線交換に基づいていました．1960年代と1970年代に始まったインターネットの進化は，パケット交換への移行というパラダイムシフトによって特徴づけられます．その移行がどのように起こったかを少しだけ見てみましょう．まずは，インターネットの背後にある階層の分散化とレイヤー化という2つの大きなアイディアを紹介します．

アーパネット

1960年代半ば，米国国防総省の高等研究計画局（ARPA）は，パケット交換に基づいた大規模ネットワークの構築に関心をもっていました．1960年代末に，ARPAは私たちの生活を変えることになる，ある計画を準備していました．

1969年，ARPAはBBNテクノロジーズと契約し，その計画を実現するためのコンピューター（インターフェース・メッセージ・プロセッサーと呼ばれるもの）の開発に乗り出しました．これを使って，カリフォルニア大学ロサンゼルス校（UCLA），スタンフォード大学，カリフォルニア大学サンタバーバラ校（UCSB），ユタ大学の4つの機関が，**ARPANET**として知られるようになるパケット交換ネットワークの最初のプロトタイプをつくりあげました．その年の10月29日，UCLAからスタンフォードへARPANETを介して初めて文字テキスト“lo”が送信されました．プログラマーは実際には“login”という単語を送信しようとしていましたが，コーディングエラーのために最初の2文字の後にシステムがクラッシュしました（このエラーは1時間後に修正されました）．

ARPANETは急速に成長し，1970年3月にはマサチューセッツ州ケンブリッジの東海岸にまで到達しました．6月までに9台のマシンが，12月までに13台のマシンが相互接続され，その翌年9月までに合計18のサイトがネットワークに加わりました．図11.2に，このとき接続されていたホストを地図上に示しています．1975年，ARPANETは正式に稼働開始を宣言され，その時点でマシンは約60台にまで増えていました．

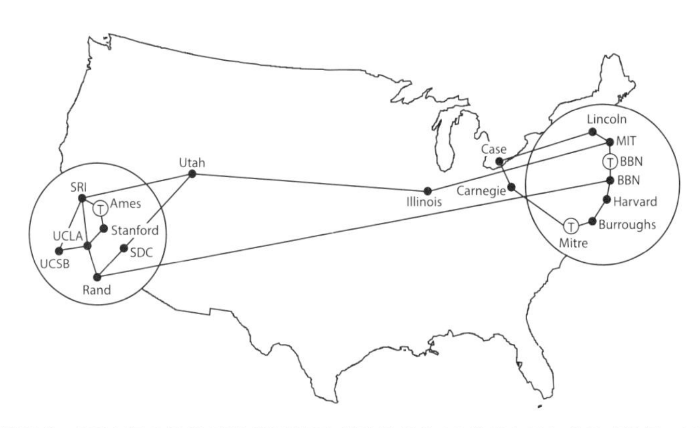

図11.2　1971年9月のARPANETにおける最初の18台のホストを示す地図．MITはマサチューセッツ工科大学，SDCはSystem Development Corporation，SRIはスタンフォード研究所，UCLAはカリフォルニア大学ロサンゼルス校，UCSBはカリフォルニア大学サンタバーバラ校．

この頃，ロバート・カーンとヴィントン・サーフ（第V部と第VI部末のインタビュー参照）は，パケット交換網のための新しい**プロトコル**（protocol）の開発についての詳細を記した画期的な論文を発表しました．プロトコルとは要するに，デバイスが互いに通信するために使用する一連のルールであり，デバイス同士が話す共通の「言語」を定めるものです（第2章のWiFiランダムアクセスプロトコルの項目を参照）．これらのプロトコルは，伝送制御プロトコル／インターネットプロトコル（TCP/IP）として知られ，パケット交換ネットワークのネットワークを介したエンド・ツー・エンドの制御を通じて，ARPANETのホストを接続するスケーラブルな方法を与えました．重要なことに，多数の異なるデバイスがネットワークに追加またはネットワークから削除された場合でもプロトコルを変更する必要はなく，それにより相互運用性と接続性を可能にしました．TCP/IPは，10年後の1983年にARPANETの当初のプロトコルにとって代わることになります．

TCP/IPはまた，インターネットが必要とするタスクを機能ごとに異なるレイヤーに分割するという重要なアイディアをもたらしました．1つのレイヤーは，別のレイヤーのプロトコルの操作に影響を及ぼすことなく変更できます．レイヤー化については，インターネットの背後にある基本的なアイディアの1つとして，この章の後半のモジュール化の節で詳しく見ていきます．

全米科学財団ネットワーク

1980年代半ばまで，資金と権限の問題により多くのグループはARPANETに接続できませんでした．そこでこの時期に，全米科学財団（NSF）が，科学者が米国内の大規模な計算機センターにアクセスできるようにする学術研究ネットワークを構築することを目的として，開発を引き継ぎました．1985年から1995年まで，NSFはネットワークからなるネットワークの創設と運用を後援し，これは**NSFNET**と呼ばれるようになりました．

NSFNETは，図11.3に示すような3層構造で構築されており，各ノード（キャンパスネットワーク，地域ネットワーク，バックボーンネットワーク）はそれ自体がネットワークになっています．キャンパスネットワーク同士は地域ネットワークを介して接続し，地域ネットワーク同士はバックボーンネットワークを介して接続し，NSFNETに結合しま

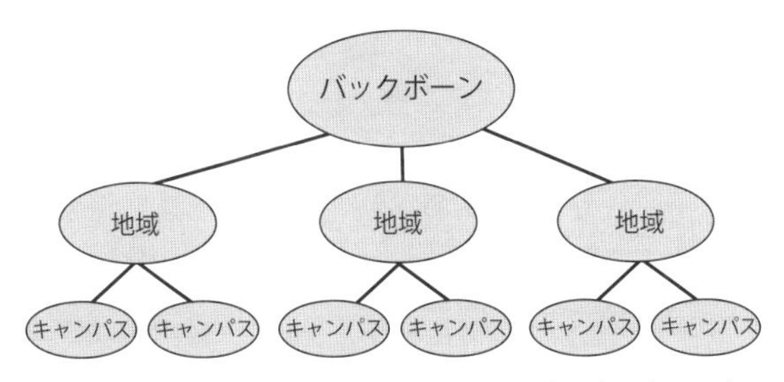

図 11.3　NSFNET における 3 層のネットワークのネットワーク.

す．バックボーンネットワークは，まず米国全土に広がり，その後は他の国々に広がっていきました.

NSFNET は，多くのネットワークプロバイダーが次々に加わったことで成長していきました．増大する要求に応えるために，バックボーンのサイズ（バックボーンを構成するノードの数）と速度（ノードを接続するリンクの速度）の両方を改善しなければならなくなりました．1986 年には 6 つのノードがあり，リンク速度は 56 kbps（56,000 ビット/秒）でしたが，1991 年までに，バックボーンは 14 ノードに拡大し，リンク速度は 1.5 Mbps（150 万ビット/秒）になりました．図 11.4 からも，ネットワークの連結性がどれほど高密度で豊富であるかを見るこ

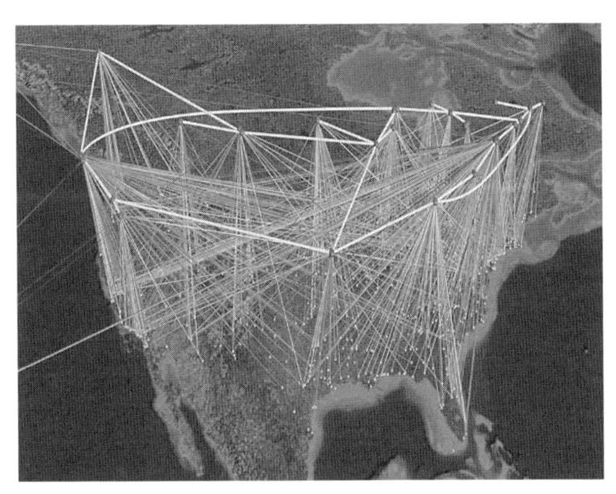

図 11.4　1991 年の米国における NSFNET．地図上に地域ネットワークを示す．バックボーンノードは一番上に太い線で描かれている.

とができます．

NSFNETは科学と工学の研究と教育に使用する目的でつくられました．厳密に言うと，当初それは商業活動には使用できませんでした[†]．しかし，それはすぐに変わることになります．1990年代はじめには，インターネット・サービス・プロバイダー（ISP）が多数出現し，インターネットの普及を加速させました（第3章では，ISPがデータの使用に対して課金する方法について触れました）．商業的関心と起業家たちの活動により，この相互結合したネットワークのネットワークは劇的に拡大していきます．

1994年までには，World Wide Webとウェブブラウザがユーザーインターフェースとして成熟し，世界中でEメール，ファイル共有，ネットサーフィンなどのための商用アプリケーションの開発がすぐさま開始されました．

1995年，NSFNETは正式に廃止され，商用インターネットに取って代わられました．その後20年の間に，インターネットは毎日の生活に不可欠な要素になり，インターネットに接続された世界中の人やデバイスの数は，技術の進歩とスケーラブルな分割統治の設計原理のおかげで，毎年急速に成長しています．自宅からインターネットにアクセスできる人の数は，2005年に10億人，2010年に20億人，2014年に30億人に達しました．2014年のインターネット接続デバイスの総数は120億個に上り，これは地球上の全員で平均すると，1人あたり1.7個になります．**モノのインターネット**（IoT）が盛んになることで，2020年までにこれらの数字は330億個，1人あたり4.3個と，それぞれ3倍になると見込まれています．

インターネットの進化の歴史を簡単に説明したところで，次に3つの主要なアーキテクチャのアイディアを見てみましょう．まずは最初に戻ってパケット交換の話をしましょう．

[†] そのポリシーの一部については，原書ウェブサイトのQ11.1を参照．

パケットか回線か

専用リソース割り当てと共有リソース割り当てについては，膨大で奥深い議論があります．回線交換や一般的な専用リソース割り当ての大きな利点の1つは，品質が保証されることです．各セッションには専用の回線があるため，スループットパフォーマンス（メッセージ配信の成功率）および遅延パフォーマンス（メッセージの配信に要する時間）が保証されます．

対照的に，パケット交換ネットワークのセッションは，互いの経路を共有します．さらに，どの1つのセッションのトラフィックも，異なる経路に分割されている可能性があります．メッセージの一部は，目的地に順不同で到着することがあるため受信側でそれらを並べ替える必要がありますが，経路上のリンクが混雑する可能性もあります．それゆえ，スループットと遅延のパフォーマンスは不確実です．このような不確実性に直面するインターネットは，いわゆる**ベストエフォート**（best effort）型のサービスを提供すると言われます．これは，「高いパフォーマンスでメッセージを転送する努力はするけれども，保証はできない」ということです．正確には，パフォーマンスを保証する「努力はいっさいしない」とさえ説明してもよいかもしれません．

しかし，パケット交換には大きな利点が2つあります．まず，接続性が向上します．セッションごとにエンド・ツー・エンドのリソースを検索，確立，および維持する必要はありません．ネットワークは，セッションのためにリソースが確保されていることを確認する必要もなく，それを待つ必要もありません．デバイスは，インターネットのプロトコルに従ってさえいれば，自由にメッセージを送信することができます．

2番目の利点はスケーラビリティーです．私たちはこれまでに，スケーラビリティーがネットワークにおける重要な性質であることを，多くの具体例を通して見てきました．たとえば，セル内の何百人ものユーザーの電力を制御すること（第1章），ウェブの大規模なグラフに対して高速にPageRankを計算すること（第5章），大規模なオンラインコースで効果的な社会的学習を得ること（第8章）などです．一方ここでのスケーラビリティーとは，パケット交換ネットワークが数多くのセッション（持続時間が長いものから短いものまで含む）を扱う能力を指しています．

それでは，パケット交換ではなぜスケーラビリティーを得られるのかというと，ネットワークリソースの使用効率を高めることができるからです．なぜ非常に高い効率が得られるのでしょうか？　答えは2つの「秘密のソース」にあります．まず第一に，**統計的多重化**（statistical multiplexing）です．これにより多くのセッションは1つの経路とその経路に沿ったリソースを共有できます．第二に，統計的多重化を補完する**リソースプーリング**（resourse pooling）です．これにより1つのセッションで多数の経路を使用できます．もう少し詳しく見てみましょう．

多いことはよいことだ：統計的多重化

パケット交換ネットワークでは，各経路上のただ1つのセッションがそのパスの全リソースを占有しているわけではありません．各セッションにはそれ専用のリソースがないため，待機状態でも何も無駄にしません．待機時間中，需要がある他のセッションがその未使用のリソースを利用するからです．

図11.5を見てください．いくつかのタイムスロットの間に，アリスはボブよりもはるかに多くの要求をしています．ここでもし回線交換を

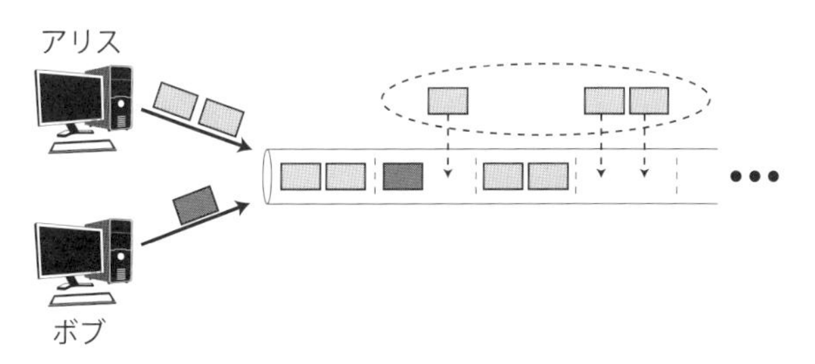

図 11.5　回線交換ネットワークでは，ボブの専用タイムスロットの一部で需要が少ない時間帯が無駄になる．パケット交換では，複数のセッションで同じリソースを使用できるため，アリスがボブの過剰供給を埋めることができる．

使えば，それぞれに異なるタイムスロットが割り当てられ，それぞれが自分の回線を保持し，ボブの割り当てられたタイムスロットの多くの部分が無駄になります．パケット交換により，アリスはこの待機時間になるはずだったタイムスロットを埋めることができます．まだ満たされていない需要がある限り，供給リソースの利用可能な部分が使用されるのです．

第I部を思い出してみましょう．カクテルパーティーの比喩を使用して，さまざまな多元接続技術を説明しました．もし，同じ部屋の全員が1人ずつ順番に発言することにしていたら（つまり，1つのパスを共有していたら），順番がきたのに何も言うことがない場合どうなるでしょうか？　回線交換の場合，何も起こりません．他の人が沈黙を埋めたいと思うかもしれませんが，無音の状態が続きます．パケット交換では，統計的多重化を通してこのような無駄な時間を回避することができます．

多いことはよいことだ：リソースプーリング

パケット交換ネットワークでは，1つのセッションの情報を多数のパスを使用して送ることもできます．間欠的なトラフィック下でのリソースプーリングの有効性を実証するには非常に複雑な議論が必要ですが，基本的な考え方は簡単です．2組のリソース，たとえば2つの独立したリンクを使用する代わりに，それらを組み合わせて1つの大きなリソースとして使用できる，というのがそのアイディアです．

図11.6を見てみましょう．2つのセッションと2つのリンクがあります．特定の時間に，アリスは上側のリンクの容量だけでは対応できない需要をもっています．これに対してボブは，この時間には需要量が少なく，リンク利用率が低いです．両リンクを単一の大きなプールに集約することで，ネットワークはこの時間帯のアリスの需要の全部ではないにしても，その一部を満たすことができます．パスを専用回線ではなく共有リソースとして扱う場合，パケット交換はリソースプーリングを実装します．

再びカクテルパーティーの比喩に戻ります．2つの部屋（すなわち2

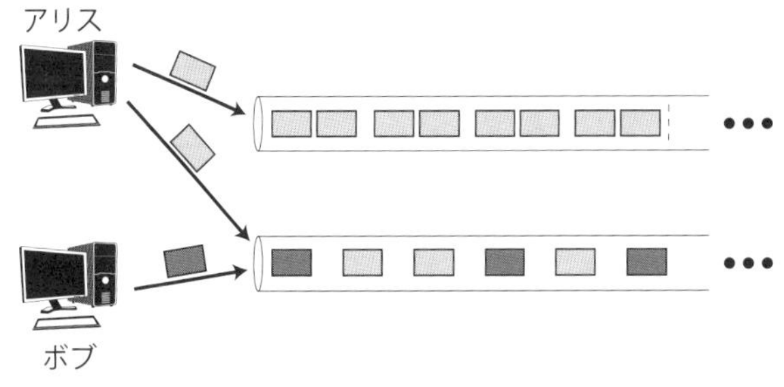

図 11.6　特定の時間に，アリスは図中上側のリンクの処理能力を超えた要求をし，ボブは図中下側のリンクの処理能力よりもはるかに少ない要求をしている．パケット交換のもとでは，2 つのリンクは単一のプールされたリソースとみなされ，アリスの過剰なメッセージの一部を下側のリンクを介して送信できるようにする．

つのリンク）があり，それぞれで 10 組のペアが話していると仮定します．これらは小さな部屋なので，とても混雑していて窮屈です．次に，片方の部屋で，6 組のペアが部屋を出たため，その部屋には 4 組のペアが残り，他方の部屋には 10 組のペアが残っています．パケット交換なら，ここで各部屋の需要を均等にすることで混雑を緩和しようと，混雑した部屋の 3 つのセッションに混雑の少ない部屋に移動するように指示します．回線交換は，これらの部屋を 2 つの別個のリソースとして見るため，セッションを一方から他方へシフトしようとはしません．

＊

図 11.7 に，パケット交換と回線交換がネットワークに提供する性質に関する，3 つの重要な相違点をまとめてあります．2000 年代はじめまではっきりと認識されていませんでしたが，結局のところインターネットにとって，接続性をたやすく提供し，多様なユーザーにスケール

特性	回線交換	パケット交換
品質保証	✔	✘
接続のしやすさ	✘	✔
スケーラビリティー	✘	✔

図 11.7　3 つの重要なネットワーキング特性に関するパケット交換と回線交換の違い．

アップする能力は，品質の保証よりも魅力的なものでした．品質保証は確かにあったほうがよいですが，他の2つの性質はインターネットのような大きくダイナミックなネットワークにとって必要不可欠です．ひとたびネットワークを簡単かつスケーラブルな方法で拡大させた後に，品質のばらつきに対処するための他の解決法を模索することができます．

階層の分散化：空間的分割

このように，パケット交換は，動的で間欠的なトラフィックに対応するのに最適であると言えます．しかし，そのようなネットワークの管理はいくつかの理由から非常に複雑です．1つの明らかな複雑さは，インターネットの規模です．それを使っている人の数がどれだけ増えてきたかについては，すでに繰り返し見てきました．

これに関連して，インターネットは世界のほぼすべての場所にまで広がっているという事実があります．世界各地に多数の異なるISPが出現しており，それぞれがネットワークの異なる部分を所有し，責任を負っています．そのため，エンド・ツー・エンドのインターネットセッションは，複数のISP間のリンクを通過する可能性があります．たとえば，GoogleからユーザーのiPhoneへとやってくるYouTubeセッションは，まず無線インターフェースを経由し，その次に（WiFiに接続していない場合には）携帯電話ネットワークの中核にあるいくつかのリンクを経て，さらにさまざまなプロバイダー間リンクを経由することになるでしょう．

各ISPは，階層構造全体のなかの異なるレベルに位置しています．これらのレベルは，NSFNETの構造に似た方法で分散化されています．図11.8に示すように，3つの異なる層があります．

第1層には，**Tier-1**（ティア・ワン）**ISP**と呼ばれる非常に大きなISPがいくつか存在します．各Tier-1のノードは世界規模の拠点をもち，より低いレベルを通過することなく他のTier-1ノードに到達することができます．つまり，これらはお互いにトラフィックを張ることが

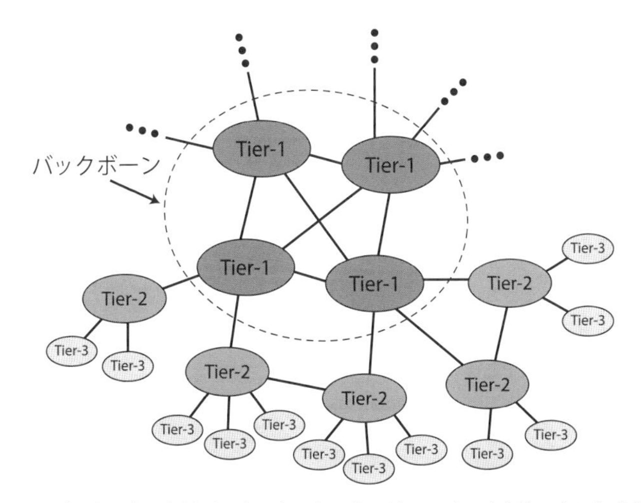

図 11.8 インターネットはインターネット・サービス・プロバイダー（ISP）を異なるレベルに分けている．Tier-1 の ISP はすべて相互に接続され，インターネットのバックボーンを形成する．それぞれは複数の Tier-2 の ISP に接続されていて，これらは Tier-3 の ISP に接続している．

でき，このことを**ピアリング関係**（peering relationship）と言います．Tier-1 ISP の網の目の全体は，NSFNET のようにインターネットバックボーンと呼ばれることもあります．例としては，ベル電話会社（現：AT&T），ベライゾン・ワイヤレス，BT グループ，レベル 3 コミュニケーションズ，日本電信電話（NTT）などです．

第 2 層の Tier-2 ISP には，地域的な拠点をもつより多くの ISP が含まれます．これらは互いにピアリング関係を形成することもありますが，Tier-1 プロバイダーを経由せずにインターネットのバックボーンに物理的に到達することはできません．Tier-2 と Tier-1 ISP が接続されると，**顧客とプロバイダーの関係**（customer-provider relationship）が形成され，Tier-2 はトラフィックを通過させるために Tier-1 に料金を支払う必要があります．

最後に，各 Tier-2 ISP は，多くの Tier-3 ISP への接続を提供し，上記とは異なるタイプの顧客とプロバイダーの関係を形成します．Tier-3 ISP は，他の ISP ではなく，顧客との間でのみトラフィックを送受信します．たとえば，郊外のキャンパス，企業，住民のISPがこのグループに属しています．

インターネット上の各ISPおよび関連する管理機構は，**自律システム**（autonomous system：**AS**）を形成します．2014年半ば時点で，インターネットには45,000台以上のASがあり，2008年末より3万台増加しています．これは，インターネットがどれほど大きく，そしてどれほど広く地理的に分散しているかを示すもう1つの例です．実際，AS内のインターネットトラフィックを処理することは，AS間を通過するトラフィックを処理することとは大きく異なります．各ASに自分のトラフィックを管理させることは，制御を空間的に分散することによってインターネットを拡大する方法の1つです．

すべての通信がネットワーク全体を通過する必要はありません．IoTや没入型人工知能のアプリケーションによって注目されている**フォグ・アーキテクチャ**（fog architecture）では，計算，ストレージ，制御，コミュニケーションをエンドユーザーの近くに分散する仕組みを志向しています．

モジュール化：機能で分割する

インターネットの複雑さは，処理しなければならないタスクの量から生じます．ネットワークを介してメッセージをルーティングし，輻輳を制御し，アプリケーションを実行し，セッションを確立し，他の多くの機能を実行する必要があります．どのようにこれらのタスクをすべて管理できるのでしょうか？　このような複雑なシステムを設計する場合，機能をモジュール化すること，つまり，それぞれを別々に管理できる小さな断片に分割することは当然です．つまり，分割してから統治するのです．

プロトコルの積み上げ：分解としてのレイヤー化

ネットワークタスクをモジュール化することにより，**階層化プロトコ**

ルスタック（layered protocol stack）と呼ばれるものが生まれました．スタック内の各レイヤーは異なる目的をもち，それぞれ，同時に管理できるいくつかの機能セットを分担します．

図 11.9 に，インターネットに関連する典型的なプロトコルスタックを示します．物理層，リンク層，ネットワーク層，トランスポート層，アプリケーション層の 5 つのレイヤーがあります．これらは下から上へ第 1 層（物理層）から第 5 層（アプリケーション層）とも呼ばれ，それぞれは下のレイヤーによって提供されるサービスを使用し，上のレイヤーにサービスを提供します．

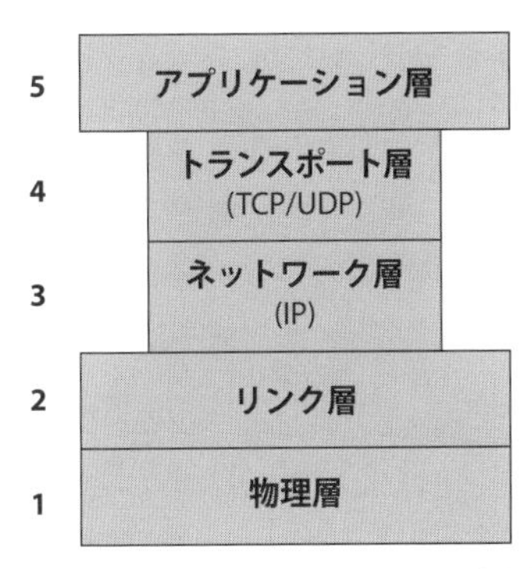

図 11.9 5 つの層からなるインターネットに関連する典型的なプロトコルスタック（IP：インターネットプロトコル，TCP：伝送制御プロトコル，UDP：ユーザ・データグラム・プロトコル）．

このスタックを少し詳しく見てみましょう．下部には，物理層とリンク層があります．**物理層**（physical layer）は，ネットワーク媒体を介した信号の伝送を処理します．この媒体には，同軸ケーブル，光ケーブル，無線インターフェースなどがあります．次に，**リンク層**（link layer）は，ネットワーク媒体へのデバイスアクセスを管理します．それは，近所の交通警察官のようなものとして働き，通り（すなわち，リンク）へのアクセスを争う当事者の間を仲裁する役割があります．たとえば，第 I 部で見たような電力制御やランダムアクセスは，これらのレイヤーで動作する機能です．

中間層には，第3層のネットワーク層と第4層のトランスポート層があります．

- **ネットワーク層**はホップ・バイ・ホップ，リンク・バイ・リンクのルーティングを担当し，IPというプロトコルを使用します．ルーティングの重要な機能はこのレイヤーで行われます．これについては第12章で説明します．
- **トランスポート層**は，主要なプロトコルとしてTCPを使用して，エンド・ツー・エンドのセッションを管理することに重点を置いています．第13章では，このレイヤーによって処理される重要な機能である輻輳制御について説明します．

スタックの一番上には**アプリケーション層**があります．この層は，インターネットのエンドユーザーである私たちが最も多く目にするものです．この本で扱っているネットワークの多くは，ウェブ，Eメール，モバイルアプリ，コンテンツ共有など，私たちが日々使うさまざまなアプリケーションから構成されています．1990年代から，この層の代表的なプロトコルとして，World Wide Webの基礎である**HTTP**（Hypertext Transfer Protocol）が使用されています．

前述したように，各レイヤーは上層のレイヤーにサービスを提供し，下層のレイヤーのサービスを利用します．たとえば，第4層のトランスポート層は，セッション確立，パケットの並べ替え，および輻輳制御のサービスを実行するエンド・ツー・エンドの接続を，アプリケーションを実行する第5層に提供します．次に，トランスポート層は，ルーティングによって確立された接続を含めた，第3層のネットワーク層からのサービスを受け取ります．

短期間におけるインターネットの進化の間に，物理メディアの伝送速度は，32 kbpsのダイヤルアップから10 Gbpsの光ファイバーと100 MbpsのWiFiへと，3万倍以上に増えています．インターネット上で動作するアプリケーションは，上級者向きなコマンドラインツールから，NetflixやTwitterなどの消費者にやさしいサイトへと進化しました．しかし，これらの驚異的な変革のさなかでもインターネット自体は稼動し続けており，これは大部分 TCP/IP——メディアが変化してもほとんど変わらない，いわば「細いウェスト」——のおかげです．

図 11.9 における横線は，レイヤー間の境界線を意味しています．これらは実際には非常に複雑であり，各レイヤーに何ができるのか，何が見えるのか，そして何を担当するのかに関する制限を表しています．レイヤー間でいくつかの機能的な重複があるため，境界線を完全に引くことはできません．最も重要な例はエラー制御であり，これは伝送のミスを検出して対処するものですが，各層はこれに関していくらかの作業を行います．この機能的重複は意図的なものであり，機能的な冗長性を備えることで頑健性を確保しつつ，階層構造を通じたネットワークの進化を可能にします．

プロトコルスタックに従ってタスクを分割することにより，機能群の増加に対してスケーラブルに，インターネットは各レイヤーを統治することができます．

コネクション指向型とコネクションレス型

この章のはじめに TCP と IP を導入したときに，これらを一緒にして TCP/IP と呼んでいることに気づいたかもしれません．これらは別々の層であるのになぜでしょうか？　実は，最初のバージョンのインターネットでは，ホップ・バイ・ホップのルーティングとエンド・ツー・エンドのセッションの両方を管理する単一のプロトコルとして TCP/IP が使用されていました．階層化とモジュール化の原則に従って，1980 年代はじめに TCP と IP は正式に 2 つに分割され，それぞれトランスポート層とネットワーク層のサービスを提供しました．

これらの 2 つの層に関しては，興味深いアーキテクチャ上の決定がいくつも下されました．エンド・ツー・エンド管理を担当するトランスポート層の TCP は**コネクション指向**（connection oriented）であり，ホップ・バイ・ホップ管理を担当するネットワーク層の IP は**コネクションレス**（connectionless）です．この区別は図 11.10 で確認するこ

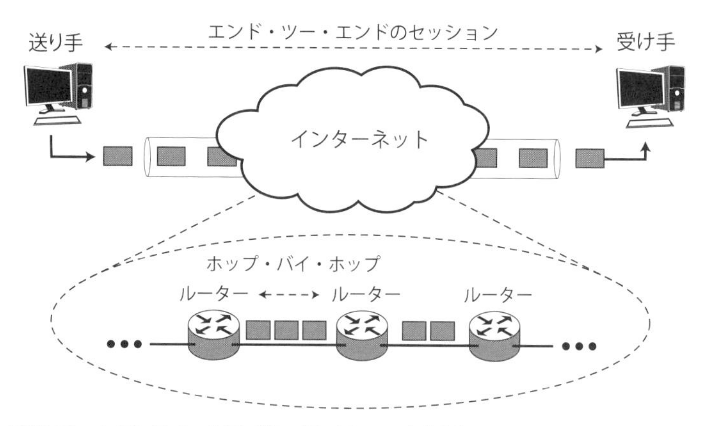

図 11.10　トランスポート層（第4層：図11.9を参照）はエンド・ツー・エンドのセッション管理を担当し，ネットワーク層（第3層）はホップ・バイ・ホップ管理を担当する．

とができます．この責任の分担は，リンクの輻輳または負荷状態についてネットワーク層では注視されず，エンドホストでの要求の管理を担当するトランスポート層（この場合はTCP）に委ねられていることを意味します．

コネクション指向型通信とコネクションレス型通信の違いは，電話と手紙の違いに似ています（図11.11）．電話で話をする場合，相手と話を始める前に，あなたが電話をかけたことをベルで知らせ，相手が受話器を取る必要があります．このようにして，あなたは会話の前に相手と

図 11.11　電話をかけることはコネクション指向型の通信と，手紙を郵送することはコネクションレス型の通信と似ている．

のつながりを確立しています．対照的に，誰かに手紙を郵送する場合を考えてみましょう．手紙を中継する各郵便局は，受け取った手紙がどこから送られてきたのか，どこまで送られるのかは気にせず，次にどこに手紙を送るのかだけを気にします．最終的な目的地のみを使用して，経路上の次のホップ（郵便局）を決定します．このコネクションレスのプロセス中において，受取側は手紙が郵送中であることすら知らないかもしれません．第12章のルーティングの議論で，この郵便システムの比喩に戻ってきます．

モジュール化のオーバーヘッド

Eメール，インスタントメッセージなど，インターネットを介して送信されるものを指すときには，「**メッセージ**（message）」という言葉を頻繁に使用します．技術用語としては，メッセージはアプリケーション層で生成されるデータの基本単位です．メッセージが送信される前に，プロトコルスタック内の各レイヤーはそれぞれ独自の**ヘッダー**（header）を追加し，ネットワーク上の各ノードのスタック上のレイヤーが対応するヘッダーを解釈できるようにします．第5層から第1層に向かって，データを**カプセル化**（encapsulation）して伝送する方法を以下に示します．

- **第5層**：インターネットユーザーが何かを送信したいとき，デバイスは送信する一連のメッセージを生成するようにアプリケーション層に指示します．
- **第4層**：各メッセージは，トランスポート層で**セグメント**（segment）に分割されます．各セグメントは，分割されたメッセージのコンテンツである**ペイロード**（payload）と，ペイロードの前に追加された第4層ヘッダーの2つから構成されます．
- **第3層**：各セグメントはネットワーク層に渡され，ネットワーク層はデータグラムまたは**パケット**（packet）として分割してカプセル化します．各パケットには，第3層のヘッダーが付されます．

- **第2層**：各パケットはリンク層に渡され，第2層のヘッダーが追加された**フレーム**（frame）が形成されます．
- **第1層**：最後に，フレームは送信のためにビットとして物理層に渡されます．

このプロセスを図11.12に示します．

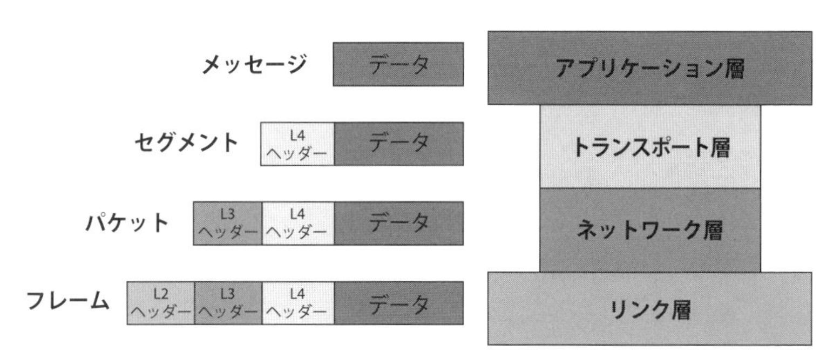

図11.12　プロトコルスタック内の階層は，独自のヘッダーをメッセージに追加し，インターネット経由で送信する前にカプセル化する．

ネットワーク内のさまざまなデバイス（コンピューター，ルーター，モデム，サーバーなど）は，プロトコルスタックの複数の異なる層で働きます．それぞれのデバイスは，自身が働く層のヘッダー情報を**解読**（decapsulate）してその情報を読み込みます．パスの途中のデバイスの場合は，再度カプセル化して情報を送信します．図11.13にいくつかの重要な事例を示します．

- エンドホストであるコンピューターとサーバーは，5つのレイヤーすべてを処理します．
- ネットワーク層デバイスとしての**ルーター**（router）は，第3層まで処理します．すなわち，ルーターはIPアドレスをもち，またIPアドレスの処理をする必要があります．
- リンク層デバイスとしての**交換機**（switch）は，第2層までしか処理しません．すなわち，交換機はIPアドレスをもちませんし，処理もしません．

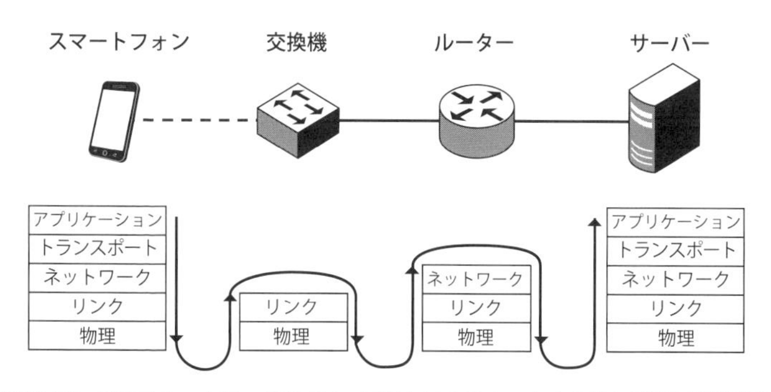

図 11.13 異なるネットワーク要素は，プロトコルスタック内の異なる階層の処理を行う．

カプセル化には不必要な重複があるように見えるかもしれません．このプロセスでは**制御オーバーヘッド**（control overhead）をつくり出しているという点でそのとおりです．制御オーバーヘッドは，階層化されたアーキテクチャにおける多種の冗長性とオーバーヘッド（メッセージ本体以外の処理にかかるコスト）の1つであり，実際のコンテンツではない大量のデータがネットワーク上で送信されることになります．ではなぜ，各層はヘッダーを追加しなければならないのでしょうか？　これは，パケット交換ネットワーク内のさまざまな伝送を区別し，情報を提供する方法だからです．パケット交換ネットワークは，どこから来たか，どこに行き，どのくらいの期間伝送中であるかなどの情報を提供しています．一例として，第3層ヘッダーにはインターネットのルーティングに不可欠な送信元IPアドレスと宛先IPアドレスが含まれています（第12章参照）．ここでも，誰もが同じネットワークリソースを共有できるようにすることで，パケット交換は回線交換よりもはるかに高い効率を得ることができます．ただし，送信のなかでセッションを区別する必要があります．

*

パケット交換，階層の分散化，およびレイヤー化は，インターネットの背後にある3つの基本概念です．これらは，より高い需要，より広範囲への地理的拡大，および対処すべきより多くの機能に伴うインターネットを，効果的に拡張することを可能にしました．しかし，私たちは探検を始めたばかりです．ネットワークのネットワークを広範囲に管理するには，多くのタスクが必要です．ポイント A からポイント B への到達，リンクに沿った輻輳の管理などを理解する必要があります．図 11.8 の自律システムに関する議論が，次章へとつながっていきます．次の第 12 章では，この AS 内ルーティングに焦点を当てます．

12

トラフィックのルーティング

Routing Traffic

インターネットのトラフィックではどのようにして，1つの場所から別の場所へたどりつくことができるのでしょうか．簡単な答えは，ネットワークにはルーターと呼ばれるデバイスが存在し，進むべき場所にデータのパケットを誘導しているというものです．インターネット上での**ルーティング**（routing）は，私たちがどこかへドライブするとき，どのルートにするかを決定することと似ています．パケットの経路を決定する方法に入る前に，ルーティングの主要な考え方を見てみましょう．

インターネットの「郵便配達サービス」

これまで見てきたように，輸送ネットワークは通信ネットワークの有効な比喩となります．郵便のメールサービスは，インターネットのルーティングに対する興味深い比喩です．送信者から受信者に届けるには，アドレス指定，ルーティング，および転送という3つの主な機能が必要です．これらの3つの用語は日常会話のなかでは一緒くたにされることもありますが，これらは実際には明確に異なるステップです．

アドレス指定

郵便で手紙を送るときには，封筒に宛名を書く必要があります（図

12.1). さもなければ, 郵便局はその手紙をどうするべきかわかりません. 受取人の住所, 町, 州, 国, 郵便番号を表面に書きます. これにより, 郵便局は手紙をどこにもっていくべきかがわかります. さらに, 送り主であるあなた自身の住所も書いてあるはずです. そのため, 郵送の途中で何か問題があった場合や受取人が手紙を受け取ったとき, 手紙がどこから来たのかが明らかです.

図 12.1　郵便局を介して送信される封筒に宛名を書くことは, インターネットを介して送信されるメッセージに宛名を書くことに似ている.

受取人の住所は, 世界の他の誰とも（同じ家に住んでいる人を除いて）重複しないユニークなラベルであるため, 手紙をどこに送るべきかについてあいまいさはありません. これは, ネットワークの各ノードに固有のラベルをつけることで, メッセージの送信元と送信先を特定するインターネットにおけるアドレス指定の方法と同じです. とくに, 各ネットワークデバイスには, **IP アドレス**として知られるインターネット・プロトコル・アドレスが割り当てられています. IP アドレスは通常, ドットで区切られた 10 進数で表されます（たとえば, 127.12.5.88). 各 10 進数は 0 ～ 255 の範囲で指定できます.

図 12.2 は, 家庭によくあるインターネットデバイスの例を示しています. これらの多くは IP アドレスが割り当てられています. モデムなどのいくつかのデバイスは, 通信にインターネットプロトコルを使用しないため, IP アドレスを割り当てる必要はありません.

IP にはバージョン 4 とバージョン 6 の 2 つがあります. IPv4 はそのアドレスに 4 つの数字（たとえば, 127.12.5.88）を使用するため, 40 億以上のアドレスを表現できます. 2011 年のはじめには, インターネットでは, 40 億ではもはや不十分という状態に到達してしまいました.

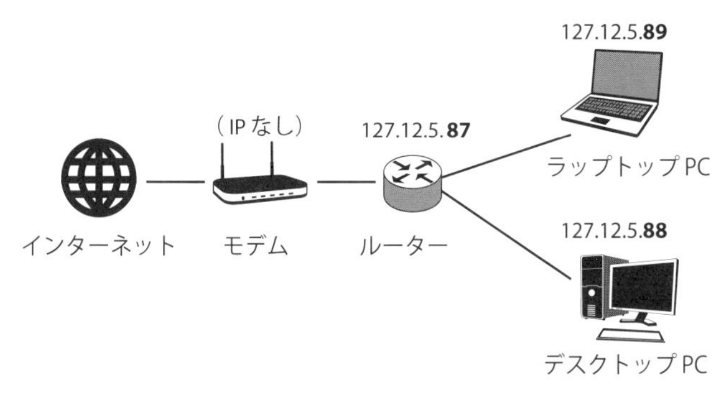

図 12.2 ネットワークデバイスには，IP アドレスと呼ばれる固有の識別子が割り当てられる．

IPv6 では，16 個の数字に相当するものでアドレスを指定するように設計されており，約 40 億 × 40 億 × 40 億 × 40 億のアドレスを表現可能です．これは必要以上に大きいと思えるかもしれませんが，インターネットに接続されたデバイスの普及に伴い，これらのアドレスが IoT のデバイスにも割り当てられることを考えると，賢明な選択であることがわかります．

郵便局の比喩を少し掘り下げてみましょう．郵送先住所の郵便番号を使って手紙が特定の町や都市に送られるのと同じように，IP アドレスの**プレフィックス**（prefix）を利用して目的のルーターにメッセージが届けられます．IPv4 アドレスの場合，たとえば左端の 3 つの 10 進数がプレフィックスを示します（それより長い場合も短い場合もあります）．プレフィックスはスラッシュで指定します．たとえば，127.12.5.0/24 は，プレフィックスが 127.12.5 であることを表します．24 が最初の 3 つの数字を意味するのですが，それはなぜかと言えば，通常，IP アドレスの長さは，IP アドレスを表現するために使用されるビット数で与えられるからです．この場合の各 10 進数は 8 ビットを取るので，3 つの 10 進数で 24 ビットになります．

宛先 IP を使用すると，ルーティングの機能により，同じプレフィックスをもつデバイスのグループにメッセージが送信されます．このグループは**サブネット**（subnet）と呼ばれます．プレフィックスのうしろの数字は，サブネット内での特定のホストIDを示します．たとえば，図12.2のデバイスはそれぞれサブネット127.12.5.0/24にあり，ホストIDはルーターが87，デスクトップが88，ラップトップが89です．郵便システムでは，郵便番号を共有するすべての家屋が「サブネット」にあり，あなたの家の住所があなたの**ホスト識別子**（host identifier）となります[†]．

エンドユーザー向けデバイスは通常，固定された静的IPアドレスをもたず，自動的に割り当てられ，一定時間貸し出され（リースされ）ます．このサービスは，**DHCP**（Dynamic Host Configuration Protocol）サーバーによって提供され，デバイスに適切なIPアドレス情報を提供します（図12.3）．DHCPサーバーは，どのIPアドレスが未使用であり使用可能であるかを把握しています．デバイスはDHCPサーバーに接続し，現在使用されていないIPアドレスを取得し，一定時間借り出します．リース期限が切れたら，リースを更新することができます．更新しない場合，サーバーはアドレスプールにIPアドレスを返し，他のデバイスが使用できるようにします．

場合によっては，ローカルネットワーク内のデバイスに与えられたIPアドレスは，インターネットの他の部分で見られるIPアドレスとは

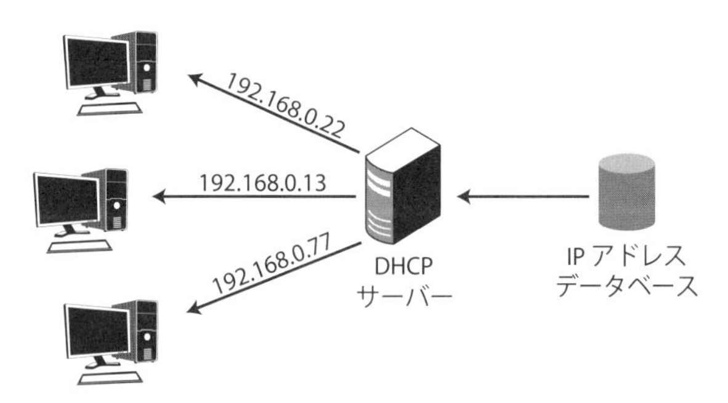

図12.3　DHCPサーバーは，IPアドレスをデバイスにリースする役割を担う．ローカルデータベースにまだ割り当てられていない使用可能なアドレスを保持している．

[†] サブネット，プレフィックス，およびホストアドレスの詳細については，原書ウェブサイトのQ12.1とQ12.2を参照．

異なる場合があります．たとえば，大学のキャンパス内のノートパソコンのアドレスは，ネットワークの外からの見え方とは異なる場合があります．NAT（Network Address Translation）ルーターは，ルーターの前後でアドレス変換を行うため，ローカルエリア外の人々はパブリックIPに基づいてアドレス指定することができます（図12.4）．NATは会社内の郵便室のようなものと考えることができます．荷物が会社の個人に送られると，郵便システムは会社の住所（すなわちパブリックIP）を使用して会社にたどりつきます．次に，郵便室内のソーター（すなわち，NATルーター）は，人の名前（すなわち，プライベートIP）を使用して，どのメールボックスに入れるか，または，どの机に置くかを決定します．

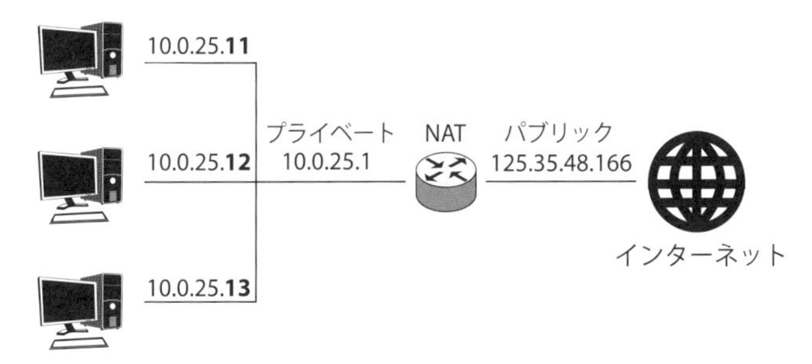

図12.4 パブリックIPアドレスがプライベートIPアドレスと異なる場合もある．ネットワークアドレス変換（NAT）ルーターは，両IPアドレスの変換を担当する．

経路指定（ルーティング）

次のステップは，順番にアドレス指定することで，メッセージが宛先へと向かう経路を決定することです．郵便システムでは，たとえばニュージャージー州プリンストンからフロリダ州マイアミへ手紙を送るといった場合に，その手紙がどの中継都市を通るかをあらかじめ決定します．プリンストンの地方の郵便局から，ニュージャージーのどこかにある大規模な郵便局に送られ，その後，フロリダのどこかにある大規模な郵便局に送られ，次に受取人の地元の郵便局に送られ，最後に受取人のポストに送られることになります．

インターネットでは，使用されるルーティング方法によってメッセージの経路が異なります．ルーティング法には2種類あります．

- 自律システム（AS）の内部では，**メトリック（距離）ベース**（metric-based）のルーティングが使用されます．メトリックベースのルーティングでは，目的地までの最短経路または最も渋滞のない経路を見つけることを目標とします．
- AS間では，ルーティングは**ポリシーベース**（policy-based）で行われます．たとえば，あるASにはハッカーがたくさんいるということを知っていたとすると，そのASを通過するような経路にパケットをルーティングしたくないということがあります．

AS間ルーティングは，AS内ルーティングとは大きく異なります．ボーダー・ゲートウェイ・プロトコル（BGP）は，AS間でルーティングするための主要なプロトコルです．このプロトコルこそが，インターネットを1つにつなぎとめているのです．AS内ルーティングには，2つの主要なプロトコルがあります．

- 各ルーターが自分と他のルーターとの間の距離についての情報を収集するRIP（Routing Information Protocol）
- 各ルーターがネットワークトポロジー全体の外観を大域的に表示しようとするOSPF（Open Shortest Path First）

この章では，RIPの背後にある主なアイディアについて説明します．OSPFは最も一般的なルーティングですが，その詳細は入り組んでおり本書では割愛します．

転送（フォワーディング）

ニュージャージー州からフロリダ州への手紙を送る例に戻ります．ニュージャージーの郵便局の局員が手紙を受け取ると，彼らは何をするでしょう？　まずは封筒の郵便番号を見て，それがフロリダ宛てであることを確認します．おそらく，町や都市のような詳細は気にせず，フロリダ州のある地方局に送ればよいとだけ考えるでしょう．したがって，フロリダ州行きの飛行機に手紙を乗せます．その後，手紙がフロリダに到着すると，別の局員が郵便番号をもう一度見て，マイアミに送らなければならないことを知ります．そこで，マイアミに向かうトラックに手紙を乗せます．最後に，手紙がマイアミに入ると，地元の郵便局は自宅の住所を調べ，それを受取人に届けます．

インターネットにおいて，**転送**（forwarding）の処理は，各ルーターでデータパケットが受信されるたびに発生します．受信すると，ルーターはパケットに書かれている宛先 IP アドレスを調べ，どこに行くのかを判断し，経路上の次のホップに送信します．さらに，次のルーターがパケットを受信し，宛先を検索し，パケットを転送するという，この「ホップ・バイ・ホップ方式」でプロセスは続いていきます．第 11 章のモジュール化についての議論で触れたように，この転送はコネクションレスなプロセスです．

宛先がどのくらい離れているかによって，経路上の最初のルーターはアドレスのプレフィックスだけを気にします．つまり，郵便局がまず宛先郵便番号に向かって転送するのと同じように，まず宛先サブネットに向かって転送します．パケットが宛先サブネットに到達すると，最後のルーターはホスト識別子に基づいて目的のデバイスへ転送します．

物理的には，転送はどのように行われるのでしょうか？　ルーターは，ネットワーク内の他のルーターとリンクで接続しています．パケットが入力リンクに着信すると，ルーターはそれを出力リンクに移動します．ルーターの内部には，リンクへのアクセスを管理する入力ポートと出力ポートを接続するためのハードウェアがあり，できるだけ早く転送が行えるようになっています．

ルーターは，どの出力リンクが最適であるかをどのように判断するのでしょうか？　ルーターは，図 12.5 のように宛先 IP アドレスと出力リンクとを対応づけた**転送テーブル**（forwarding table）を保持しています．ルーターは，この転送テーブルを使用して，宛先 IP アドレスを調べ，

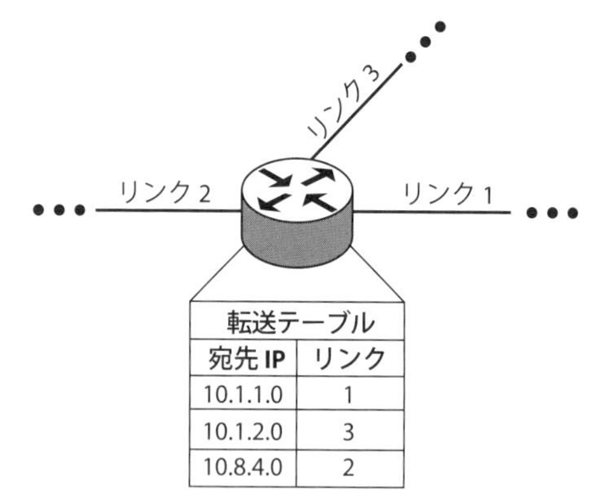

転送テーブル	
宛先 IP	リンク
10.1.1.0	1
10.1.2.0	3
10.8.4.0	2

図 12.5　データパケットがルーターに到着すると，ルーターは転送テーブル内の宛先 IP アドレスを調べて，パケットを転送する出力リンクを決定する．

テーブル内のエントリーを見つけ，対応する出力リンクを選択します．テーブルの各エントリーは，一定範囲の複数のアドレスを指定することもできます．たとえば，図 12.5 のテーブルでは，10.1.2.1 と 10.1.2.10 は両方ともリンク 3 を出力リンクとします．

転送テーブルは構築，維持，更新される必要がありますが，その方法は，ネットワークで使用されるルーティング方法によって異なります．これらを長年にわたり継続するために，多くの枠組みが提案されています．次に，ネットワークを調べ上げて最短経路を見つけ出すことで転送テーブルを構築する方法について見ていきます．

最短経路を探す

結局のところ，ルーティング一般の目的は何でしょうか．それは，可能な限り最良の方法で，インターネットのあるポイント（送信元）から別のポイント（宛先）に到達することです．ルーターは，ネットワークを介してメッセージを渡す中間ノードです．

本書では，第 5 章のウェブグラフから第 8 章と第 10 章のソーシャルグラフまで，多くの異なるグラフを見てきました．ルーティングについでは，もう1つ別のグラフが登場します．ルーターのグラフです．

ルーターのグラフ

図 12.6 を見てみましょう．ルーティンググラフでは，送信元（Source）の仕事はその隣のノード（A，B，C）のどれにメッセージを転送するかを決定することです．選択されたノードは，メッセージが目的地（Destination）に到着するまで，他の中間ルーターなどに転送することを続けます．ここでも，転送は1**ホップ**（hop）ずつ行われます．この場合の1ホップは1つのリンクです．

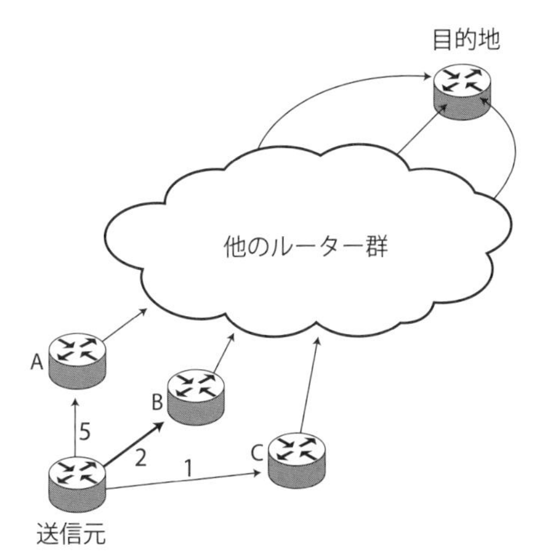

図 12.6 ルーティングは，送信元から目的地へのトラフィックの転送を目的とする．各ノードはその隣接ノードのうちどのノードに対してトラフィックを転送するのが最良かを知る必要がある．

送信元から目的地にいたるまでの経路は複数あります．どの経路が最善であるかをどのように判断すればよいのでしょうか？　通常，望ましいのは最もコストの低い経路です．ルーティンググラフの各リンクは，あるルーターから別のルーターへの物理的な接続を表し，それぞれには異なるコストが付与されています．多くの場合，コストはリンクが接続する2つのルーター間の距離に基づいて定められます．たとえば，同じ部屋の2台のルーター間のコストは，異なる建物にある2台のルーター間のコストよりも小さいといった具合です．

コストを加味するには，重み付きグラフが適しています．第5章でハイパーリンクを重要度スコアで重み付けしたのと同様に，ここではルーター間のリンクをコストで重み付けします．図12.6では，リンク上の数字は，送信元からAへの送信のコストが5であり，Bへの送信には2のコストがかかることを示しています．また，ルーティンググラフのリンクは，AからBに転送できる場合でも，BがAに転送できるとは限りません．また，AとBがお互いに転送できる場合，コストは両方向で同じである必要はありません．

あるノードから他のノードへの最小コスト経路を求める問題は，グラフ理論でよく知られている**最短経路問題**（shortest-path problem）となります．リンクのコストを距離とみなすことが多いためです．リンクの重みがすべて等しい場合，「最短経路」は「最小ホップ数」になります．図12.7に，4つのルーターノードと4つのリンクからなるグラフにおける最短経路問題の例を示します．AがDに送信したい場合は，BまたはCに転送することができます．経路（A，B，D）をたどった際のコストは2 + 4 = 6であり，経路（A，C，D）をたどった際のコストは3 + 5 = 8です．経路（A，B，D）が最短経路であるため，AはBに転送します．次いでBはDへ転送します．

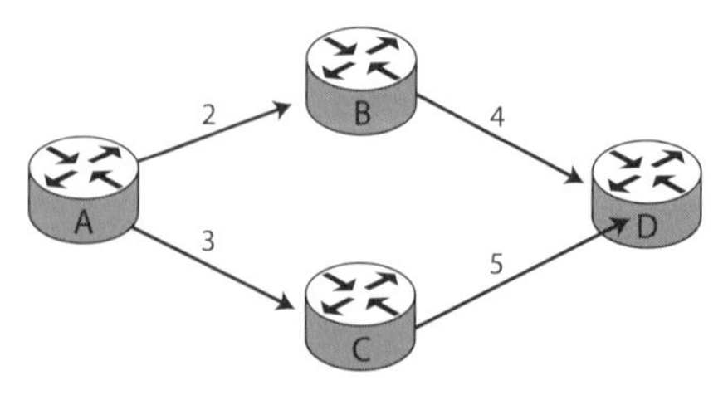

図12.7　経路（A，B，D）のコストは6で，経路（A，C，D）のコストは8．したがって，AからDに送信したい場合は，Bに転送すべきである．その後BからDに転送される．

ベルマン - フォードアルゴリズム

自律システム内のルーター間の最短経路はどのようにして発見できるでしょうか？ その方法は，ネットワーク内のノードおよびリンクの数の増加に応じてスケーラブルで，かつトポロジーの変更に比較的迅速に対応できるようなものでなければなりません．

最短経路問題は 1950 年代以来，広く研究されてきました．ベルマン - フォード，ダイクストラ，A*探索などのいくつかの有名なアルゴリズムが提案されました．これらのアルゴリズムにはそれぞれ長所と短所があります．この章では**ベルマン - フォードアルゴリズム**（Bellman-Ford algorithm）に焦点を当てます．シンプルでありながらエレガントで，ルーティングアルゴリズムの基本原理を示しているからです．また，ARPANET などの有名なルーティングプロトコルで使用されている実装にもつながります．

ベルマン - フォードは，1958 年と 1956 年にそれぞれアルゴリズムを発表した 2 人のアメリカの数学者リチャード・ベルマンとレスター・フォード・ジュニアの名前に由来します．ベルマンは，1950 年代に**動的計画法**（dynamic programming）と呼ばれる方法を導入したことで知られています．これは数学，コンピューターサイエンス，経済学，その他の分野の複雑な問題を解決するために重要な方法で，問題を単純で解きやすい部分問題に分割することで解決するものです（まさに「分割統治」という大きな原則と適合します）．与えられた問題をそのサブ問題に関連づける動的計画法の方程式は，通常ベルマン方程式と呼ばれます．

第 1 章の分散型電力制御と同様に，ベルマン - フォードアルゴリズムは，終了条件を満たすまで反復するアルゴリズムです．各反復では，送信元から目的地への経路のうち最短経路である可能性をもつ経路を見つけ，次の反復でこの情報を使用してより短い経路を見つけることができるかどうかを確認します．第 1 ステップでは，1 ホップだけを使用して最短経路を検出し，第 2 ステップでは最大 2 ホップ，第 3 ステップでは最大 3 ホップまでを使用します．より多くのホップを使用することにより，より多くの可能性が追加されるため，反復するたびにコストは減少していきます（悪くて同じままです）．

ベルマン－フォードアルゴリズムに従って図12.8のルーティンググラフ上を歩く例を見てみましょう．6つのルーターA～Fがあり，各リンクのコストがリンク上に書かれています．目標は，ルーターA～Eが目的地Fに到達するための最小コストの経路を見つけることです．

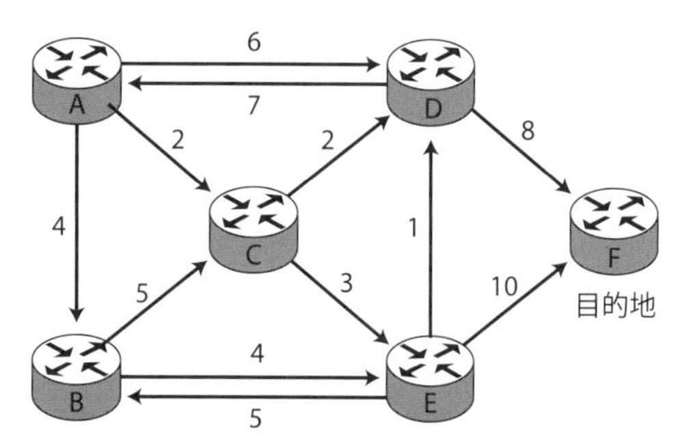

図 12.8　6つのルーターのグラフの例．リンクコストを各リンクの近くに示している．

第1ステップ

最初のステップで行うのは，どのノードがFへの1ホップパス（すなわち直接つながっている経路）をもち，どのノードがFへの1ホップパスをもたないかを調べることだけです．A，B，Cは，どれもFに直接リンクしていないので，1ホップでそこに到達することはできません．しかし，DとEはFへの直接リンクをもっており，そのコストはそれぞれ8と10です．したがって，1ホップの最短経路とそのコストは次のとおりです．

D：　経路 = (D, F)，コスト = 8

E：　経路 = (E, F)，コスト = 10

図12.9は，第1ステップの要約を表していて，Fへの1ホップのコストをカッコ書きで示しています．

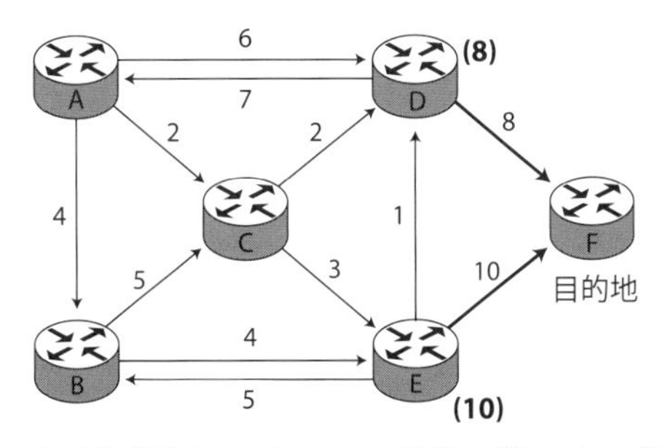

図 12.9 1 ホップの最短経路とコスト．D と E はそれぞれ 1 ホップで F に到達できるが，A，B，C は F に到達できない．

第 2 ステップ

第 2 ステップに移りましょう．最大 2 ホップを使用して，各ノードから F に行く最短経路はどれでしょうか？　ベルマン－フォードアルゴリズムは，第 2 ステップの計算に第 1 ステップの結果を使用します．結局のところ，1 ホップで F に到達できるノードとつながっているノードは，そのノードを介して 2 ホップで F に到達できます．この経路の合計コストを得るには，ノードから隣接ノードまでのコストと，その隣接ノードが目的地に到達するのにかかるコストとを足し合わせます．

A から始めてみましょう．A には，B，C，D の 3 つの隣接ノードがあります．B も C も 1 ホップで F に達することはできないので，今は役に立ちません．対照的に，D は 1 ホップ（コストは 8）で F に到達することができ，A から D へは 6 のコストで行けます．したがって，A は経路（A，D，F）に沿って 2 ホップで F に到達でき，そのコストは，6 + 8 = 14 です．この経路が A から F への 2 ホップの最短経路であり，唯一の最短経路です．

B はどうでしょうか？　B には，C と E の 2 つの隣接ノードがあります．C は第 1 ステップで F に到達できないのがわかっていますが，E は 10 のコストで F に到達できることがわかっています．B から E への転送にかかるコストは 4 であるので，B は 2 ホップで F に到達でき，そのコストは，4 + 10 = 14 です．

今度はCを見てみましょう．Cには，DとEの2つの隣接ノードがあります．これらは両方ともFに1ホップで到達できることが，最初のステップでわかっています．

- 目的地までのDのコストは8であるため，Dを通る総コストは2 + 8 = 10です．
- FへのEのコストは10なので，合計は3 + 10 = 13となります．

10は13よりも低コストなので，CはFへの2ホップの経路として（C，D，F）を選択します．

Dはどうでしょうか？　Dには，AとFの2つの隣接ノードがいます．Aは1ホップでFに到達できないので，DにとってはFに直接転送する経路が唯一の選択肢です．実際，ルーターが目的地に直接転送できるこのような状況で，他の場所に送信したい場合などあるのでしょうか？　その可能性はあります．最短経路問題は最小ホップではなく最小コストの経路を探索する問題であることを思い出してください．総コストがより小さい中間リンクが存在する可能性もあります．

この点について，Eで見てみましょう．Eにとって，DとFの2つが有効な隣接ノードです．

- Fへ直接転送する際のコストは10です．
- DはFにコスト8で到達できます．EからDを経由してFへ向かう際のコストは1 + 8 = 9です．ゆえに，Eは経路（E，D，F）を選択します．

要約すると，第2ステップ後の経路とその合計コストは次のとおりです．

A：　経路 = (A，D，F)，コスト = 14
B：　経路 = (B，E，F)，コスト = 14
C：　経路 = (C，D，F)，コスト = 10
D：　経路 = (D，F)，コスト = 8

E：　経路 = (E, D, F), コスト = 9

この結果は図 12.10 でも確認することができます．図 12.9 と比較して，A，B，C が目的地に到達できるようになり，E が選択する経路は変わりました．

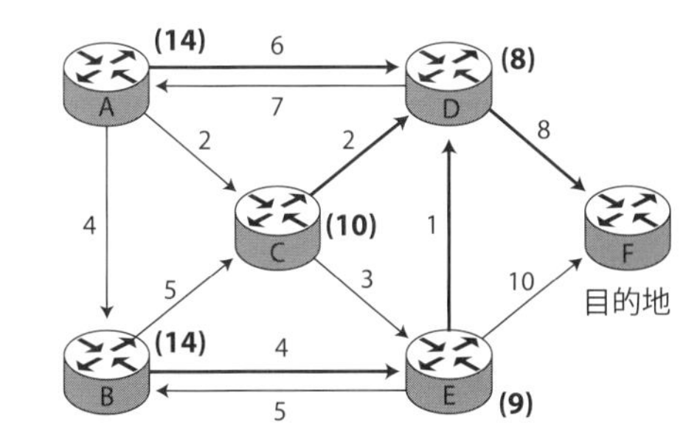

図 12.10　2 ホップの最短経路とコスト．すべてのノードが F に到達できるようになった．第 2 ステップでの計算で更新された E のコスト（具体的には 10 から 9 になった）について B はまだ知らないため，E を経由する経路の総コストは 14 となっている．

ここで一度立ち止まり，最短経路を見つけるためにベルマン－フォードアルゴリズムが何をしているのか見てみましょう．各ステップで，ルーターは発信対象の隣接ノードそれぞれについて調べ上げ，「あなたまで転送するのに w のコストが必要で，あなたから目的地に行くために x のコストが必要なのですね．つまり，私があなたを経由すれば，コスト $w + x$ で目的地まで到達することができますね」とつぶやきます．ルーターは，すべての隣接ルーターのなかで最も総コストが小さいルーターを選択します．このアイディアを図 12.11 に示します．送信元（S）には，2 つの隣接ノード A および B があります．A はコスト x で 6 ホップ先の目的地（D）に到達でき，さらに，リンク（S, A）のコストは w です．したがって，S はコスト $w + x$ で A を経由して 7 ホップ先の目的地まで到達できます．同様に B については，コストは $y + z$ です．これらのコストのうち小さいほうを，このステップで S が選択します．

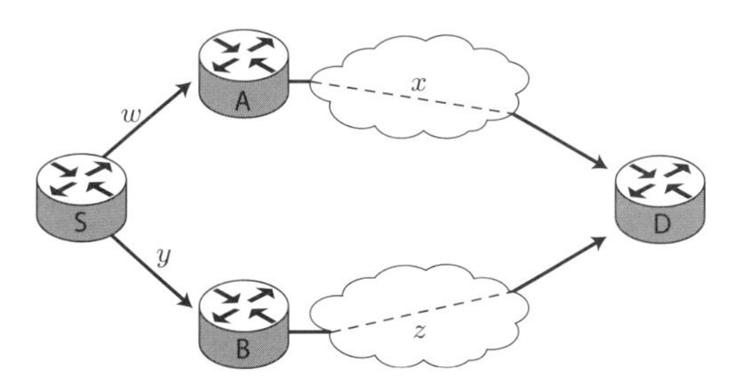

図 12.11　ベルマン－フォードアルゴリズムの各ステップでは，発信元はその隣接ノードのなかから最も低い総コストであるノードを確認する．そのためには，隣接ノードへのコスト（ここでは w と y）と各隣接ノードから目的地までの総コスト（ここでは x と z）の2つを知っている必要がある．

第3ステップ

続いて3ホップを考えると，Aはどのような状況でしょうか？　3つの隣接ノードは，多くとも2ホップで目的地に到達できます．

- BからFのコストは14で，AからBを経由するとコストは4 + 14 = 18です．
- CからFのコストは10で，AからCを経由するとコストは2 + 10 = 12です．
- DからFのコストは8で，AからDを経由するとコストは6 + 8 = 14です．

Cに転送するコストが12で最小なので，Aは経路（A，C，D，F）を選択するでしょう．

Bはどうでしょうか？　Bは総コスト5 + 10 = 15となるCか，総コスト4 + 9 = 13となるEのどちらかを選択できます．Bは第2ステップにおけるEのコストの変化を反映し，Eを選択するでしょう．

C，D，Eの経路のコストは変化していないことを確認しておいてください．現時点での，探索された経路とコストは以下のとおりです．

A：　経路 = (A，C，D，F)，コスト = 12
B：　経路 = (B，E，D，F)，コスト = 13

C：　経路 = (C, D, F), コスト = 10

D：　経路 = (D, F), コスト = 8

E：　経路 = (E, D, F), コスト = 9

これらの結果は，図 12.12 にも示しておきます．

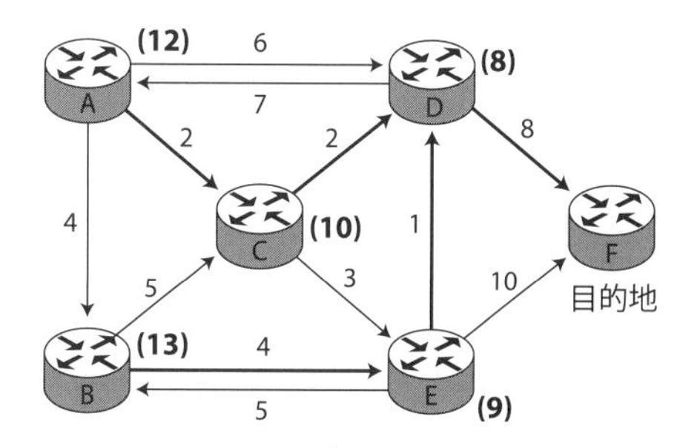

図 12.12　3 ホップの最短経路とコスト．

第 4 ステップ，第 5 ステップ，……

この例では，すでに最短経路が決定しているため，実際には第 4，第 5 またはそれ以上のステップを続ける必要はありません．一般の場合，ベルマン－フォードアルゴリズムでは，最大でグラフ内のノード数と同じ回数のステップを繰り返せば，アルゴリズムが終了したことが確認できます†．

それでも，自律システムにおけるルーティングの実際のシナリオでは，そこに何台のノードが存在するのかわかりません．実行を停止すべきかどうかを判断するのにノード数を目安にできないため，その代わりに反復的な最短経路アルゴリズムは「ステップごとに発見される最短経路が変化しない」という仮定に頼らなければなりません．停止は一時的なものにすぎません．ネットワーク構成が時間の経過とともに変化し，リンクのコストやノード数などに影響を与え，次いで最短経路にも影響を及ぼすかもしれません．それゆえ，アルゴリズムは，経路のコストを最新の状態に保つために定期的に実行する必要があります．

† これに関する詳細については，原書ウェブサイトの Q12.3 を参照．

最短経路探索のためのメッセージ伝達

インターネット上でのルーティングは，一度に1ホップずつ行われる転送によって実装されます．各ルーターの転送テーブルには，図12.5のように，次にメッセージを送信する場所に関する情報のみが含まれます．図12.12の例では，F宛てのメッセージがルーターAに到着すると，AはCに転送する必要があることだけを知っていれば事足ります．つまり，メッセージがそれ以降にどのような経路をたどるかについては知る必要がありません．同様に，BはEに，CはDに，DはFに，EはDに転送することのみを知っています．これは分散ルーティングの驚くべき特性です！

実際に転送テーブルを作成するには，さらに重要なステップが1つ必要です．各テーブルは，各ルーターがネットワークの局所的な情報しかもたないという事実を反映したものでなければなりません．つまり，隣接ノードの存在と隣接ノードへのコストの情報のみを知っているということです．最短経路は分散方式で発見する必要があり，各ルーターは局所的な情報から転送テーブルを構築しなければなりません．

これを達成するのがメッセージパッシングです．ルーターは，発見した経路コスト情報を示すメッセージを隣接ノードに送信し，取得したメッセージに基づいて独自のテーブルを継続的に更新する必要があります．各メッセージは，ルーターが到達可能なすべての宛先と，各宛先への経路の合計コストを短く要約したものになっています．

メッセージパッシングは，隣接ノード間で行われます．このプロセスを通じて，ルーターは，それらの経路がどこを通過していくかを知ることなく，エンド・ツー・エンドの最短経路について必要なすべての情報を取得できます．図12.12の例のネットワークでメッセージを数回やりとりすると，AはFへの最短経路がCを通ることを知ることができます．しかしAは，CからDに転送されることを知りませんし，CはDからFに転送されることを知りません．インターネットにおける転送の目的では，それらは知る必要がないのです．

ベルマン - フォードアルゴリズムとメッセージパッシングを組み合わせた実装例の 1 つが，前述の AS（自律システム）内のルーティングプロトコルである RIP です．最も古い方法の 1 つですが，ルーター間で 1 ホップのメッセージがやりとりされるだけの実装しやすい方法であるため，現在も使用されています．AS 間のプロトコルである OSPF は，過去数十年で次第に人気を集めています．RIP は隣接ノードに関する情報しか保持しませんが，OSPF では，各ルーターは実際に各リンクの状態（たとえば，コスト）を含むネットワークの局所的な情報を構築し保持しようとします．その結果，OSPF は**リンク状態型ルーティング**（link-state routing）の一種であり，RIP は**距離ベクトル型ルーティング**（distance-vector routing）の一種に分類されます．OSPF は，リンク状態が急速に変化する大きなネットワークでとくに好まれて使用されています．

*

ルーターが転送テーブルを構築するためにメッセージを渡すやり方は，ネットワークにおける分散アルゴリズムと調整——本書の主要なテーマの 1 つ——のさらなる例となっています．これらは，拡大・変化し続けるネットワークのスケーラブルな管理を可能にします．第 I 部での電力制御と搬送波検知は分散処理の例ですが，第 13 章での輻輳制御も分散処理のもう 1 つの例です．第 II 部，第 III 部で議論したランキングおよび推薦の手順が中央集中的な性質をもっていたことを思い出してもらうと，このアルゴリズムの操作はまさにそれらと対照的です．

第V部のまとめ

インターネットは，絶えず拡大しているネットワークのネットワークであるにもかかわらず，分割と統治の原則によって，機能的にも地理的にもスケーラビリティーが保たれています．私たちはその設計の背後にある3つの基本的な概念を見てきました．すなわち，リソースを占有する代わりに共有するパケット交換，制御をネットワークの異なるセグメントが分散して担う分散型階層，タスクが異なる機能的レイヤーに分割されて別々に管理されるモジュール化の3つです．また，インターネット上のある場所から別の場所へのトラフィックを実現する重要な作業であるルーティングについて詳しく説明しました．これも，ルーター間で分散メッセージをやりとりすることによって最短経路を発見するというスケーラブルな方法で行われており，ネットワークにおける分散アルゴリズムおよび調整の1つの例でもあります．

対談 ―――――――――――――― ロバート・カーン

A Conversation with Robert Kahn

ロバート・カーン氏は,「インターネットの父」の1人として広く知られている.彼はヴィントン・サーフ氏とともにTCP/IPを開発した.

Q:ボブ,もしTCP/IPがなかったら,今日のインターネットはどうなっていたと思いますか?

ボブ:私はTCP/IPをリングワ・フランカ(共通語)とみなしています.これは,インターネットのさまざまな構成要素を互いにつなげるプロトコルおよび手順の集まりです.では,それを可能にするような別のプロトコルと手続きのセットは考えられるでしょうか.答えは「イエス」です.私の推測では,同じ種類のアーキテクチャの頑健性の理由から,私たちが以前にTCP/IPで行ったことに非常によく似たものが必要だとは思いますが,少し違ったものでも可能だと思います.TCP/IPのようなものは,各パーツを協働させるためにはどうしても必要で,さもなくば,まったく異なるインターフェースを使っているかもしれないネットワークにおいてエンド・バイ・エンドの相互接続性の問題が生じてしまいます.したがって,ヴィントン・サーフと私がつくったプロトコルかそれと非常によく似たものがなければ,今日のインターネットは存在しないだろうと思います.

Q:しかし,振り返ってみると,私たちがどこに向かっているのかは必ずしも明らかではありませんでした.結局のところ,何が,TCP/IPを過去40年間にネットワークのあらゆる部分を相互運用可能な方法で結びつける接着剤たらしめてきたと考えられますか?

ボブ:インターネットは過去40年間でかなり進化してきました.インターネットを構成する基本的な考え方さえも多少変わっていますが,依然として相互接続性の基本的なニーズがあります.そして,私たちがあの仕事をした70年代初期の当時を振り返ってみると,実際には選択肢は多くはありませんでした.ヨーロッパの人たちも最終的には同様のことをやろうとし,私たちとほぼ同じ

IP アプローチに収束しました．そして結局両者は合併して同じ基本 IP 戦略を採用し，その上で多様なエンド・ツー・エンドのプロトコルを使うことになりました．ヨーロッパの人々はそれらのことを TP0，TP2，TP4 と呼んでいましたが，それ以前からすでに多くの人が TCP を採用していたので，定着しませんでした．

だから私は，インターネットの成長はむしろ漸進的であり，クリティカルマス（臨界質量）を目指す営みだったと思っています．人々が望んでいたのは，対話できる参加者の集団とつながることであって，ほとんどの人は TCP/IP にコミットしていきました．また，国際基準が定められても，切り替えることによる便益はなかったので，誰も時間をかけて切り替えようとはしませんでした．

Q：TCP/IP は，実際には 1974 年のはじめに 1 つのプロトコルとなり，その後 2 つのレイヤーに分割されました．1 つのプロトコルから 2 つのレイヤーへの進化を説明いただけますか？

ボブ：人々が感じていた問題は，リアルタイムコミュニケーションの必要性に起因していました．最初の独創的なプログラムは，私が DARPA（国防高等研究計画局）で始めたパケット音声に関するものでした．そのアイディアは以下のようなものでした．まずアナログの音声ストリームをデジタル化し，それを小さく切り分けて——これを私たちは小包（parcel）と呼びました——パケット単位か，より大きな単位でネットワーク上を独立に送信します．そして，相手側（受信側）では，デジタル化された音声から連続的な音声ストリームを再構成します．これができるかどうかが問題でしたが，私たちは可能であることを示すことができました．

さて，ARPANET におけるオリジナルの TCP では，メッセージが通過するたびに，次のメッセージを送信する前に確認メッセージが返され，遅延が発生する可能性があります．この影響で，音声が分裂する可能性がありました．BBN テクノロジーズの助けを借りて，確認メッセージを必要としない新たなタイプのパケットを導入することで，遅延への策を講じました．私たちはこれらを ARPANET のタイプ 3 パケットと呼ぶことにしました．

しかし，インターネットの側に移動すると，エンド・ツー・エンドのプロトコルは内部に IP がバンドルされた TCP プロトコルであり，両者の混合になっていました．それに対する私のアイディアは，アプリケーションプログラムが TCP プログラムと対話し，プログラム間で必要なものを説明するというものでした．音声アプリケーションの例では，アプリケーションは「パケットを送ってください．しかし，20，40 または 60 ミリ秒遅れた場合，遅すぎるので処理できませんが，気にしないで送ってください」などと言います．私の考えは，TCP/IP プログラムは必要に応じて，プログラムに渡すものを決めるというものでした．実際にやってみると，すでに構築されているすべてのアプリケーションを再コード化できるようにしたり，必要なことを説明できるようにしたり，TCP プログラムがこれらすべてのプログラムからの入力を受け入れられるようにしたりするのは難しいことがわかりました．そこで，より単純な仕組みを選びました．エンド・ツー・エンドだけの部分と信頼性の低い部分とに分割して，パケットが現れるたびに配信を行い，エンド・ツー・エンドの部分に再構成の方法を考えさせるようにしたのです．

これが，分割にいたった経緯です．そうする必要があると認識されていましたし，多くの人が他の選択肢があるとは認識していなかったと思います．しかし，今になってみると，私が長期的な戦略として優れていると思っていたものは，実際には短期的には実行可能な戦略ではありませんでした．そういうわけで私たちは IP を続けることになり，最終的な分析では私もすべてに同意しなければなりませんでした．

Q：これは非常に興味深い歴史です．ルーティングについてですが，インターネット上のルーティングがどのように機能するかを人に説明するための，お気に入りの比喩はありますか？

ボブ：むしろ，転送テーブルがどのように機能するかを説明するのがよいでしょう．つまり，こういうことです．リンク１本からノードに何かが入ってくる可能性があるとします．そのノードはパケット交換でも，ネット間のゲートウェイでもかまいません．何らかの理由で，パケットがどこに行くのかを調べ，どのリンクから出力するかを決める際，ルーティングテーブルは何をするのでしょうか．ルーティングテーブルは，基本的に隣接ノードからの情報によって更新されます．基本的に，特定の交換機またはゲートウェイは，最終的な目的地に最も近いノードを特定し，通常そのノードに送信しようとします．トポロジーの全体構造を知っていれば，ネットワーク全体を表す包括的で大域的なルーティングテーブルを構築することができますし，ルーティングに関して最適な判断ができます．または，輻輳が最も少ない経路に送信しようとするときに，異なる回線上のトラフィックフローに関する情報があるかもしれません．

これが，ルーティングの仕組みを説明するときの私のやり方です．ただし，ルーティングは非常に動的で適応性があるので，すべてのルートを前方から選択するような戦略に固執する必要はありません．

Q：もし，たとえば，1974 年に戻ることができるとしたら，あなたは何を違ったふうに行い，あるいは，何を追加しますか？

ボブ：そうですね，私たちが取り組んできた方策のたいていのものは，私たちがどうしても発明しなければならなかった全体的なインターネットのアーキテクチャを除いて，非常に自明で段階的な方法でした．どうしたらこれらを一緒に機能させられるかと考え，私たちは，IP アドレスの概念を創造しなければなりませんでしたし，私たちはゲートウェイやルーター，トラフィック等を通信するプロトコル，ゲートウェイ間プロトコルのような媒介物，そして，ルーターやボーダー・ゲートウェイ・プロトコルの宣伝方法を創造しなければなりませんでした．

私はもっとよくできたらよかったのにというお話をすることはできます．初期の時代に，セキュリティーについてもっと前進できていたらよかったと思います．しかし思い出してほしいのですが，私たちはそうしようとトライしていたのです．多くの人に思われているように，私たちはそれを無視していたわけではないのです．むしろ，意義のある方法でインターネットのセキュリティーを本当に確保するためには，私たちはその分野の専門家と協働すべきだったのです．彼らにとって，この全体的な技術が有益なものになるのか，あるいは無駄に終わるのかさえ定かではありませんでした．確かに当時はまったく商業的なものではありませんでした．彼らはやるべきことをたくさん抱えていたので，注意を向ける時間やエネルギーを持ち合わせていなかったのです．そこで私たちは，小さな段階的な手段をとりました．私たちは独自のプライベートライン・インターフェイスをつくりました．それはネットで調べてもらえば出てきますが，基本的には間に暗号化装置をつないだレッド・ブラック方式のプロセッサーでした．私たちは実際にそれらをテストし，選択的アドレス指定のために暗号化を回避する方法を得ていました．そして，最初 1 つのサイトで行い，次に 32 のサイトで行ったと思います．ですから段階的改善はありましたが，振り返ってみるともっとうまくできたらよかったのにと思います．

私たちがスタートしたときにそれほど理解していなかった 2 番目のことは，私たちにはたくさんの異なる将来性があると考えていた一方で，ネットワーク数は少数にとどまるだろうと考えていました（しかし，その後アーキテクチャがそれを可能にしました）．思い出してください，当時のネットワークは，すべて大規模で，一般的には ARPANET や AT&T ネットワーク，ディフェンスネットのような広域のものでした．私たちは，少数のネットワークしかできないだろう，おそらく 4 か 8 か 16 ぐらいの数しか世界に現れないだろうと考えていました——しかしその後イーサネットが登場すると，あっと言う間に数千となりました．そうしたことすべての効果として，初期のアドレス指定――32 ビットアドレスのうち，8 ビットをネットワークへ，24 ビットのネットワーク上のやがて現れるエンドマシンへ割り当てる想定でした――がまもなく使い果たされてしまいました．その結果，私たちはこの状況への対処法を，リアルタイムで発明し直さなければならない羽目になりました．今思うと，もし最初の段階で問題の大きさを理解していれば，128 や 256 ビットアドレスで開始すべきでした．そうすれば，この IPv4 から v6 への移行という，現在のトラウマ的経験をする必要はなかったのにと思います．

私は長年，単にビットの移動ではなく情報を管理するという発想をもとに，インターネットの再構築に取り組んでいます．そして私が取り組んできたのは，デジタル・オブジェクト・アーキテクチャと呼ばれるもので，これは世界中でかなり勢いがついてきています．アメリカではそれほどでもありませんが――というのはウェブに非常に焦点が当てられているためですが――世界では大きな関心を集めています．もし 40 年前にその考えをもっていたとしたら，これをやっていたと思います．

Q：デジタル・オブジェクト・アーキテクチャについて少しご説明いただけますか？

ボブ：そうですね，このアーキテクチャでは，私たちが扱うすべてのものはデジタルオブジェクトであると考えることから始めます．デジタルオブジェクトは，ビットの列でも，ビットの列の集合でもかまいませんが，それぞれ独自の永続的な識別子をもっています．情報を扱いたいなら，その情報をデジタルオブジェクトの形式として扱うこともできますし，デジタルオブジェクトは個人を表すこともできます．実際，オブジェクトを分解していくと，個人そのものではなく，その人の情報を得ることになります．たとえば，その人の公開鍵，その日に連絡が取れる場所，自分に知ってもらいたいと思う他のもの――E メールアドレスなどです．このことから，ネットワーク環境では私たちが気にかける一つひとつの資源は，それぞれのアイデンティティをもつと考えます．このアイデンティティにより，何かとつながろうとするとき，公開鍵を使用してチャレンジ／レスポンス式のやりとりを行うだけで，誰とつながっているのかがわかるのです．このように，デジタルオブジェクトは独自の永続的な識別子をもちます．私たちはこれをハンドルと呼んでいるのですが，その実体は明確な識別子です．

たとえば，現在では，そうですね，所与のマシンのファイルにアクセスする URL を使用し，履歴としてそれを保存して――政府情報や企業情報など何でもよいのですが――，100 年以内に，その情報を思い出して取り出したいと思う場合，十中八九，その URL はもはや使えません．マシンは消え去り，メーカーの企業名は変わっているかもしれません．あるいはそのファイル名の情報はないかもしれません．けれども，その情報に独自の識別子を与えると，そのファイルがどこにあっても，誰かが管理している限り，その識別子を情報に解決させることができます——私はこれをステート情報と呼びます．

現在の科学文献では——あなたはきっと IEEE トランザクションや ACM ジャーナルやその他の伝統的な科学ジャーナルを読んでいると思いますが——，彼らは皆このシステムを使用しています．このアーキテクチャは，それらすべてで使われており，私たちはそれをハンドルシステムと呼びます．それは，指定のオブジェクトについてのステート情報を保存し，後で取り出す機能をもちます．また，オブジェクトが利用できる場合，どこにアクセスすべきかを示してくれるかもしれません．オブジェクトは移動することがあります．印刷された文献のなかにせよ，電子保管システムのなかにせよ，情報を移動させたり，保存技術基盤を変更したりしたら，識別子に戻ってそれを変更する必要があります．誰かがそれを管理していた場合，識別子によってそこにたどりつくでしょう．もちろん，アクセスを許される必要はあります．誰かがその情報に課金したい場合もあるでしょうし，一定の情報にアクセスをする際のファイアウォールがあるかもしれませんが，アーキテクチャ上，原則としてアクセスは可能なのです．

そして，このアーキテクチャには 3 つのコンポーネントがあります．1 つは，私がお話しした解決システムです．私たちはこれをハンドルシステムと呼びます．これは識別子を入力として受けとり，識別したいもののステート情報に相当するものを返します．2 つ目の，リポジトリ技術によってデジタルオブジェクトを格納することができ，識別子のみに基づいてそれらにアクセスできます．これにより，どこにいても，USB メモリー，RAID アレイ，クラウドサービスなど好きな方法でバックグラウンドに保存できます．そして，これはユーザーにはまったく見えません．なぜならそのリポジトリのウォールの背後にあるからです．そして最後に，レジストリ——私たちはそれを DO リポジトリあるいは DO レジストリと呼びます——は，基本的にオブジェクトに関するメタデータを保存し，レジストリのブラウジングやサーチを可能にし，作業の完了時には識別子をあなたに返します．最近，私たちはこれらのコンポーネントのうち，レジストリとリポジトリの 2 つを取り上げ，これらをリポジトリ機能やレジストリ機能を果たす 1 つのターンキーシステムへ融合させました．なぜなら，リポジトリは，リポジトリのなかに何があるかを知るためだけにレジストリを必要とし，レジストリはそのメタデータ記録を保持するためだけにリポジトリを必要としていたためです．私たちはこれをつくり上げ，その 1 つのバージョンをウェブ（URL：corda.org）に公開しています.

簡単に言えばそういうことになります．そしてこのアーキテクチャが興味深いのは，それを採用する人は誰でも，彼らが舞台裏で使用する技術から独立しているということです．ちょうど，IP アドレスを使用する場合，その背後でどんなコンピューターも扱えるのと同じく，システムを相互運用しつつ，個々のサイズの違いに起因する問題をすべて回避することができます．このループには，レポジトリをおき，デジタルオブジェクトにアクセスして後から使うために保存しておくことができます．さらに，それは内蔵セキュリティーを装備しています．なぜなら，解決システムはそのなかに公開鍵を保存することができるからです．このため，追加費用なしに PKI インフラストラクチャ（公開鍵暗号基盤）のすべての機能を呼び出すことができます．私は，これは情報管理を前進させるとてもよいモデルだと思います．なぜなら，このモデルは情報をまとめるだけでなく，独自の目録システムももっているからです.

Q：デジタルオブジェクトで動作するインターネットは，バイトで動作するものとどのように異なって見えますか？

ボブ：リポジトリを利用して今日のインターネットに接続できるので，今日のインターネットの根本的な部分には必ずしも影響を与えないと思います．レジストリやそれを組み合わせたバージョンであるハンドルシステムについても同じです．これらは今日のインターネットがもつすべてを使いこなすだけです．今のインターネットを使ってできることであれば，デジタルオブジェクトのインターネットにもそれができます．つまり，どちらか一方ではなく，両方を利用します．あるデジタルオブジェクトがイーサネットを経由しているなら，それはある仕方で扱われるでしょうし，それがトークンリングの上にあれば，わずかに異なる仕方で扱われるでしょう．基礎をなす通信技術は，それが行うべきことを行うだけです．これらは，さまざまな方法でビットとバイトに分割されます．しかし，結局のところ，すべてのビットがもう一方の端に到達し，それらが正しく受信されたことを確認できさえすれば，それが効率的で費用対効果の高いものである限り，実際にはその下で何が起きているかを気にする必要はありません.

Q：あなたは，もし 1974 年に戻れたら，デジタル・オブジェクト・アーキテクチャを TCP/IP にも組み込んだだろうとおっしゃいました．具体的にはどんなことをしたでしょうか？

ボブ：いいえ，私は TCP/IP に入れなかったでしょう．構造から始めて，それが異なるネットワーク環境でどのように適用されるのかを見ていっただろうと思います．なぜなら，もし扱っているシステムが相互運用可能であり，プロトコルインターフェースで話す方法を知っているなら，そのシステムは他のシステムとの完全な相互運用が可能になるからです．問題は，そこにビットをどうやって入れるかということです．TCP/IP は，開発途中の断片的なインターネットシステムがあらゆる種類のアプリケーションに対処するために開発されたものですが，まあこれを使うこともできます．一方，望むなら，インターネットの基盤を再考することも想像できます．しかし，インターネットは世界中のどこにでもあり，すべてを一度に変えることはできません．一度に変えられないことは確実で，おそらくすべてを変えることも永久に無理でしょう．だから，今日のインターネットが何をもっているかなど，すべての気まぐれに対処しながら，前に進まなければならないのです．

Q：今日のインターネットは，あなたが想像していたものとどう違いますか？

ボブ：当初は研究実験の対象としてしか見ていなかった点ですね．私たちは，異なるネットワークをどのように連携させて，それらのネットワーク上のコンピューターを互いに話し合わせることができるかを見たかったので，少数のネットワーク，少数のコンピューターを考えていました．私たちが始めたときには，ワークステーションや PC などはありませんでした．大きなタイムシェアリングシステムだけがありました．これらはすべて数百万ドルの機械で，それをもっている人はほとんどいませんでした．おそらく 100 の機関くらいでしょうか．私たちが見ていたのはそうしたもので，それは，少しずつ成長していきました．そして突然，周囲にワークステーションが現れ，80 年代前半にパーソナルコンピューターが登場し始めました．その頃から 100 台のマシンではなく，数千，数万，数十万ものマシンを対象とするようになりました．そして現在ではどうでしょう？　ネットワーク上にはおそらく 30 億個のデバイス，IoT によって 20 億 ～ 1,000 億になる可能性すらあります．

Q：接続されているデバイスの数が大幅に増加しているわけですね．

ボブ：これまで以上に多くのものがつながっています．1 つのマシンであっても，多くの仮想マシンと多数のアプリケーションが同じデバイスで実行されていることがあります．帯域幅のスケールアップを見てきたと言っても過言ではないと思います．私たちは毎秒 50 キロビットから始めていましたが，現在では，毎秒 10 ～ 100 ギガビットの範囲で処理していると仮定することは不合理ではないと考えています．そのため，記憶容量の面ではスケールアップは約 100 万倍に上ります．そして，計算力の面では，今日最も安価なデジタル腕時計よりかろうじて勝るマシンはあったと思うので，計算速度が少なくとも 100 万倍向上しました．そして，それは減速の兆候を示さないので，今から 10 年後には 10 億倍になり，これは技術史上に他に類を見ない技術的貢献だと言えます．

Q：本当にそうですね．この非常に印象的なスケーリングのプロセスでは，数学がそのようなシステムの分析と設計においてどのような役割を果たしていると思いますか？

ボブ：それは非常に興味深い質問です．私はアカデミックな動機からキャリアをスタートしました．私は伝統的な数学の勉強をたくさんしました．私は数学の問題に本当に興味をもっていましたし，いくつかは得意でした．私よりはるかに優秀で，本当に複雑な理論的数学の問題を扱っていた人もたくさんいました．しかし，私は自分が取り組んでいる応用数学の問題に興味を見出しました．それらに取り組んでいるだけで楽しかったですし，面白い結果も出てきました．リトルの定理はその 1 つの例です．レナード・クラインロックが取り組んだ，独立性の仮定についての仕事がありました．彼は独立性の仮定のもとではネットワークのパフォーマンスに関するいくつかのことを証明できましたが，独立しているということは証明できませんでした．独立性の仮定のもとでは，閉じた形式（解析解）を得ることができました．

レナード・クラインロックとフランク・ハワードと私が書いた論文があります．ハワードは ARPANET の初期のトポロジカルな設計をすべて行いました．私たち 3 人が書いた論文のタイトルは「コンピューター通信の理論と設計で学んだ教訓」でした．私たちがそのときに問うた疑問の 1 つは，「どのように巨大なネットワークを設計し，構築すべきか？」でした．私たちは皆考えました．私たち一人ひとりが独自の意見をもっていましたが，60 ノードまたは 64 ノードのネットワークであるという共通点があり，たいへん驚きました．私たちは皆同じ考えにいたったわけですが，それはなぜでしょうか？　最初に切り出したのはレナードで，彼はネットワークのスループットと遅延の式を解くと，分母はゼロになり，ノード数は約 60 になるため，最大 60 でこの方程式は無限大に発散すると言いました．それに対してハワードは，それは興味深い，なぜなら自分は数学には何の注意も払っていなかったが，多くのシミュレーションを行った結果，ノード数が最大 60 になる頃にメモリー領域を使い果たしてしまうということを発見していたから，と言いました．続けて私は，それはとても興味深いね，と言いました．なぜならARPANETを構築したばかりの1972年の当時は，通信は50キロビットで走っていて，ルーティングテーブルが60または64ノードよりはるかに大きくなると，ネットワークのすべての帯域幅がルーティングテーブルを回すことに消費されることになってしまい，どう対処法してよいかわからなくなるという事情があったからです．もちろん，メガビットならば，これらの制約はなくなるでしょうし，より多くの記憶領域ももっていれば，ハワードのシミュレーションは失敗しなかったでしょう．レナードの方程式もおそらく別の方法で調整されなければならなかったでしょう．しかし，結論として，ここには実装・シミュレーション・数学という3つの異なる見方があって，実装はシミュレーションには依存せず，シミュレーションは数学に依存しないものだったので，同じ問題に対する独立した3つのアプローチだったと言えます．

私には，可能なすべてのアプリケーションについて話すことはできません．将来的には，優れた数学的なモデルが必要なケース——アプリケーションがそもそも動くかどうかを知るために必要になることもあるでしょう——が増えてくると思いますが，それがどんなものになるのか，私にはわかりません．

Q：ありがとうございました，あなたと考えを共有できて嬉しく思います．

第 VI 部

エンド・ツー・エンド

END TO END

コンピューターにとって，インターネットは時々ブラックボックスのように見えることがあります．コンピューターは，あなたとコミュニケーション相手をつなぐネットワークのなかで本当は何が起きているかわからないまま，メッセージを送受信しているのです．

エンド・ツー・エンドの制御は，本書の 6 番目かつ最後のネットワークの原則です．第 13 章では，インターネットデバイスが受信側から提供されたフィードバックを使って，どのようにネットワークの輻輳の度合いを推測し，制御するかを見ていきます．これには各デバイスの分散調整を要求し，適切にパケットを受け取った際にネットワークを通して互いに確認メッセージを送り合う必要があります．

輻輳制御の紹介によって，インターネット内部の働きに関する本書の 3 つの章（第 11 ～ 13 章）に及ぶ議論は完結します．第 14 章では，ソーシャルネットワークに立ち返り，一見ネットワークには関係のないように思える人々のつながり方を取り上げます．ここでは，人々の局所的な情報だけを用いて最短経路を発見するという行動が，巨大で絶えず成長し続けるネットワークでもスモールワールドとなることを眺めます．

13

混雑に対処する

Controlling Congestion

第 12 章でパケットルーティング（packet routing）について議論した際，一度に通過できるパケット数についてはまったく触れませんでした．インターネットのリンクを構成する機器はビットを決まった速度で送ることしかできないため，トラフィックをコントロールする方法が必要となります．トランスポート層は，それらのリンクにおけるインターネットの需要が供給を上回らないよう保証する役割を担っています．供給を上回ってしまう場合，エンドホストは要求を許容水準以下に戻すよう**輻輳制御**（congestion control）を実行します．

どのように輻輳を制御するか

図 13.1 を見てください．これはリンクにおける輻輳の例を示しています．今，ボブが 20 Mbps でデータを送っており，アリスは 30 Mbps で送っています（Mbps は通信速度の単位で，1 Mbps は 1 秒間に 100 万ビットのデータを送信できることを表します）．図のリンクの許容量は 40 Mbps（つまり 1 秒間に 4,000 万ビットまで送信可能）ですが，2 人のユーザーの要求を合わせると許容量より 25％多い 50 Mbps となり，需要量が供給量を上回っています．

すると，どうなるでしょうか？　パケットはリンク前方のバッファー

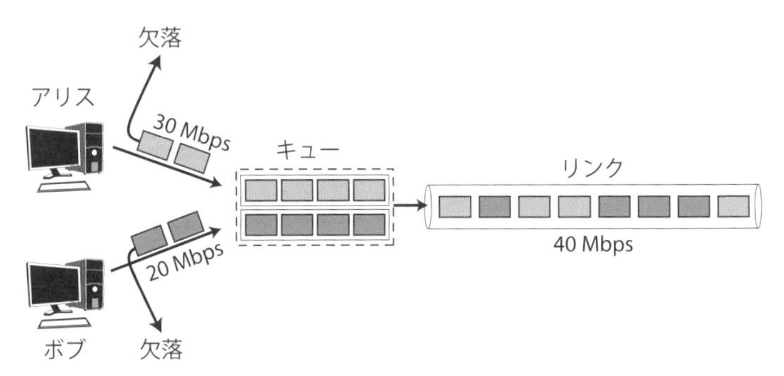

図 13.1　2人のユーザーはリンクに対する需要を共有しており，30 + 20 = 50 Mbps という要求量は，リンクの許容量である 40 Mbps を超えているため，輻輳が起きる．

に蓄積され始め，キューを形成し，送信されるチャンスを待ちます．これは交通渋滞（図 13.2）にはまったようなもので，道路上の車の量が多すぎるため，列から抜けるまでゆっくり進まなければなりません．人が渋滞のなかにいる時間は，パケットが送信される前にキューのなかにいる時間と似ています（しかしながら，前者が「分」の単位であるのに対し，後者は「数ミリ秒」と，タイムスケールは大きく異なります）．

さらに悪いことに，多くの車が渋滞に加わるとその列はより長くなります．同じように，多くのパケットがバッファーにどっと押し寄せるこ

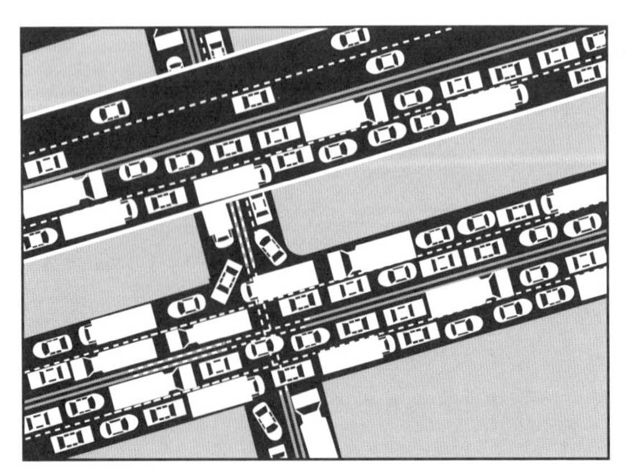

図 13.2　インターネットにおける輻輳は，交通渋滞に似ている．

とでキューは長くなり，より大きな輻輳となってしまいます．ついにバッファーが溢れると，満杯のバケツの上部から水がこぼれ落ちるようにパケットの欠落を引き起こします．どのパケットが欠落するかはキューを管理するプロトコルごとに異なります．

インターネット（とくにトランスポート層）は，どのようにこれに対処しているのでしょうか？

*

計算機科学者バン・ジェイコブソンは，1980年代後半に最初の輻輳制御メカニズムを提案しました．これは，のちにTCP（トランスポート層の支配的なプロトコル）の一部となり，シエラネバダ山脈にあるタホ湖にちなんでTCP Tahoeと名づけられました（後で触れるように，多くの輻輳制御アルゴリズムはこの様式で名づけられています）．これは1988年に初めてTCPに組み込まれ，1980年代後半と1990年代初頭のインターネットの崩壊を防いだとされています．TCP Tahoeは広範囲に研究され，それ以来何度か改良されていますが，本質的なインターネットの輻輳制御のアイディアは初期バージョンからすでに存在していました．

またもやフィードバック

第2章で触れた，WiFiデバイスの確認メッセージの送信を覚えているでしょうか？　TCPでは，インターネットの**エンドホスト**（end host）も同様なシステムに従います．つまり，送信側がインターネットを通じて送る各パケットの送信に（もし）成功した場合，受信側は確認メッセージ（ACK）パケットを送信側に送り返します．このアイディアを図13.3に示します．エンドホストがACKを受け取った場合，パケット送信は成功したとわかります．もしそうでなければ，ある程度の時間が経ってから，再びパケット送信を試みます．

確認メッセージが信頼性を高める一方，実際にはそれ自身が輻輳を悪化させる状況も想定できます．輻輳したネットワークにおけるパケット

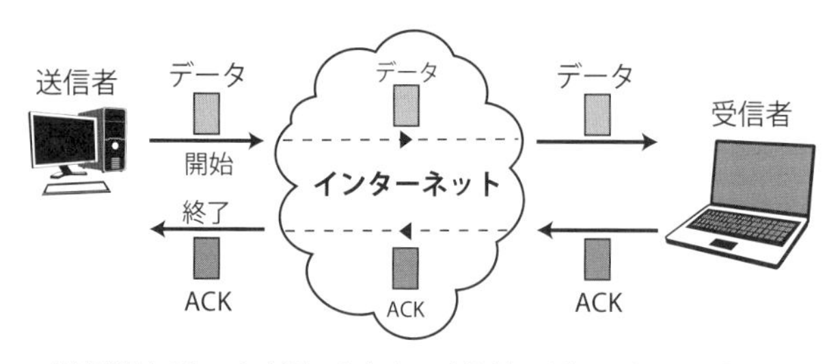

図 13.3　送信側がパケットを送ったとき，受信側は適切に受け取った証として確認メッセージ（ACK）を送る．ACK は，ネットワーク輻輳の測定値を送信側に与えるためのネガティブフィードバック信号として働く．

の長時間にわたる遅れや完全な欠落は，受信側が ACK を送らない原因となる可能性があります．ACK が届かない場合，送信側は再度パケットを送信してしまい，すでに混み合っているバッファーにさらにパケットが追加されることになります．それらの再送信した確認メッセージも受け取れないため，送信が繰り返され，悪循環を引き起こします．

しかし，ACK システムは輻輳を管理する巧みな方法も提供します．送信機は確認メッセージ（あるいはそれらの欠落）をネットワーク状態の推測に使用することが可能であり，それらの ACK はパケットが送り先に届くか否か，あるいは到達までにかかる時間を示します．送信が成功しているときは送り続け，ことによるとさらに速く送ります．これは，確認メッセージが早く戻った場合，その経路の全許容量を使っていないことを示しているかもしれないからです．一方，確認メッセージの詰まりや消失はネットワークが輻輳している兆候であり，一度輻輳が発生すれば，送信機は輻輳を軽減するために送信速度を下げます．

このように，確認メッセージは送信側に送信速度を下げるべきか上げるべきかを示すフィードバックシグナルの役割を果たします．本書では，ネットワークにおける重要なテーマとして何度もネガティブフィードバックが現れました．とくに第 I 部では，携帯電話の出力レベルの制御（第 1 章），WiFi デバイスの伝送速度を下げること（第 2 章），ISP がデータ需要を制限すること（第 3 章）に役立ちました．一方，その対であるポジティブフィードバックについても，第 9 章でどのように情報の伝達が引き起こされるかを議論しました．インターネットがネガティブフィードバックをもつことは，輻輳による崩壊を防ぐためにも重要です．ネガティブフィードバックはたいてい「有益（ポジティブ）」なことなのです．

では，各送信機の速度を，エンドホストではなくインターネットルーターに決めさせるという輻輳制御メカニズムを用いたらどうでしょうか．これは直感に合うように聞こえるかもしれません．やはり，ルーターはネットワークの一部であるため，おそらくリンク単位での輻輳をよく推測できるでしょう．しかし，もしルーターに輻輳の対処をさせるとなれば，ルーターにエンド・ツー・エンドの接続を監視させなければなりません．これは第 11 章で触れた，インターネットを**エンド・ツー・エンドに設計**（end-to-end design）する，すなわち「エンドホスト同士の自然な適合に任せる」という哲学に背いています．したがって，TCP では輻輳制御はエンドホストによって管理されます．

ウィンドウのスライド

適切なフィードバックメカニズムが備わった上での次のステップは，エンドホストが伝達を規制するために，どのようにそれを使うかを決定することです．パケットを 1 つ送ったエンドホストが，別のパケットを送る前にそのパケットの ACK を待つというのはどうでしょうか？「1 つに対して 1 つ」というスキームは，各エンドホストが一度にネットワーク内に 1 つのパケットしか保持できないため，かなり遅く，非効率的でしょう．

TCP では，これに 1 より大きな数を割り当ててパイプラインを行います．各送信機は**輻輳ウィンドウ**（congestion window）を保持し，その輻輳ウィンドウは一度にネットワーク内に存在可能な未処理／未確認の確認メッセージのパケット数に上限を設けます．ウィンドウサイズが大きいほど，多くの未処理パケットの保持が許容されます．たとえば，もしそれが 3 であれば，送信機が一時停止し，確認メッセージパケットが返ってくるまでの間に最大 3 パケットを送ることができます．図 13.4 を見てください．送信機が受け取った新たな ACK ごとに，ウィン

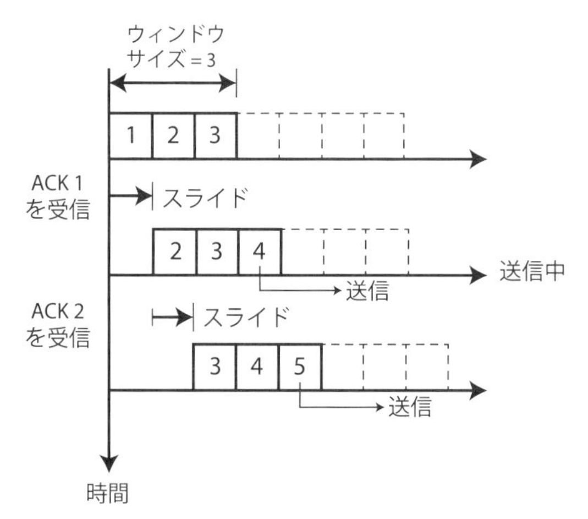

図 13.4　適切に受け取られたそれぞれの確認メッセージは，1パケットごとに輻輳ウィンドウを右にスライドさせ，エンドホストがネットワークに他のパケットを送ることを可能にする．

ドウは1パケット分右側にスライドし，新たなパケットの送信を許可します．この動作から，「スライディングウィンドウ」と呼ばれています．

TCPのスライディングウィンドウは，第7章冒頭であげたNetflixのDVDレンタル規約に似ています．Netflixは借り手が1ヶ月に支払う金額によって，特定の期間に一定数の映画を貸し出すことを許可します．料金を多く支払えば，一度に借り出せる数は増え，借り手に大きな「ウィンドウ」を与えます．上限いっぱいまで借りた人は，別のDVDを借りる前に返却しなければなりません．

ウィンドウサイズの増大と縮小

輻輳ウィンドウがトラフィックを規制する手段であることがわかりました．では，ネットワークの条件においては，それはどのように適用されるべきでしょうか？

もし送信機が輻輳を検知しない場合，ネットワークの供給量を最適に使用するために，ウィンドウサイズは増やされるべきです．さもなければ，私たちはパケット交換による利益を十分に得られません．注意すべきなのは，ウィンドウの増加はウィンドウのスライドとは異なるということです．それは前方へのスライドに加え，容量を増加させます．Netflix の DVD での例では，ウィンドウのスライドは DVD の返却にあたり，ウィンドウサイズの増加は，レンタルの上限が多い DVD サービスへの申込に相当します．

TCP が目指す共通のゴールは，現在のウィンドウに満杯のパケットが適切に受信されたとき，ウィンドウを線形に（つまり，1 つずつ）増加させることです．よって，もしウィンドウサイズが 3 ならば，3 つのパケットに対する確認メッセージを受信した後，ウィンドウが増加し，4 となります．そして，さらに 4 つのパケットの確認メッセージを受け取れば，5 に増えます．以後，図 13.5 のように続きます[†]．

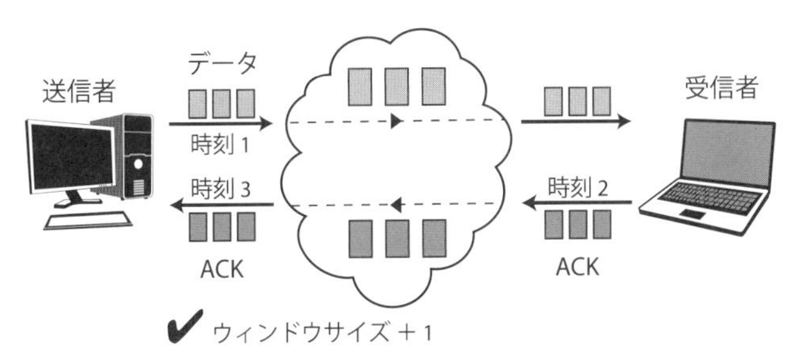

図 13.5 はじめ（時刻 1），ウィンドウサイズは 3 のため，送信側はネットワークを通して 3 つのパケットを送る．受信側は各パケットを受け取ると（時刻 2），一つひとつに対して確認メッセージを送る．送信側が 3 つの確認メッセージを受け取ると（時刻 3），ウィンドウサイズは 4 に増加する．

一方，輻輳が存在した場合，ウィンドウサイズは減らされるべきです．TCP は，次のウィンドウサイズ分の個数のパケットを送るために，線形ではなく乗法的な減らし方を試みます．具体的には，半分にカットすることがよく行われます．したがって，もしウィンドウサイズが 8 の場合にエンドホストが輻輳を見つけたならば，それは 4 に減るでしょう．もし，輻輳が次のパケットでも検出された場合，それは 2 に減り，以後同様に続きます．半減させる方法は，第 2 章で見た WiFi デバイスの干

[†] このような線形増加に関するより詳しい情報は，原書ウェブサイトの Q13.1 を参照．

渉時の待ち時間の増やし方と同じオーダーです．ウィンドウはWiFi送信の規制にも使用されていたことを思い出してください．ただし，WiFiでは送信頻度を下げるために高いコンテンション・ウィンドウを取り除きますが，TCPでは高い送信速度を得るためにそうします．

加法的にウィンドウサイズを増加させ，乗法的に減少させる方法は，ネットワークへのパケット追加制御を控えめに行うことを意味します．その逆，すなわち乗法的な増加と加法的な減少を行ったならば，はるかに積極的な方法と言えるでしょう．実際には，**輻輳回避**（congestion avoidance）**フェーズ**の前に，TCPでは通常，**スロースタート**（slow start）**フェーズ**と呼ばれる期間があります．これはエンドホスト間の接続が最初に確立されたとき，ウィンドウサイズをより積極的に増加させる期間です．適正な値になるまでウィンドウサイズは速く増えるため，これはむしろ「ファストスタート」と呼んだ方がしっくりくるかもしれません．

さて，そもそもエンドホストは輻輳が存在するかどうかをどう具体的に推測するのでしょうか．結局のところ，エンドホストはネットワークが本当はどうなっているかわかりません．パケットがどの経路を通るか，他のエンドホストがリンクを共有しているか，経路に沿ったリンクが輻輳しているかはわかりません．確認メッセージパケットを通してでしか，何が起こっているかの見当をつけられないのです．とはいえ，各々がもつ情報を用いて，ネットワーク内のどの接続で輻輳が発生しているかの推測をしなければなりません．これはネットワークで分散協調を実現する上での大きな挑戦です！

どのように輻輳を推測するか

長年にわたって多くの輻輳制御アルゴリズムが提案され，それらのうちいくつかは幅広いシステムに実装されています．その主だったものはすべて，送信速度を規制するためのネガティブフィードバックによるスライディングウィンドウの制御を用いています．各アルゴリズムの違いは，どうやって輻輳を推測するかという点にあり，それはウィンドウサイズの更新に対しても影響を与えます．

合図としてのパケットロス

最初期の輻輳制御，1988 年の TCP Tahoe と 1990 年にわずかに修正された変種の **TCP Reno**（タホ湖の近くにあるネバダ州の都市リノの名前から）では，重要な仮定を設けました．もしパケットロスが発生していれば，輻輳が発生しているだろうという仮定です．これは合理的であり，一見かなり簡単に実行できるようにも聞こえます．確認メッセージの成功とは，パケットが届けられたことを意味しており，ACK の欠落はパケットの消失を意味するからです．しかし，どうやって ACK が送信されていないという確証を得るのでしょうか？　ひょっとしたら単に遅れているのかもしれませんし，ACK は送信されたにもかかわらず帰り道の途中で迷子になったのかもしれません．

TCP はパケットが消失したかどうかを合理的に推測するため，2 つのわかりやすい近似を使用します．1 つ目は，もし送信側が長時間待ち，パケットの ACK が戻ってこなければ，そのパケットは消失したとみなすという近似です．ここで言う長時間とはどのくらいの長さでしょうか？　TCP は，送信側と受信側の間で**往復時間**（round trip time：**RTT**）をベースとするタイムアウトカウンターをもっています．RTT は，パケットが受信側に到達するまでの時間と，確認メッセージパケットが送信側に戻るまでの時間を合計したものです．タイムアウトを定めるカウンターは，たとえば標準的な RTT の 3 倍など，パケットが本当に遅れていると確信するのに十分と言える時間幅に設定されます．

「標準 RTT」とはいったい何でしょうか？　それは，妥当な（すなわち，あまり輻輳していない）状態のネットワークを通過したパケットの往復時間です．送信機が得た最近の RTT 値で最も小さいものは，概ね輻輳がない，標準的な往復時間とみなすことができます．

図 13.6 は，輻輳を推測するための 1 つ目のルールの例です．10 ミリ秒後，送信側と受信側は TCP 接続を確立し，送信機は 2 つのパケット

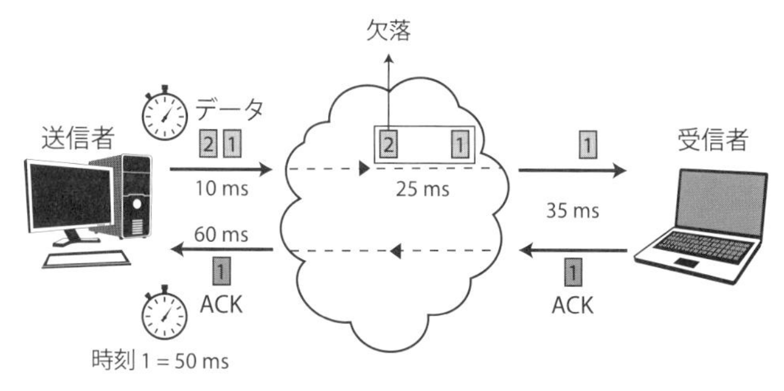

図 13.6　異常に長い時間（たとえば，標準往復時間の3倍）が経過しても確認メッセージがなければ，おそらくそのパケットは消失したとみなされる．この例では，パケット1が送信後50 msで確認メッセージが送られ，パケット2は最終的に時間切れとなり，消失したと宣言される．

を送信します．ここにいたるまでに25ミリ秒経過しており，2番目のパケットは遅れ，最終的には消失しました．最初のパケットは35ミリ秒後に送り先に届き，送信側は60ミリ秒後に確認メッセージを受け取りました．パケットのRTTは送信されてから確認メッセージを得るまでの時間差，つまり60 − 10 = 50 msのことです．送信機は標準RTTとして最近観測されたいくつかのRTT（この場合，50ミリ秒）の平均を用いるでしょう．おそらくこの値の3倍，仮に150ミリ秒とすると，パケット2は時間切れとなるでしょう．よって，送信側はそのパケットは消失したとの（おそらく正しい）仮定をおきます．

2つ目の近似は，もし送信側があるパケットを送信後まだ待ち続けている間にその他のパケットに対する確認メッセージを受け取った場合，この無視されたパケットは高確率で消失したとみなすことです．各パケットには送信前に通し番号が割り当てられており，TCPは送信の順番を追跡可能です．これを用い，パケット1が最初に送られ，パケット2が2番目に送られ……，ということを示すことができます．

図13.7は，送信側がパケット9に対する確認メッセージを待っている例です．パケット9の後に送られたいくつかの確認メッセージ（通し番号10, 11, 12）が戻り始めていますが，未だパケット9からの確認メッセージはありません．もちろんパケット9はより長いRTTをもつ他の

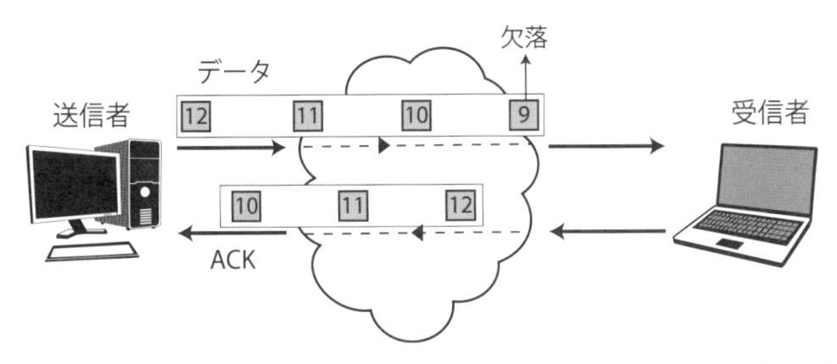

図 13.7 後続のいくつかのパケットの後に確認メッセージがないままであれば，そのパケットは消失したとみなされる．この例では，送信側は9番目のパケットの後に続く3つのパケットに対する確認メッセージを受け取る．よって，パケット9は消失したと推測される．

経路を通った可能性があります．しかし，後続の3つのパケットのACKがすでに届いているため，パケットは遅れているのではなく，失われたのでしょう．かなり単純ですが，これらは分散調整のためのスマートなヒューリスティックス（発見的方法）です．

*

消失したパケットに基づく輻輳推論は，当初の10年間あまりはスタンダードなものでした．しかしながら，この方法では2つの要素が考慮されていません．1つは，輻輳のほかにもパケットロスを引き起こす要因があることです．すなわち，伝送路のクオリティが不十分な場合です．これはとくにワイヤレスネットワークに当てはまります．第I部で述べた，携帯電話における他端末やWiFi送信機との電波干渉についての話を覚えているでしょうか？　両者は重大なパケットロスを引き起こしますが，インターネット内の輻輳を示すものではありません．実際には，ワイヤレスTCPにおいて，それらの問題を軽減するための方法がいくつか提案されています．

消失に基づく推論のもう1つの問題は，パケットが欠落し始めてから輻輳に対応してもたいてい遅すぎるということです．多くの残っているパケットも輻輳した経路から欠落し始め，送信側に再送を余儀なくさせます．これは推論に用いている信号を他のものに切り替えることで軽減できます．以下ではこのことについて取り上げます．

フィードバックによるパケットの遅延

TCP Tahoe と TCP Reno の後継として，1995 年に **TCP Vegas** が考案されました．ネバダ州の別の場所の名前（今回はその最大の都市であるラス・ベガス）から名前を取った TCP Vegas は，輻輳制御のための新たなパラダイムを導入しました．パケットロスではなく，パケット遅れを推論のための信号として使用するというものです．

どのように遅れを測定するのでしょうか？　たとえば，送信機は前節で取り上げたパケットの RTT と標準 RTT とを比べることができそうです．これは有効であるように思われ，実際にそうなのですが，それには少し深い理由があります．なぜなら 2 種類の（主要な）遅れのうち 1 つのみが，輻輳を示すパケットの RTT に影響するためです．図 13.8 にこれらの構成要素を示します．たとえネットワークに他のパケットがなくとも，受信側と送信側のリンクを通過することによる**伝播遅延**（propagation delay）が存在します．情報ビットがリンクの一方の端から他方の端までどれだけ速く到達できるかは，実際には輻輳に依存せず，リンクを構成するハードウェアのクオリティと，物理学の基本法則によって制限されるのです．本当に輻輳によって変化するのは，**待ち行列遅延**（queueing delay），つまりパケットがリンク間にあるルーターのバッファーで待つ時間です．輻輳が深刻になるほど，バッファー列が長

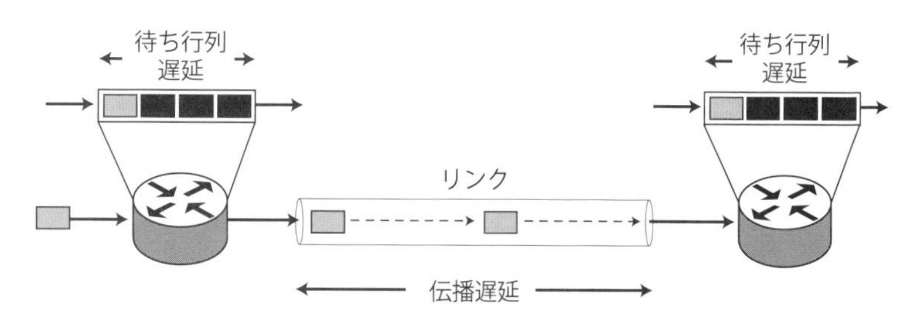

図 13.8　パケットの往復時間は，伝播遅延と待ち行列遅延という 2 つの主要な構成要素をもつ．

くなり，リンクが利用可能になるまでにかかる各パケットの待ち時間は長くなります．

重要なことは，RTTのどんな変化も，待ち行列遅延によるものだとみなせることです．リンクの伝播遅延は，短いタイムスケールにおいておおよそ同じくらいに収まります．このことにより，遅延は輻輳状況の正確なシグナルとして利用できるのです．

パケットロスは2値の尺度であり，エンドホストに2つの可能性を示唆します．すなわち，輻輳している（パケットの消失が始まっている）か，していない（パケットの消失が起きていない）かのどちらかです．遅延を用いると，エンドホストは輻輳の程度を考慮できます．もし，予想よりも遅れていれば，ウィンドウサイズを少し減らすことになります．もし大幅に遅れていれば，かなり減らします．同様に，予想よりも遅延が少なければ，ウィンドウサイズはそれに応じて増やせばよいでしょう．

言い換えれば，遅延をもとにした推論により，エンドホストがパケットの消失を待たずとも，輻輳の最初の兆候に対応できるようになります．図13.9に，送信側が受信側に連続して4つのパケットを送信する例を示します．ACKのRTTが50 ms，60 ms，80 msとなっており，これらのパケットが受信されるのにかかる時間がだんだん増加していることを表しています．4番目のパケットは完全に消失しました．遅延ベースの信号伝達では，増加し始めたRTTに対して，送信側はRTTが長くなるにつれウィンドウサイズをより大幅に減少させることで，段階的に

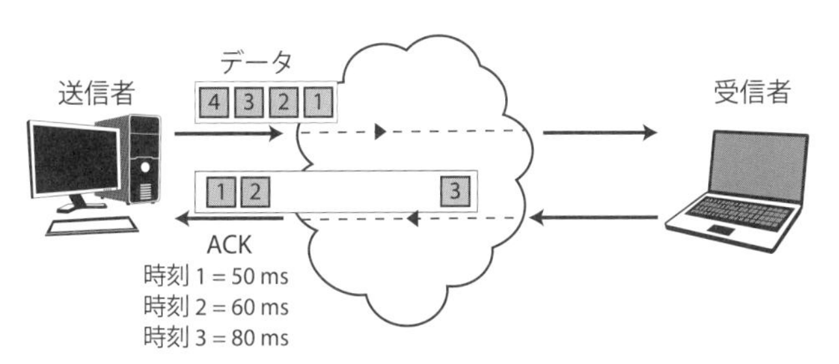

図13.9 遅延ベースの推論では，送信側は各パケットの測定された往復時間（RTT）によりウィンドウサイズを調整する．一方，消失ベースの推論では，4つのパケットが消失したと宣言されるまで減少させない．

対応することができます．消失ベースの推論では，送信側は4つのパケットが消失するまで待つため，さらなる遅延と消失を防ぐにはもはや手遅れとなってしまいます．

TCP Vegasの後，過去20年にわたってTCPに多くの輻輳制御アルゴリズムが提案・実装されました．2002年のFAST TCPは，遅延ベースの推論による輻輳ウィンドウの調整方法に変更を加え，輻輳制御の安定化を図りました．2005年のCUBIC TCPは，消失と遅延ベースの信号伝達を組み合わせたもので，Linux OS（operating system）において標準的に実装されました．2012年になると，それに代わりTCP Proportional Rate ReductionがLinuxの標準となりました．

さて，輻輳制御の原動力となるアイディアを理解したところで，次節では2つのアルゴリズムの例を見てみましょう．

TCP Renoにおける検出器の詳細

消失ベースの輻輳制御アルゴリズムであるTCP Renoが世に出て4半世紀が過ぎました．この間いくつかの改良があったものの，これは未だ普及しています．主となる処理は実際とてもシンプルです．各ウィンドウサイズ満杯のパケットに対し，送信側は自らに「それらすべてが適切に受信されるか？」と尋ね，以下のようにします．

- 適切に受信されていれば，ウィンドウサイズを1つ増加させる．
- 適切に受信されていなければ，ウィンドウサイズを半分にする．

パケットが「正しく受信された」かどうかは，前述の2つの近似に基づいて判定します．すなわち，確認メッセージは (i) 妥当な期間で，(ii) 送信した順番どおりに戻ってくること，です．このロジックにより，送信側は，(i) 特定数のRTTが経過したか，(ii) 特定数の後続のパケットの確認メッセージがなされたかのどちらかを仮定することができます．TCP Renoにはさらに巧妙な特徴がありますが，本書では省略します．

このアルゴリズムの主な処理の例を見ていきましょう．簡単のため，各パケットのRTTは同じであるとします．これはウィンドウ満杯の全パケットに対する確認メッセージが一斉に受け取られることを意味します．時刻1でRTT 1つ分の時間が経過し，時刻2でさらにRTT 1つ分が経過し，以降同様に続きます．実際には，米国全体での典型的なRTTは約50ミリ秒ですが，当然ながら輻輳状況の変化によってパケットごとに異なります．

送信側が受信側とのセッションを確立すると，ウィンドウサイズはまず5から始まるとします．

- このとき，ウィンドウサイズ満杯の5つのパケットを送信し，いったん停止します．
- 時刻1において，送信側は5つのパケットすべてのACKを受け取ります．ウィンドウを5つ右にスライドさせ，ウィンドウサイズを1増やして6とし，6つのパケットを送ります．
- 時刻2において，送信側が6つすべてのACKを受け取った場合どうなるでしょうか？　ウィンドウを6つスライドさせ，サイズを7に増やし，7つのパケットを送ります．
- 時刻3でも再び成功した場合，ウィンドウサイズは8になります．
- 時刻4で，3番目のパケット以外のACKが返ってきたとしましょう．3番目のパケット以降の5つのパケットはすでに確認メッセージが返ってきているため，送信側は3番目のパケットは消失したと宣言します．よって，ウィンドウサイズを半分の4とし，今回はたった4つのパケットだけを送ります．図13.10を見てください．
- 時刻5において，送信側はそれら4つすべてのパケットに対する確認メッセージを受け取ります．ウィンドウのスライドと増加を行い，さらに5つのパケットを送信します．

これら最初の5つのRTTの時刻までのウィンドウサイズの変化，および，それ以降の変化がどうなるかを図13.11に示します[†]．肝心なの

[†] 残り4つのRTTの変化に興味がある方は，原書ウェブサイトのQ13.2を参照のこと．

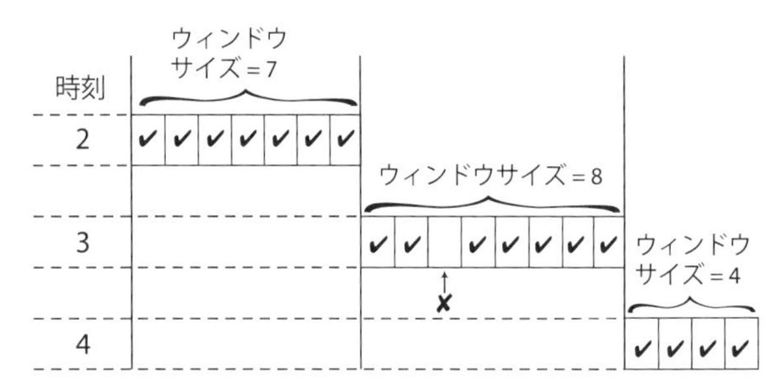

図 13.10　時刻 3 において，ウィンドウサイズは 7 から 8 へ増加し，送信側は 8 パケットを送信することが可能である．時刻 4 において，それらのうちの 1 つが消失したとわかった場合，ウィンドウサイズは半減し 4 となる．

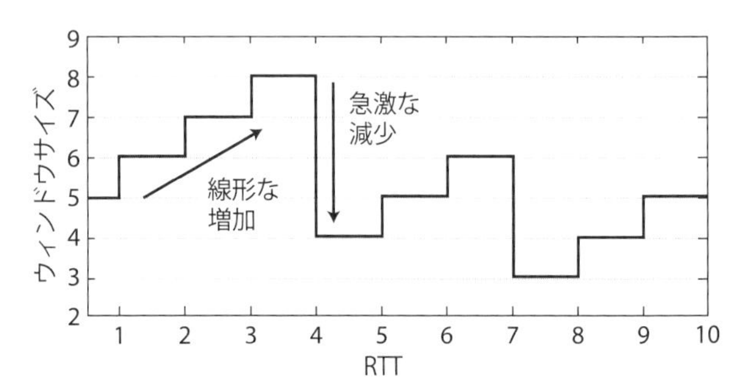

図 13.11　TCP Reno では，ウィンドウは線形に増加するか（パケットロスなし），あるいは半減させる（パケットロスあり）．

は，パケットロスが発生しない場合ウィンドウサイズは線形に増加し，一方パケットロスが発生した場合（時刻 4 と時刻 7）は速やかに減少するということです．

TCP Vegas における検出器の詳細

比較のため，最初の遅延ベースの輻輳制御アルゴリズムである TCP Vegas について述べます．これは Linux と FreeBSD を含むいくつかのコンピューターOS において実装されました．

TCP Vegas は，観測された往復時間を使用して，現在のウィンドウサイズにおけるスループットレート，つまり 1 秒間にいくつの確認メッセージパケットが通過したかを計算します．理想的なスループットレートは，ネットワークに輻輳が（ほとんど）ない場合に期待される値で，最小の往復時間を与えます．各パケットの確認メッセージについてエンドホストに「現在のスループットと現在のウィンドウサイズにおける理想的なスループットを比べてどうか？」と尋ね，次のようにします．

- もしスループットが理想的なものにとても近ければ，エンドホストはウィンドウサイズを１つ増やす．
- もしスループットが大きく離れていれば，ウィンドウサイズを１つ減少させる．
- もしスループットが予想された範囲（近すぎず遠すぎず）であれば，ウィンドウサイズを変更しない．

予想された範囲とは，規定の閾値のことです．たとえばこれを３とします．差が３より小さければ近すぎ，３より大きければ離れすぎていることになります．

最終的に――もしアルゴリズムが適切に微調整されているなら――ネットワークは，各送信者が望みのスループットを実現するような平衡状態にいたるでしょう．この平衡状態は新しいセッションを確立するなどの何らかの変化があるまで続きます．変化があれば，この手順で新たな平衡状態を探すことになります．平衡状態にあるネットワークは，大幅な輻輳がなく100％の活用が可能であり，ウィンドウサイズの変化は停止します．もちろん，現実のネットワークダイナミクスにおいて，「平衡状態」は理想にすぎません．

複数ユーザーの送信速度を平衡状態にする方法の裏にある数理は，本書には少し発展的すぎます．いずれにせよ，平衡を達成するためには，すべてのエンドホストがそのプロトコルに従うことが極めて重要です．合意した送信速度から増やすことにしたユーザーがいても，おそらく輻輳状態にあまり影響を与えません．しかし，それでは不公平です．もし他のユーザーも送信速度を増加させることを決めた場合，輻輳は増えるでしょう．そして，輻輳はすぐに前よりも悪い状態となるでしょう．これは，第I部で述べたネットワーク資源の効率のよい共有を可能にするさまざまな方法を思い出させます．携帯電話の送信電力の制御とインターネットの輻輳の制御は，目的は異なりますが，処理原理は同じです．すなわち，目的とする平衡状態となるよう，各デバイスにネットワーク状態に関するフィードバックをもとに各自のレベルに順応させることです．適切なプロトコルがなければ，インターネットは第3章の共有地の悲劇がもたらしたような枯渇した牧草地となってしまいます．図13.12は，輻輳制御の分散的な特徴を示しています．第1章の図1.19と比較してみるとよいでしょう．

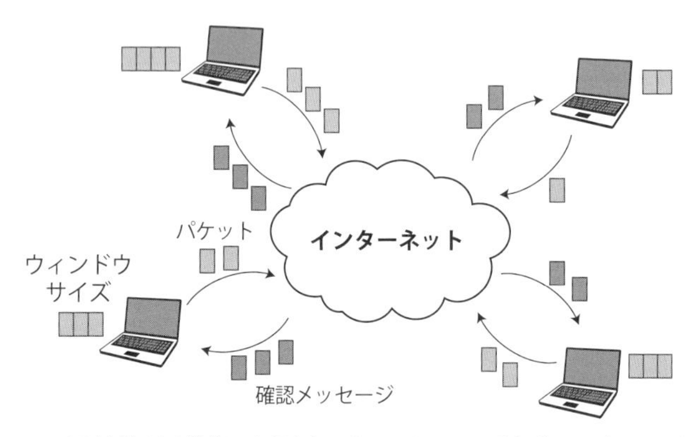

図 13.12　輻輳制御は分散的に実行され，各エンドホストがネガティブフィードバックによりウィンドウサイズを制御する．

最後に，例を用いてTCP Vegasの概要を説明します．簡単のため，最小RTTは決して変わらず，50ミリ秒であると仮定します（実際には，送信側は既存の観測結果に基づき最小値を動的に調整します）．また，パケットの確認メッセージが届く時点を時間の単位として考えることにします．よって，各ステップはウィンドウサイズ更新のタイミングと一致します．

TCP Renoの例と同様に，セッションが確立したとき，送信側はウィンドウサイズを5から開始します．

- はじめ，エンドホストは5つのパケットを送信し，いったん休止します．

- 時刻1で，最初のパケットが戻り，RTTが51 msであることがわかります．このときのスループットは，

$$5\text{パケット}/51\,\text{ms} = 98.03\text{パケット}/\text{秒}$$

となります．そして輻輳がないときのスループットは，

$$5\text{パケット}/50\,\text{ms} = 100\text{パケット}/\text{秒}$$

となります．これらの差は，$100 - 98.03 = 1.97$であり，3より小さいため，ウィンドウサイズを1増やし，6とします．現在4つの未処理パケットがあるため，エンドホストはさらに2つ送り，合計6つとします．これを図13.13に示します．

- 2番目のパケットは時刻2で戻り，RTTは50.5 msです．スループットはどうなるでしょう？　現在のスループットは6パケット/50.5 ms = 118.81パケット/秒，輻輳がない場合は6パケット/50 ms = 120パケット/秒です．この差は，$120 - 118.81 = 1.19$なので，また3以下です．ウィンドウサイズは7に増え，さらに2つのパケットが送信されます．
- 時刻3と4において，3番目と4番目のパケットが戻ってきます．それらのRTTにより，再びウィンドウサイズを増加させます．よって，ウィンドウサイズは9です．
- 時刻5において，5番目のパケットのRTTは50.8 msです．現在のスループットは9パケット/50.8 ms ≒ 177パケット/秒であり，輻輳がないときは9パケット/50 ms = 180パケット/秒です．この差はおおよそ3であるため，ウィンドウサイズを変更しません．よって，エンドホストは1パケット送ります．このウィンドウサイズの変化を図13.14に示します．
- 時刻6で，6番目のパケットが戻ります．RTTは51.8 msです．スループットはどうなるでしょう？　現在9パケット/51.8 ms = 173.7パケット/秒であり，輻輳がないときは前回と同様180です．この差

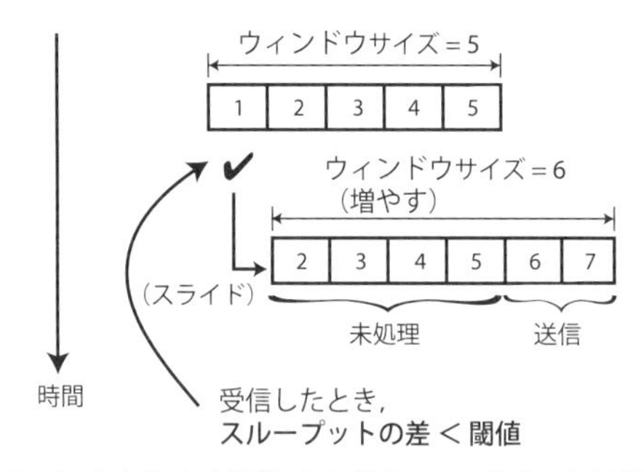

図 13.13　輻輳ウィンドウサイズが増加した場合，エンドホストは最後のパケットが返ってくる前に 1 つ余分に追加して 2 つのパケットを送る．

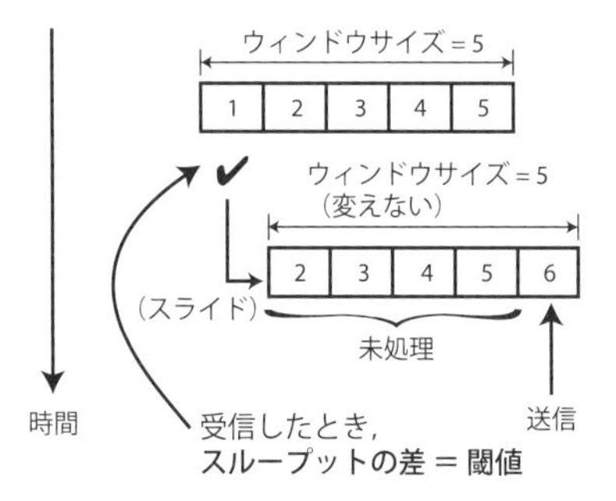

図 13.14　輻輳ウィンドウサイズが同一サイズのままであれば，エンドホストは 1 パケットを送る．

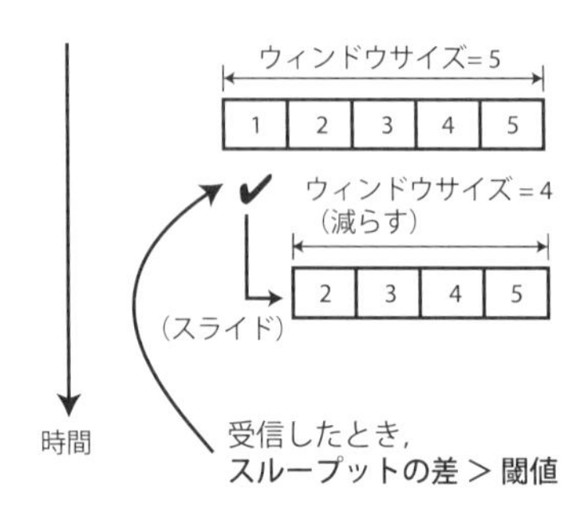

図 13.15　輻輳ウィンドウサイズが減少した場合，エンドホストはパケットを送らない．

は，180 − 173.7 = 6.3 であり，3 より大きいです．よって，ウィンドウサイズを減らし，8 とし，パケットを送りません（図 13.15）．

各 RTT に対する輻輳ウィンドウと，その後の変化を図 13.16 に示します[†]．第 1 章での電力制御の例での送信電力レベル（図 1.18）と同様，増加，固定，減少，固定，増加……という明らかなパターンがあります．この振る舞いは遅延ベースの輻輳制御において予想されるものです．もし，ネットワークが活用されていなければ RTT はとても小さく，エンドホストはさらなる送信ができるとわかります．もしネットワークが活用されすぎていれば，RTT は大きくなりすぎ，エンドホストは送信を少なくすべきことがわかります．差が閾値と同じであれば，ウィンドウサイズは変わらないでしょう．これは分散電力制御下の携帯電話が望ましい信号対混信比を得られている間，送信電力を変更しないことと同様です．このように，ネガティブフィードバックの威力は絶大です！

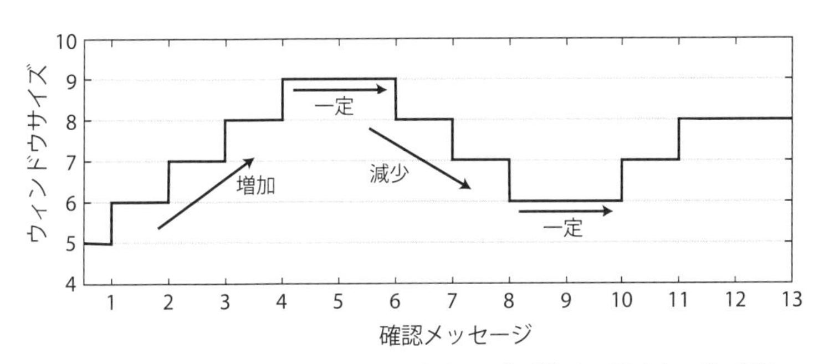

図 13.16 TCP Vegas では，ウィンドウサイズは 1 ずつ増加し，減少も 1 ずつ行う．受け取った確認メッセージが同一であればそのままにする．

これらのアルゴリズムの振る舞いを要約します．図 13.17 は TCP Reno と TCP Vegas それぞれにおいて，時間とともに輻輳ウィンドウのサイズが変化する典型的な例を示します．消失ベースのシグナル伝達を用いる TCP Reno では，一気に速度を増やしすぎる（そしてネットワークリンクにて輻輳を引き起こす）プロセスと，速度の半減により低

[†] 時刻 7 〜 13 でどのような変化が起こるかについては，原書ウェブサイトの Q13.3 を参照．

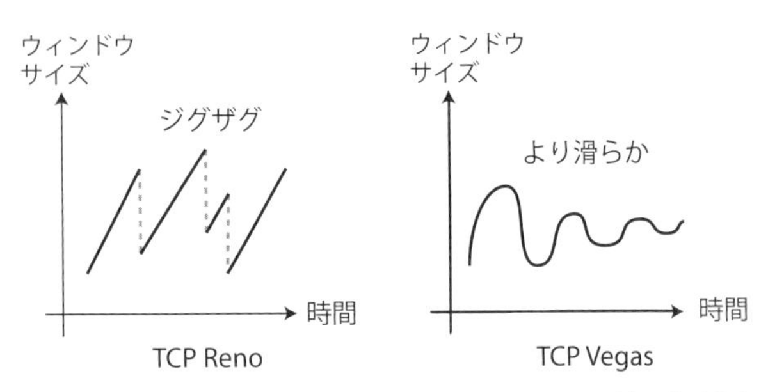

図 13.17 TCP Reno と TCP Vegas における輻輳ウィンドウの値の典型的なパターン. TCP Reno ではネットワーク資源の過剰活用と非活用の間でジグザグになるが, TCP Vegas では滑らかで小さくなる傾向がある.

いレベルまで削減する(そしてネットワーク資源の非活用を引き起こす)プロセスが繰り返されていることがわかります. この「ジグザグ」は, 遅延ベースの輻輳制御アルゴリズムである TCP Vegas を使用するとたいてい縮小し, 平滑化されます. 消失は, 二値の「イエスかノー」という信号であるのに対し, 遅延ベースの手法では, アルゴリズムのパラメータが適切に調整されていた場合には, 輻輳に対して速くかつ円滑に対応できる傾向があります.

*

これまでの3つの章で, 私たちはインターネットの裏側にある驚くほど賢い仕掛けをひととおり概観しました. 私たちはまず, 各設計の裏にある, パケット交換, 分散階層, モジュール化という基本的なコンセプトを取り上げました. そして, インターネットがもつ2つの主要な処理として, ネットワークにおいてホップ・バイ・ホップで実行されるルーティング, ネットワークの端であるデバイスのエンド・ツー・エンドによって成し遂げられる輻輳制御について取り上げました. プロトコルスタックは, 細いウェストのようなものであり, TCP/IP は下位の物理層やリンク層のような機能的なモジュールと, 上位のアプリケーション層を結びつけます. 細いウェストの一部である TCP の輻輳制御設計, IP のルーティング設計により, 大きな成功がもたらされました. インターネットが地理的拡大・対処すべき機能数の増大・管理上の要望の増加など，絶え間なく成長してきたにもかかわらず崩壊していない理由の一部は，これらの能力にあります．

ここでのゴールは数理モデルや工学的な詳細を究めることではありません．プロトコルスタックの各層については，それだけを扱う専門の講義や学位課程さえ存在します．ここではむしろ，インターネットの背後にある原理，ルーティングや輻輳制御を可能にするような原理に焦点を当てました．

14
スモールワールド
Navigating a Small World

インターネットやソーシャルネットワークは巨大化し，各自が直接つながっているのはそのごく小さい一部にすぎません．第10章で見たように，2015年のFacebookユーザーの平均「友達」数は16.5億人いる全ユーザーのうち約350人です．しかしどういうわけか，見知らぬ人同士が驚くほど短い経路で接続する傾向があり，Facebook上での2者間の平均次数は4未満となっています．どのようにネットワークの反対側，端と端の人同士でこのような最短経路が自然に発生するのでしょうか？　後で見るように，こうした経路の存在は，ソーシャルネットワークがどのように構成されているかや，人々がどのように短い距離を探索するかで決まります．

イッツ・ア・スモールワールド

1967年，アメリカの社会心理学者スタンリー・ミルグラムは**スモールワールド**（small world）現象のはしりとなる実験を実施しました．これはあるいは**6次の隔たり**（six degrees of separation）としてより広く知られているかもしれません．これは，ポピュラーサイエンス書で最も広く——そしてしばしば誤解とともに——語られるストーリーとなっています．

なぜ6次なのか？

ミルグラムは，アメリカ中西部の最大都市であるオマハに住む300人に，東海岸のマサチューセッツ州ボストン郊外に住む人にパスポートに似せた冊子を送るように頼みました．封筒には受取人の名前，住所，職業（株式仲買人）が記されていました．参加者には1つの重要なルールが与えられました．それは，親しい仲の人に一度だけ手紙を送ることができるというものです．そして，もし受取人のファーストネームを知らなかったら（ほとんど誰も知りませんでした），他の人を介して送らなければなりません．友達に送るところからはじめ（1ホップ目），その人がその人の友達に送り（2ホップ目），最終的に誰かその株式仲買人のファーストネームを知っている人に届くまで続きます．ミルグラムが知りたかったのは「このプロセスには何ホップかかるのか？」ということでした．

この実験で重要なのは，受取人の名前と住所を知っていることだと推測できるでしょう．この情報によって，参加者は「ええっと，個人的にはこの受取人を知らない，しかしボストンの近くに住んでいる人を知っている，そうだ彼に送ろう」と判断することができます．実験をしてみると，受取人の職業が重要な役割を果たすこともわかりました．手紙を，受取人と同じか似た職業の人に渡すことができるからです．その手紙がたどった経路は，図14.1のような感じになると推測できます．すなわち，手紙を受取人の近所に住む人に届けるためのいくつかの遠方へのリンクと，より具体的で局所的な意思決定に基づく近隣へのリンクからなる経

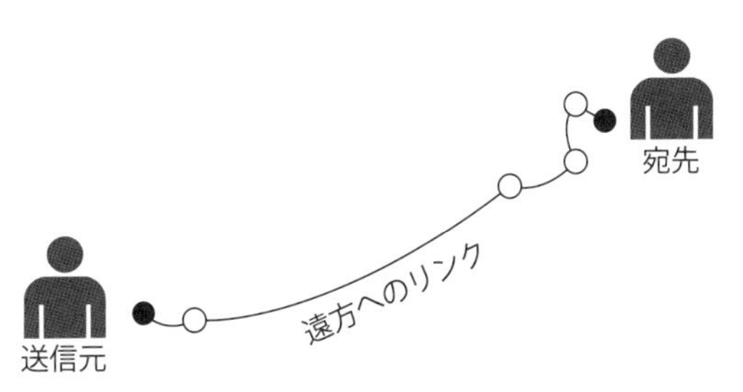

図14.1 お互い知らない2人の遠く離れた人同士を結ぶ最短経路は，1つあるいはそれより多い遠方へのリンクを含むことがある．

路です．ここで，「距離」とは地理的および職業的な隔たりの組み合わせを意味します．送信元からの遠方へのリンクと，その後に続く目的地までの短い局所的なリンクは，おそらく第12章のインターネットルーティングと郵便システムの類似性の議論を思い起こさせるでしょう．ただし，ルーティングの方法と評価の仕方の点では大きな違いがありますが．

結果はどうなったでしょうか？　ミルグラムが渡した手紙のうち，217通が実際に発送され，そのうち64通（約30%）が送り先に届きました．その他の手紙については，途中で紛失したのかもしれず，データ分析の際に注意深く扱う必要がありました．2000年代初頭のEメールによる類似した実験では到達率はたった1.5%であり，それと比較するとミルグラムの30%という成功率は非常に大きく見えます．各手紙がたどったホップ数を図14.2に示します．平均はたった5.2で，中央値（大きい順に並べたときの中央の値）はちょうど6でした．これが「6次」という名前の由来です．お互い知らないにもかかわらず，距離は非常に短いのです！

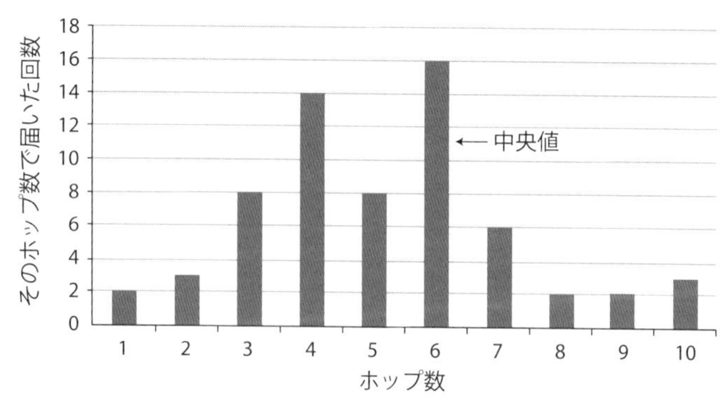

図14.2　ミルグラムの実験における各手紙が宛先に届くまでのホップ数．中央値は6となった．

研究者たちは長い間，この**社会的距離**（social distance），つまり特定の誰かに到達するために必要な平均ホップ数は，人口規模によって緩やかに増大すると推測していました．ミルグラムの結果はそれを支持する証拠です．長年にわたり，多くの人が彼の実験結果に異議を唱え，参加者や実験設定や他の自由度次第では異なる結果になると主張しました．しかし，1970 年代から現代のオンラインソーシャルメディアの時代にかけて，研究者の共著関係であるエルデシュ数[†]から俳優の共演関係にいたるまで，スモールワールド性を示唆する多くの実験的証拠も出てきました．2001 年のダンカン・ワッツの E メール実験や，2008 年に行われたマイクロソフトメッセンジャーのユーザー間のインスタントメッセージの研究のような他の大規模な研究でも，やはり平均ホップ数は 6 という特別な数に落ち着きました．

2016 年 2 月に Facebook ユーザーの隔たりはたった 3.57 であるとわかりました．2011 年の 4.74 や 2008 年の 5.28 から下がってきています．どうやら私たちのスモールワールドはさらに小さくなったようです！（とはいえ，Facebook の友人関係がすべて「ファーストネームで呼び合うほど」親しい友人関係ではないという違いはあります．）

スモールワールドの概念は，映画や TV 番組，歌といった大衆文化にも浸透しています．“Six Degrees of Separation”（邦題：『私に近い 6 人の他人』）というタイトルの映画が 1993 年に公開されました．

2007 年には，ハリウッド映画界の誰もが，映画の共演関係を通して多才な俳優であるケビン・ベーコンにリンクするというアイディアに基づき，「ケビン・ベーコン数」をたどるウェブサイトが公開されました（http://oracleofbacon.org/movielinks.php）．2015 年には，番組の司会者がすべての人やものを 6 ステップでつなげることができるという前提のもと，「6 次で何でも」（原題：“Six Degrees of Everything”）という TV 番組が放送を開始しました．上記 3 つは，このトピックが現代のポピュラーサイエンス界で最も興味深いトピックの 1 つとして取り扱われていることを示す事例のうちの，一部にすぎません．

[†] 訳注：非常に多くの共著論文を著した数学者ポール・エルデシュに由来する．

スモールワールドは驚くべきことか？

ソーシャルネットワークに普遍的にスモールワールドが観測されるように見えることは，それほど驚くべきことなのでしょうか？　表面上は，6かそこらのステップで誰にでもつながれることは驚くべきことに思われます．もう少し熟慮した読者は，論理的に次のように考えるかもしれません．もし20人の友達がいて，そしてそれぞれにさらに20人の友達がいるというふうに続けると，6ステップで20 × 20 × 20 × 20 × 20 × 20の人々にたどりつくことができ，この時点で6,400万人に及ぶ．このロジックによれば，6ステップで十分そうではないか，と．

しかし，このロジックには欠点があります．それは，友人同士が他人の友人とかぶらないという仮定です．つまり，あなたの友人のそれぞれには20人の友人がいるのですが，そのなかにはあなたの友人も，あなたの友人の友人も含まれてはならないのです．この仮定は明らかに現実的ではありません．ソーシャルネットワークの関係は「三角形」あるいは「**閉じた三角形**（triad closures）」で満ちているからです．図14.3に閉じた三角形の例を示します．もし，アンナとベンの2人ともがチャーリーを知っていれば，アンナとベンはお互いを知っている可能性が高くなります．

こう考えると，6次の隔たりはまさに驚くべきことです．しかし，ミルグラムのようなスモールワールド実験はさらに強力な事実を示唆します．最短経路の存在だけでなく，人は送り先とネットワークの局所的な

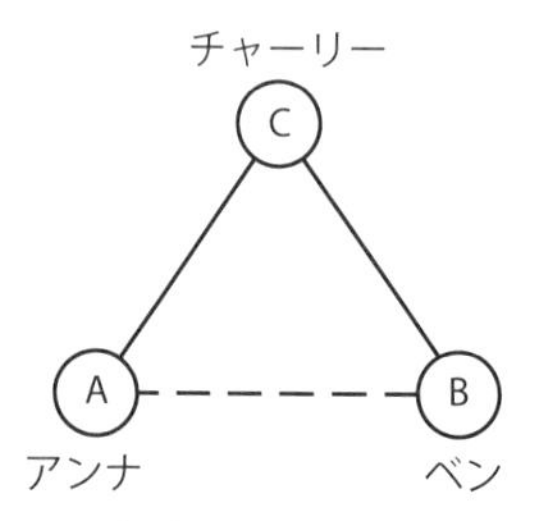

図14.3　もしアンナとベンの2人がそれぞれチャーリーを知っていれば，アンナとベンもお互いを知っている可能性が高い．もしそうなら，この関係は閉じた三角形となる．

視野という，とても限られた情報だけを使用して受取人を見つけ出すことができるという事実です．第12章のインターネットを通したパケット送信と比較して，この**ソーシャルグラフの検索**（social search）のプロセスはおそらくより困難です．なぜなら，人々はお互いに助け合い，大域的な視点を構築してメッセージを届けるようには仕組まれていないためです．役立つ情報は受取人の住所と職業と名前（考えようによっては，名前には性別や民族性などの何らかの有益な情報が埋め込まれている可能性があります）だけです．これらは，少なくとも人に受取人がネットワークのどの「端」にいるかに関して，いくつかのヒントを与えます．

この情報から，実験の参加者は彼らの宛先と受取人の間に距離の尺度を組み立てるのでしょう．たとえば，ニューヨークは，マイル（あるいはキロ）という単位で表される地理的な距離ではシカゴよりボストンに近いです．同様に，ファイナンシャルアドバイザーは，職業的な近さの尺度において看護師よりも株式仲買人に近いかもしれません．この職業による距離はあいまいな尺度ですが，それでも合理的に定量化することができます．もし各人が，本当に単純な「貪欲」アルゴリズムを使った場合，つまり局所的な視野に基づいて宛先に近い友人にその手紙を転送した場合，最短経路は形成されるでしょうか？

*

以上をまとめると，スモールワールド現象には2つの構成要素が存在します．

- 構造上の特徴：ソーシャルネットワークはもともと存在する最短経路によって形成される．
- アルゴリズム的な特徴：とても限られた局所的な情報をもとに，人は最短経路のうちの1つを見つけることができる．

長年にわたり，2種類のスモールワールド性を説明するためにさまざまなモデルが構築されました．本章の残りの部分では，最も有名なものの1つを取り上げます．

6 ステップはもっともらしい

どうすればスモールワールドを示すグラフを構築できるのでしょうか？　モデリングは，この現象を引き起こすネットワークがどのような姿をしているかについて理解する助けとなります．現実的なネットワーク構造を維持しつつ，短い経路長が得られるようなネットワークモデルが必要です．

短い距離

本書では，ネットワークを説明するためのいくつかの尺度を取り上げました．ノード数やリンク数といった単純なものから，さまざまな中心性などのより複雑なものまで見てきました．グラフにおける最短経路を要約するためによく用いられる測定基準は，**直径**（diameter）です．これはネットワーク内のノードペアにおいて最も長い最短経路長のことです．「最も長い最短経路」とは奇妙に聞こえるかもしれませんが，すべてのノードペア間について最短経路長を見つけ，そのなかで最も長いものを採用するということです．

もし，直径がネットワークのノード数に対して小さければ，私たちが必要とするスモールワールドの経路長という特徴を与えてくれます．しかし，実際にはここでの目的にとって少し極端すぎる尺度です．スモールワールドについて考えるとき，私たちが気にしているのは最短経路の平均です（図 14.2 において，6 は真ん中の値だったことを思い出してください）．もし，グラフの最短経路長がたまたま，1，1，2，2，2，3，4，5 となった場合を考えましょう．直径は 5 となりますが，これは最も悪いノードペアの場合であり，平均（2.5），中央値（2）のほうがこのスモールワールドネットワークの要約としては適した値になります．第 10 章にて，近接中心性を測定するために，いわゆる平均最短経路長を使用したことを思い出すかもしれません．

図 14.4 の小さなネットワークにおいて，この距離がどれほどであるかを見てみましょう．最初のステップは，すべての最短経路長を見つけ

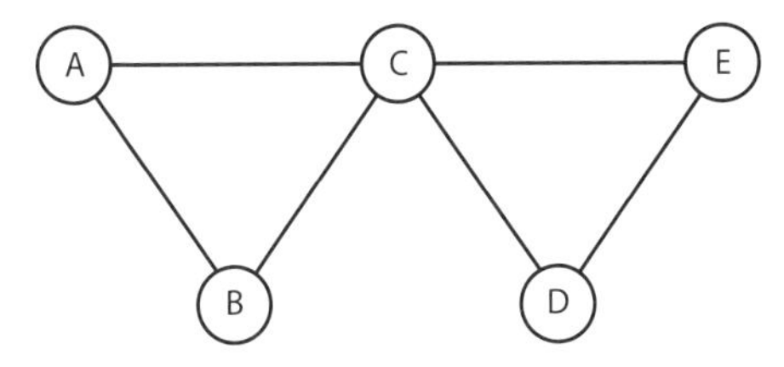

図 **14.4** 2つの尺度，平均最短経路長とクラスター係数を計算するための小さなグラフの例．

ることです．ノード A から始めましょう．A から B までの距離はいくつでしょう？　直接リンクが存在するため，最短経路長は 1 となります．A から C はどうでしょうか？　再び，最短経路長は直接リンクです．A から D は，(A, C, D) という経路を経なければならないため，距離は 2 です．A から E ではどうでしょう？　経路 (A, C, E) を通るため，距離は 2 です．この論理に従って最短経路長を見つけることができます，B から C は 1，B から D は 2，そして，B から E は 2 です．同じく C から D は 1，C から E は 1，D から E は 1．これら 10 のノードの組の最短経路長が明らかになり，その平均は，

$$\frac{1+1+2+2+1+2+2+1+1+1}{10}=\frac{14}{10}=1.4$$

となります．

この数字からわかることは何でしょうか？　それは，賢く経路を選べば，平均 1.4 ステップで他の人にたどりつくことができるということです．この例ではこれは直感的な値です．なぜなら，たった 5 つのノードしかないこのグラフでは，最短経路長は 1 か 2 のどちらかとなるからです．ノード数が増えると，この距離を知ることはより重要になり，またその値は非自明なものとなります．

では，ノード数をとても大きくしたときにも相対的に小さい平均最短経路長をもつのは，どのような種類のネットワークでしょうか？

ランダムグラフ

まずリンクをもたないノード集合を考えましょう．そのノードの組を1つずつ順番に列挙し，0～100％の一定の確率でそれらにリンクをつなぎます．直感的に，この確率が高ければ，多くのリンクが形成されることがわかるでしょう．図14.5にいくつかの結果を示します．左側は，リンクの設置確率が10％の例であり，少数のリンクしか生み出しません．50％に増えた場合が右側で，より多くのリンクが生み出されます．この場合，おおよそ半分のペアに直接接続されています．リンク数の期待値はその設置確率に比例します．

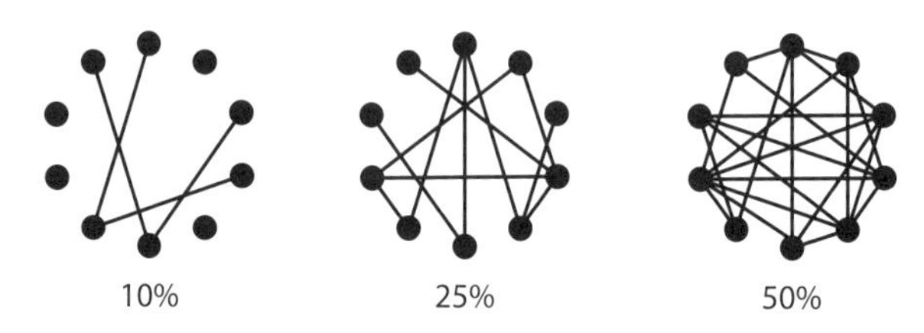

図14.5　異なる確率で2つのノード間にリンクを構築したランダムグラフ．確率を増やすと，ネットワークはより多くのリンクを得る．

これが**ランダムグラフ**（random graph）の構築方法です．ランダムグラフは最短経路長を短く保ちます．なぜなら遠方へのリンクはネットワークの反対の端のノードとの接続を可能にし，ほんの数個でさえ，最短経路長を大幅に小さくできるためです．しかしながら，このネットワーク形成プロセスは，決して現実的とは言えません．この方法は，お互いに知らない人たちをたくさん連れてきて部屋に集め，彼らにランダムに友達になるかならないかを決めるように告げるようなものです．こうしたことはおそらく起こらず，つながりを形成する自然な方法では決してありません．

友人関係の三角形

平均距離が短いことに加えて，ソーシャルネットワークモデルには「友人の友人は友人である傾向」が必要とされます．ランダムグラフではこれを提供できませんが，これはソーシャルネットワークの重要な特性の1つです．

この性質はどのように測定できるのでしょうか？　これは**クラスター係数**（cluster coefficient）と呼ばれる指標を用いて計測できます．クラスター係数はグラフ内の三角形の数を数える手法であり，**連結三つ組ノード**（connected triples，閉じた三角形にするための最後のリンクをもつ場合ともたない場合のどちらも含む，つながった3つのノード）のうち，閉じた三角形になっているものの割合で示されます．

図14.6を使って詳しく説明します．連結三つ組ノードとしては，（A，B，C）と（B，C，D）があります．これらは，BからDへの直接リンクをもっていなくても構いません．（B，C，A）や（C，A，B）も同様です．A，B，Cに関して3通りの記述をするのは冗長に思えるかもしれませんが，それぞれ1つのリンクで別のノードを通る別の経路であるために必要です[†]．ABCの3つのノードの間に3つのリンクが存在していることは，これが閉じた三角形となっていることを意味します．一方BCDはそうなっていません．

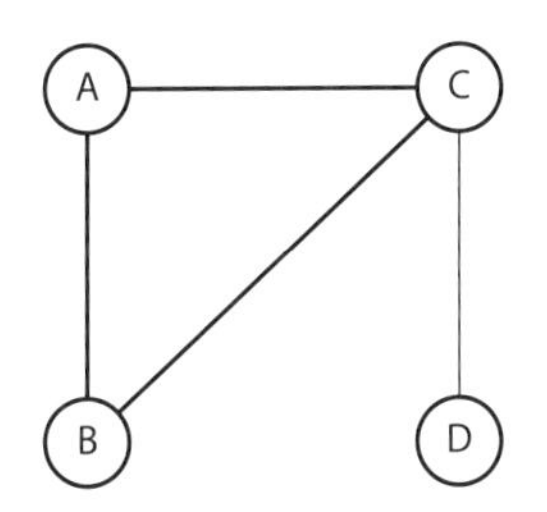

図14.6　このグラフには，3つの閉じた三角形と5つの連結三つ組ノードがあり，クラスター係数は3/5となる．

グラフのなかの閉じた三角形は，誰が誰を知っているかに関して，重なりがあること示しています．閉じた三角形が多いほど，よりクラスタリングの程度が大きいことを意味します．クラスター係数を計算する正確な数式は以下で表されます．

[†] 詳細は，原書ウェブサイトのQ14.1を参照．

$$\frac{3\times(\text{閉じた三角形の数})}{(\text{連結三つ組ノードの数})}$$

閉じた三角形はそれぞれ3つの連結三つ組ノードをもつため，閉じた三角形の数に3を掛けています．これにより，クラスター係数は0（クラスターなし）と1（完全クラスター）の間の値となります．

図14.6のクラスター係数はいくつになるでしょうか？　このグラフには1つの閉じた三角形と5つの連結三つ組ノードがあるため，

$$\frac{3\times 1}{5}=\frac{3}{5}=0.6$$

となります．したがって，このグラフの現在の接続度合いは60%のクラスタリングを示しています．BからDへのリンクがあれば，係数は100%に跳ね上がります．

図14.4に戻りましょう．閉じた三角形はABCとCDEの2つがあります．連結三つ組ノードは，各閉じた三角形に対して3つあり，さらにグラフには3つの閉じていない連結三つ組ノード――(A，C，D)，(A，C，E)，(B，C，E)――が存在します．これらの閉じていない連結三つ組ノードは，図14.7において破線で示され，三角形になっていない社会的関係を表しています．このグラフのクラスター係数は，以下のように算出されます．

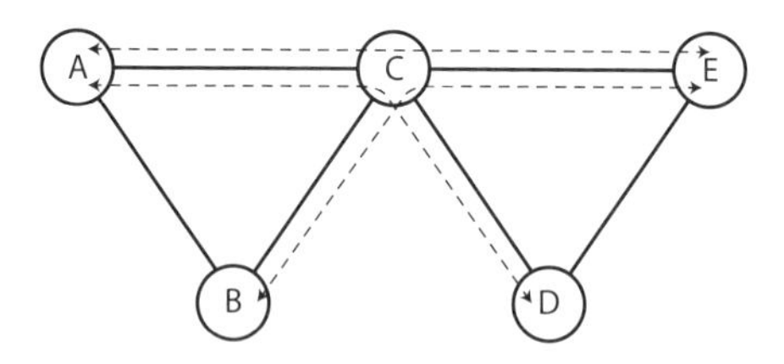

図14.7　このグラフには，3つの連結三つ組ノード（A，C，D），（A，C，E），（B，C，D）があり，2つの閉じた三角形（実線で示す）が存在する．このグラフのクラスター係数は2/3となる．

$$\frac{3 \times 2}{9} = \frac{2}{3} = 0.667$$

ランダムグラフは小さなクラスター係数をもつ傾向にあり，そのために，6次の隔たりを説明することができません．では，スモールワールドの「スモール」はどのくらい「小さい」のでしょう？　詳細な説明は省きますが，ランダムグラフの場合，上記の公式は，ノードの平均次数（ノードの次数とは，ノードのもつリンクの数のことでした）をネットワークのノード数で割った値に置換されます．2015～2016年のFacebookから数字を取ってみると，このグラフには16.5億人のユーザーが存在し1人あたり平均350人の友人がいます．Facebookがランダムグラフであれば（実際はそうではありませんが），クラスター係数は約0.0000002になります．これは現実的なソーシャルネットワークとしては小さすぎます．

レギュラー・リング・グラフ

スモールワールドを説明できるグラフモデルは，2つの特性をもっていなければなりません．1つは平均経路長が小さいこと，もう1つはクラスター係数が大きいことです．

ランダムグラフの代わりに，他の極端な例（図14.8のような非常に規則的な構造）を考えてみましょう．これはある数のノード（図中では8個）が円環状に配置された**レギュラー・リング・グラフ**（regular ring graph）の例となります．グラフ構造は，以下の2つの値によって一意に決定されます．

- 円環上のノード数
- 各ノードの次数

この2つの値はともに偶数となります．なぜなら，各ノードのリンクは左右に均等に（半分は片側へ，もう半分は反対側へ）広がっているためです．各ノードが2つのリンクをもつ場合，グラフは純粋なリング構

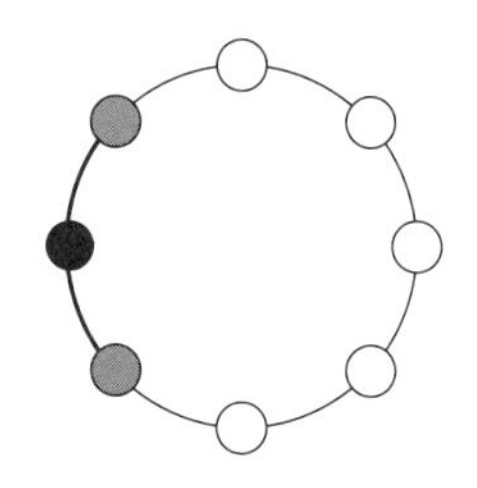

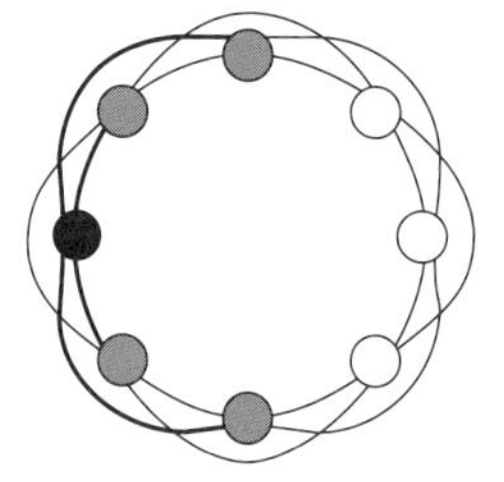

図 14.8　8ノードで，各ノードがもつリンクの数が異なる2つのネットワーク．各ノードがもつリンクの数が増加するにつれて，クラスター係数は急速に上昇する．

造となり，各ノードは隣のノードにのみ接続されます．各ノードが4つのリンクをもつ場合，各ノードはそれぞれ左右に2つずつ隣接するノードと接続します．ノードあたり6つのリンクをもつ場合は左右に3つの隣接ノードと接続します．以降，同様に続きます．

このレギュラー・リング・グラフのクラスター係数はいくつになるでしょう？　ノードあたり2つのリンクをもつ場合，とてもシンプルです．この場合，三角形はないので，クラスター係数は0となります．では，ノードあたり4つのリンクをもつ場合はどうでしょう？　各ノードを中心とする3つの閉じた三角形が存在します．図14.9の左上にノードCを中心とするBCDが見て取れます．連結三つ組ノードはいくつあるでしょうか？　3つの閉じた三角形に加えて，各ノードはそれを中心とした3つの連結三つ組ノード（たとえば，図14.9のノードCは（A, C, E），（B, C, E），（A, C, D））をもっています．

ここまでで，閉じた三角形が1つと連結三つ組ノードが6つ与えられました．残りのノードを見る必要はありません．なぜなら，レギュラー・リング・グラフは対称性をもち，各ノードの周辺構造は同じだからです．たとえば，8ノードについてなら，8つの閉じた三角形と，6 × 8 = 48個の連結三つ組ノードが存在し，クラスター係数は以下の値となります．

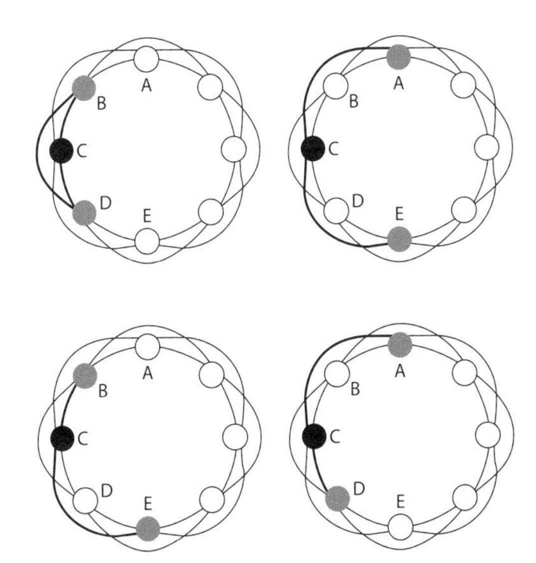

図 14.9 各ノードが 4 つのリンクをもつネットワークでは，各ノードは，自分を中心とした，1 つの閉じた三角形（図の左上）と，それに加えて連結三つ組ノード（他の 3 図）をもっている．

$$\frac{3 \times 8}{48} = \frac{1}{2} = 0.5$$

6 ノードの場合はどうなるでしょう？　この場合も $3 \times 6/36 = 1/2$ となります．100 ノードの場合もまた，$3 \times 100/600 = 1/2$ となります．レギュラー・リング・グラフでは，追加ノードの数と同じ数の閉じた三角形が追加されるため，クラスター係数はノード数に依存しません．

クラスタリングの度合いは，ノードあたり 2 リンクのグラフでの 0% から，ノードあたり 4 リンクでの 50%へと劇的に増加しています．さらにリンクが追加されていけば，変化の度合いは鈍っていくものの，増加し続けます．この傾向は図 14.10 にて見ることができます†．ノードあたりのリンクが非常に大きくなると，クラスター係数はレギュラー・リング・グラフがとれる最大値である 3/4，つまり 0.75 に近づきます．

† 正確な式は，本書ウェブサイトの Q.14.2 を参照．

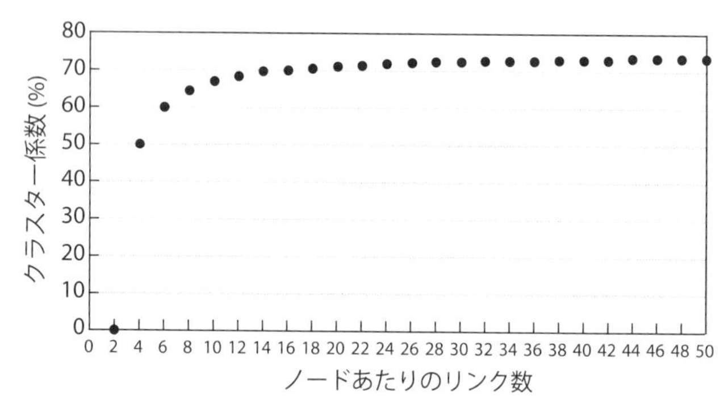

図 14.10　レギュラー・リング・グラフのクラスター係数は各ノードのもつリンクの数に依存する．これが非常に大きくなると，クラスター係数は75%に近づいていく．

75%のクラスタリングは大きくてよい値ですが，もしかしたら大きすぎるくらいかもしれません．

レギュラー・リング・グラフは，ランダムグラフとは際立って対照的です．ランダムグラフとは異なり，レギュラー・リング・グラフのクラスター係数は高く，ソーシャルネットワークとしては現実的です．しかし，各ノードは最近傍の隣接ノードとのみ接続し，近隣へのリンクしか存在していないため，レギュラー・リング・グラフの平均経路長は大きくなります．図14.11に示すように，ネットワークの反対側の端に到達

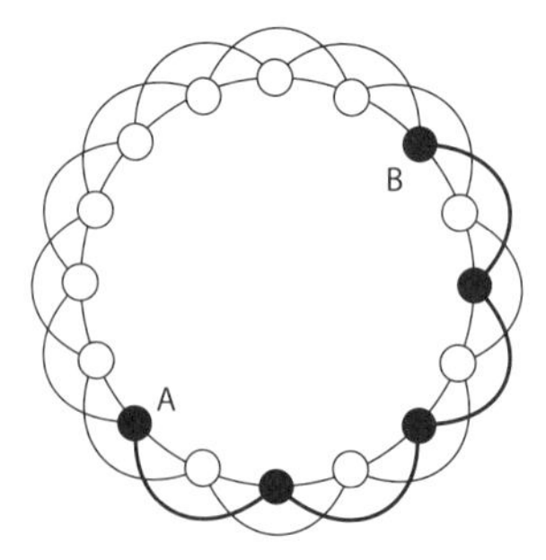

図 14.11　レギュラー・リング・グラフには遠方へのリンクがないため，平均経路長が小さくならない．16ノードで各ノードが4つのリンクをもっているこのグラフでは，AからBにたどりつくのに4つのリンクをたどらなければならない．

するためには，いくつかの短いリンクを経由しなくてはなりません．

ノードあたりのリンク数を増やし続けるだけで，人と人の間の直接的なリンクを増やしていくことができ，それにより経路を短くできるのではないか，と思うかもしれません．これは理論的には正しいですが，非現実的です．平均をより小さくするためには，各人が全人口の大部分に接続しなければならないことになります．各人は，全人口のわずかな一部分である「友人」としか接続しないため，これは明らかに現実に当てはまりません．

レギュラー・リング・グラフとランダムグラフの違いを図 14.12 にまとめます．これらの 2 つのグラフの性質（短い平均経路長と大きいクラスター係数）を併せもつハイブリッドグラフを得ることは可能でしょうか？　もし，可能であれば，「6 次の隔たり」を説明することができるでしょう．

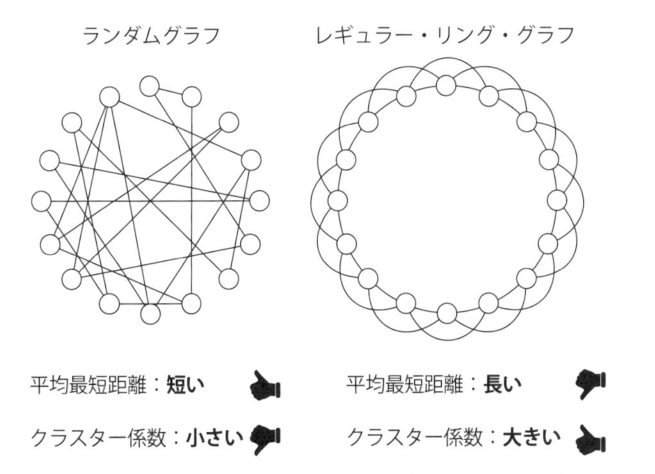

図 14.12　レギュラー・リング・グラフとランダムグラフは，平均経路長やクラスター係数に関して，著しく対照的である．

レギュラー + ランダム：ワッツ - ストロガッツモデル

ここで現実的な方法を考えてみましょう．一方では，大きなクラスター係数が必要です．レギュラーグラフはこれを非常にうまく提供します．

他方では，グラフの端と端との距離を短くするための遠方へのリンクが必要です．では，互いに反対側にあるノード間にいくつかのリンクを追加したらどうでしょうか？

これは**ワッツ - ストロガッツモデル**（Watts-Strogatz model）の背後にある基本的なアイディアであり，最初にダンカン・ワッツとスティーブン・ストロガッツが1998年の『ネイチャー』誌の論文で提案したものです．このモデルは，大きなクラスター係数をもつスモールワールドネットワークの非常に直感的な説明となりました．

ワッツ - ストロガッツグラフは図14.13のような見た目になります．これを構築するには，ノードごとに適切な数のリンクをもつレギュラーリンググラフからスタートし，ノード間にいくつかの遠方へのリンクをランダムに追加します．これらのランダムリンクは，レギュラー・リング・グラフ内の各リンクにつき，ランダムなノードのペアの間に，一定確率でリンクを生成します．

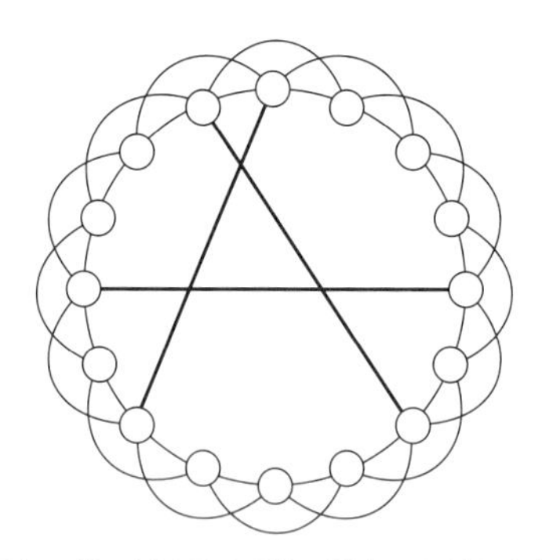

図14.13　ワッツ - ストロガッツモデルでは，遠方へのリンクとなりうるランダムリンクを追加する．近隣へのリンクがあるところでは常に，2ノードをランダムにつなぐ遠方へのリンクが形成される確率が存在する．

重要なのは，追加したこれらの「わずかな」リンクによって，レギュラー・リング・グラフの高いクラスター係数を保持したまま，スモールワールドの性質を達成できることです．少しランダム化することによって，平均経路長は大幅に短縮することができるのです．もちろん，ランダムな遠方へのリンクを追加することによって，連結三つ組ノードは増える一方で，閉じた三角形を作成しない可能性が非常に高いため，クラスター係数は減少します．

距離の削減のためにどれくらいのランダム化が必要でしょうか？　また，高いクラスター係数を維持するには，どの程度許容できるでしょうか？　リンク形成確率が低い限り（たとえば10%程度），クラスター係数への影響はほとんど無視できますが，平均経路長は劇的に減少します．この様子を図14.14で見ることができます．図14.14では，ワッツ－ストロガッツモデル（ノード数600，ノードあたり6リンク）でリンク形成確率をさまざまな値で数回生成し，クラスター係数と平均経路長がどのように変化するかをプロットしました（正規化して比較するため，縦軸を最大値で割って，0～100%の範囲としました）．確率が1～10%程度では，平均経路長は短く，クラスター係数は高く，求めていた現実的なスモールワールドグラフとなっています．

ランダムリンクの形成は，なぜ平均距離を劇的に減少させて，クラスター係数には影響を与えないのでしょうか？　原因はつまるところ尺度

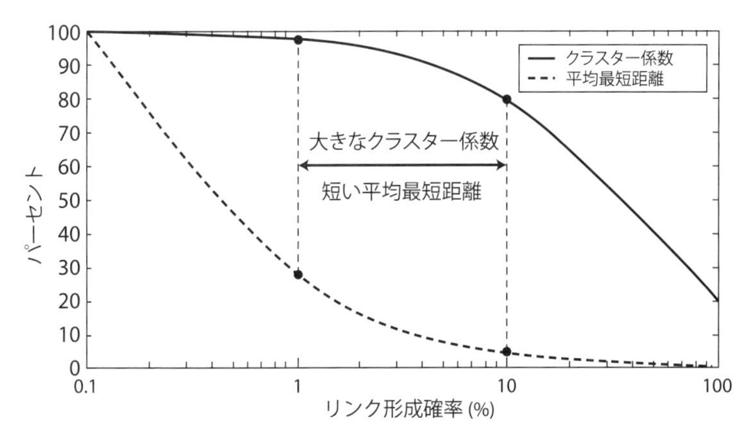

図14.14　ワッツ－ストロガッツグラフにおける，リンク形成確率が小さい（たとえば1～10%）とき，クラスター係数はほとんど減少しないが，平均経路長は大幅に減少する．これが，高いクラスター係数をもつスモールワールドネットワークをつくり出す方法である．

の定義そのものにあります．一方の最短距離は極端な尺度です．2 つのノード間の距離のうち，最短距離だけに注意すればよく，すべての経路長を短くする必要はないのです．そのため，いくつかの遠方へのリンクを追加するだけでよく，ランダムに追加しただけでも，十分に最短距離は短くなります．他方のクラスター係数は平均尺度であり，グラフ内の閉じた三角形の総和を連結三つ組ノードの総和で割った値です．非三角形のわずかな部分を追加したとしても，連結三つ組ノードはクラスター係数にほとんど影響しません．

ここにこそ，大きなクラスター係数をもつスモールワールドの魔法が存在しています. 私たちは, ほとんどの友人と閉じた三角形の関係をもっていますが，ごく少数の友人がそのような社会集団の外にいます．そもそもミルグラムが 6 次の隔たりを観測した際に必要だったのは，このとてもわずかな遠方へのリンクでした．

スモールワールドの構造的側面を理解したところで，人々が最短経路をどのように発見できるのかという，この現象のさらに驚くべき部分に目を向けましょう．

さらに重要なこと：6 ステップはローカルに発見できる

最短経路が極値として計測されていて，クラスター係数が平均として計測されているのはなぜでしょう？　すべてのノード間の最短距離を見つける代わりに，経路長の平均を計測する必要はないのでしょうか？一般的には，平均は必要ないと考えられています．グラフ内のどの 2 つのノードをとっても，コミュニケーションをとるためには，最短の経路が存在すれば十分だからです．他の経路が何らかの理由で使用されない限りは，すべての経路が短いことを保証すべき理由はありません．

しかし，人々が実際にそのような道を見つけることができるようにしておく必要があります．このソーシャルグラフの探索のプロセスは簡単ではないことがあります．人々はネットワークの構造を知らないので，目的地と直接つながっていない限りは，次にどこに行けばいいのかを判断するのは困難です．図 14.15 の例を見てみましょう．A と C がネットワークの反対側からコミュニケーションをとろうとするとき，B という共通の隣人を通して可能であることをどのように知ればいいでしょうか？

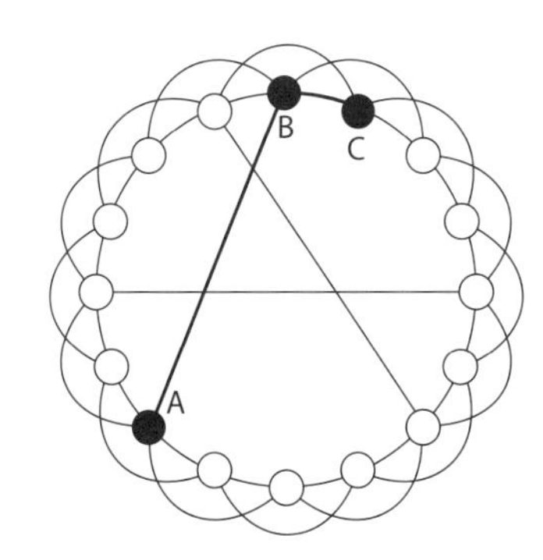

図 14.15 ワッツ - ストロガッツグラフには，いくつかの遠方へのリンクが存在する．A から C への短い経路（A，B，C）が存在している．しかし，A はどのようにしてこの短い経路があることを知ればいいのだろうか？

第 12 章でインターネットについて見てきたように，ルーターと呼ばれるデバイスは，自分の情報を送信する最短経路を発見するために，自分からローカルに見えているものに基づいて明示的にお互いにメッセージを受け渡します．このタイプのルーティングはソーシャルネットワークでは起こりえません．したがって，ミルグラムの実験のような状況において，人々はどのように最短ルートを見つけることができるのかという問題が残ります．

ソーシャルグラフの貪欲な探索

あなたがミルグラムの実験に参加している 1 人だったとしたら，あるいは，彼らによって開始された伝達経路のなかの 1 人であったなら，どのようにして目的地の受取人の名前，住所，職業だけから最良な次のホップ先を判断するでしょうか？　おそらく，「社会的距離」を見積もるために，地理的な近さ（比較的測りやすい）や，職業的な近さ（比較的判断が難しい）の組み合わせを考慮に入れるでしょう．次に，あなたはファーストネームで知っている友人すべてを見て，この距離に基づいて，最も特徴が近い人をピックアップするでしょう．

これが，**貪欲なソーシャルグラフ探索**（greedy social search）の考え方であり，これは人々がローカルな情報をもとに情報を誰へ送るかについて可能な限り最良の決定を行うというものです．したがって，ノードAがノードZに到達したい場合，すべての隣人を見て，誰が最良の送り先か（ノードBとします）を判断することになります．次に，このノードBはZの特性を見て，誰に送るかを判断します．そして，このノード（たとえばC）は同じことを行い，最後にZに到着するまで繰り返されます．もちろん，この方法では，誰も全体像を掴んでいないため，常に最適な道になるとは限りませんが，距離は十分短かくなります．図14.16で，この例を見ることができます．ケイト（Kate）はスーザン（Susan）にたどりつくために（K，A，B，S）の経路を使っていますが，実際の最短経路は（K，C，S）です．ケイトは，貪欲な探索を行い，カリフォルニア州パロアルトの政治家であるアリスが他の隣人よりワシントン州シアトルの弁護士に「近い」と判断しました．アリス（Alice）はそれを，スー

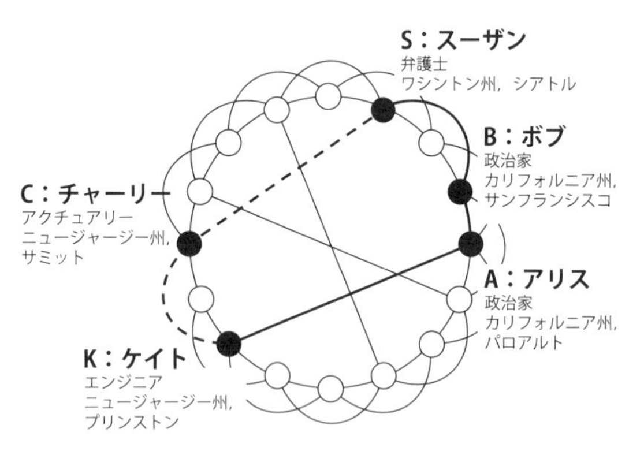

図14.16　ネットワークの全体像が見えていなくても，各人は目的地までの経路を決定するための貪欲なソーシャル探索を実行できる．この方法では常に最適な経路が得られるわけではないが，発見された経路は少なくとも最短経路に近い距離であることが期待できる．

ザンを直接知っているサンフランシスコの政治家ボブ（Bob）に転送します．実際には，ケイトの友人である，ニュージャージー州サミットに住むアクチュアリーのチャーリー（Charlie）はスーザンと直接つながっています．

この貪欲な探索プロセスによって発見された距離の平均は，平均経路長に近いでしょうか？　図 14.16 の例ではたまたまそうなっています（2 は 3 よりそれほど小さいわけではないので）が，一般のケースでも同じだと期待できます．そうであるならば，短い経路は，その存在のもっともらしさに加えて，発見可能でもあるということができます．過去 15 年間で，もとのワッツ－ストロガッツモデルから派生した社会探索のいくつかのモデルは，この問題に対して肯定的に答えています†．

*

概ね，私たちの世界は 6 ステップ以下で接続されているというのはもっともらしいことがわかっており，しかもネットワークの一方の端から他方の端へのステップを，人間による分散的な探索によって発見できることが明らかになっています．

† これらのモデルについては，原書ウェブサイトの Q14.3 を参照．

第VI部のまとめ

エンドホストにおけるインテリジェントな仕組みは，さまざまなネットワークアプリケーションにおいて重要な原理です．インターネットはしばしば，エンド・ツー・エンドの設計思想に従っており，エンドホストにセッションの確立，維持，制御を担当させる一方，ネットワーク自体は1ホップずつパケットを転送する役割しか果たしません．本書の最後の部では，最初に各送信側デバイスのトランスポート層がインターネット上の輻輳をどのように制御しているかを見ました．そこでは，ネットワークの状態を推測し，リンク容量の需要を調整するために受信者が提供するフィードバックメッセージを利用していました．次に，ますます巨大に成長し続けるネットワークが，それでもなおスモールワールドであることや，人々がローカルの情報だけを使ってネットワークの反対側の端への短い経路を探索できることを見てきました．

*

これで，本書でたどってきた6つのネットワークの原則――共有の難しさ，ランキングの難しさ，群衆の賢さ，また賢くなさ，さらに分割統治，エンド・ツー・エンド――の旅はおしまいです．これらの6つのパートのなかで，非常に多くの異なるネットワークを見てきましたし，それらがいかにしてグラフ（ウェブページ，デバイス，ルーターなど）とそのグラフ上の機能（PageRank，分散電力制御，ルーティングなど）として表現させるかを議論してきました．

この本を閉じても，あなたの知的な旅が続くことを願っています．あなたは人生のなかで，筆者らが本書の紙面で議論しなかったネットワークと出会い続けるでしょう．その多くは，まだ発明されていないかもしれません．そのとき，ぜひこれらの6つの原則のうちどれがその状況に当てはまるのかを考えてみてください．

また，同じく重要なお願いは，これらの原則を取り上げるなかで繰り返し出てきたテーマを覚えておいてほしいということです．日常生活のなかでも，どれが現れているだろうかと考えてみることができます．以下，本書の全14章から，その6テーマにまつわる話題をピックアップしてみます．

- **ネガティブフィードバック**は，ネットワークが平衡状態を保つために，現在の状態をシグナルとして使うときに生じます．このテーマは第1章の携帯電話の電力制御から第3章のデータ料金設定，第13章のインターネット輻輳制御まで，何度も出てきました．
- **ポジティブフィードバック**は，反対に，ネットワークはその効果を増幅するもので，一般にネットワークを平衡状態から離れる方向へと向かわせます．
- **分散調整**は，ネットワーク内の小規模なエンティティ間でタスクの責任を分散します．各エンティティはネットワークのローカルな視野しかもっていないにもかかわらず，それらの間にはグローバルな協力関係が生まれます．このテーマは第2章のWiFiのランダムアクセスから第12章のインターネットフォワーディングまで，何度も出てきました．
- **正のネットワーク効果**は，第9章で説明した例や，第6章の製品評価のような，ネットワークに参加する人が増えることがすべての人の利益を生む傾向のことです．
- **負のネットワーク効果**は，第3章の定額料金の「悲劇」のような，ネットワークに参加する人が増えることによって，すべての人の利益を損なう傾向のことです．
- **意見の集約**は，第6章で見たような，人々の意見が互いに偏らず，独立している場合に非常にうまく機能します．商品や映画の平均評価値が，より多くの意見に基づいているほど信頼できるのはこのためです．

これらのテーマが身についたなら，あなたは本書からネットワークの力についてたくさんのことを学んだのです！

対談 ―――――――― ヴィントン・サーフ

A Conversation with Vinton Cerf

ヴィントン・サーフ氏は，「インターネットの父」の1人として広く知られている．彼はロバート・カーン氏とともにTCP/IPを開発した．

Q：ヴィントンさん，1974年頃にあなたが同僚とともにTCP/IPプロトコルを設計したとき，最も重要な決定事項は何でしたか？

ヴィントン：おそらく最も重要な決定は，インターネットプロトコルとインターネットアドレスと呼ばれるグローバルアドレス構造を導入したことだと思います．当時，すでに複数のネットワークからなるネットワークをインターネットが形成するだろうと予期していました．そして，ほとんどのネットワーク，もしかしたらすべてのネットワークが，自分以外のネットワークが存在するという概念をもたないということを知っていました．各ネットワークはそれが世界で唯一のネットワークであるとみなしていました．だから，特定のネットワーク上で，「別のネットワークに送信してください」と言う方法はありませんでした．プロトコルの設計をしていたボブ・カーンと私は，すぐに「このネットワークのネットワークを形成するために，あなたのネットワーク以外のネットワークに送ってください」と言えることが必要であることを認識しました．

2つ目は技術的なものではありませんでした．それはポリシーの決定にかかわるもので，私たちの設計について，当時のあらゆるレベルの詳細を，いかなる規制や特許，知的財産の制約もかけずに公表すべきか否かという点でした．

私たちは実際にそれについて考えました．思い出してほしいのは，国防総省のためにこの仕事をしていたということです．

国防総省は，類似したブランドのマシンをリンクさせることでしかネットワーキングを簡単に行えないという問題を抱えていました．IBMはIBMマシン同士を連結するシステム・ネットワーク・アーキテクチャ（Systems Network Architecture：SNA）をもっており，ディジタル・イクイップメント・コーポレーション（Digital Equipment Corporation：DEC）社にはDECのマシンを相互リンクするDECnetと呼ばれるものがあり，ヒューレット・パッカードには，ヒューレット・パッカードのマシンだけを接続する分散システム（Distributed

Systems）と呼ばれるものがありました．

　私たちは，国防総省がネットワーク効果を得るために，特定のブランドのマシンを購入しなければならない立場に置かれてはならないと考えました．それが最初のポイントでした．つまり，非独占のデザインが必要でした．

　インターネットの前身は，ARPANET（Advanced Research Projects Agency Network）と呼ばれ，パケット交換機を相互に接続する専用の電話回線を使って構築されました．それは，米国内のさまざまな機関で非常に多様な機種のコンピューターが接続された均質なネットワークでした．

　これらの他のすべてのプラットフォームに対処する必要があることを認識した私たちは，自動車や，海上の船舶や，航空機等のシナリオに対処するために，モバイル・ラジオ・ネットワークと衛星ネットワークの開発に着手しました．しかし，これをやってみると，異なる特性をもつ多様なパケット交換機ネットワークがある状況に直面し，それらすべてをリンクする方法を見つけなければならないことがわかりました．したがって，特定のネットワーク上のコンピューターは，システム上のネットワークの数や，トラフィックがどのようにルーティングされているかを知っている必要があります．私たちが望んでいたのは，手紙を郵便ポストに入れれば，手紙をどこへ・どうやって・いつ届けるかは郵便局にお任せできるといった仕組みにしたいということだけでした．したがって，私たちは，世界的な基準で機能する郵便事業にならってこれをモデル化しました．たとえば，郵便局には，海外へ送る際に標準的に使われている住所表記の形式があります．

　プロトコルを公開し，それを採用する際の障壁を取り除くというのは，おそらく最も重要な意思決定でしょう．私たちは，プロトコルデザインの使用にいかなる知的財産的制約も課さないことにしました．すべての文書を無料公開しました．インターネットが発展するにつれ後に設立された機関においても，出版物や使用については同じく非常にオープンであり，現在も 40 年前と同様です．

Q：非常に興味深い話です，ヴィントンさん．今日の生活や仕事に影響を与えた非常に重要な決定ですね．アドレスについて触れていただいたので，関連して聞かせてください．アドレス体系のうちの 1 つが，より大きなアドレス空間をもつ IPv6 です．IPv6 への移行の現状についてどう思いますか？

ヴィントン：それはいい質問です．少し時間をさかのぼりますが，インターネットの設計に際して私たちは何度かのやり直しを経験しました．とくに 4 つの反復をあげたいと思います．もとのデザインには，送信元ホストから宛先ホストまでの複数のネットワークにわたるトラフィックの流れを管理する 1 つのプロトコル，伝送制御プロトコル（Transmission Control Protocol）がありました．私たちは，デザインと実装とテストを繰り返す途中で，リアルタイムコミュニケーションが非常に重要になるかもしれないことに気づきました．音声，動画，レーダーは，データの配信を100%保証する必要がありません．データが常に動的にリフレッシュされる場合はとくにそうで，とりわけレーダートラッキングはそれにあたります．

望ましいのは遅延を小さくすることであり，そうすればインタラクティブな低レイテンシーの交換ができます．もしパケットが失われて，誰かが何かを聞き取れなかったとしたら，繰り返すように求められるだけです．つまり，あなたがポッピングノイズによって誰かが言ったこと聞き取れなかったとしても，「何？　もう一回言って」と言えば済みます．

ビデオについても同様でしょう．グリッチが発生したり，フレームの一部が表示されなかったりするかもしれません．しかし，どうせ次のフレームが届くので，前のフレームの再送信について心配しなくていいのです．なぜなら，ユーザーはそれらを見たくないからです．もし，あなたがやり直そう（再送信しよう）とするなら，相手との待ち時間が増え，ビデオ会議通話をしようとすると，遅延が発生します．

そこで，遅延を増やすのではなく，パケットロスを許容して待ち時間に注意を払いましょうと私たちは言いました．その議論の結果，インターネットプロトコル（IP）を伝送制御プロトコル（TCP）から分離し，それをシステム内の配信順序に関する信頼性の要件を課さない別個の層としました．したがって，TCPは順序づけられた信頼できるデータ配信を行い，IPは宛先へのデータグラムを（もしかしたら低い信頼性で）届けるだけです．この決定は，TCP設計の3回目の反復で行われました．

もう1つのポイントとして，かなり早い段階から私たちは，「このインターネットのためにどのくらいの終端点を予想すべきか？」ということを自問していました．本当にその答えはわかりませんでした．だから最初の質問として，「さて，国ごとにいくつネットワークができるだろうか？」と考えました．おそらく，競争が生じるように各国に2つくらいの全国規模のネットワークができるのではないかと考えました．それから，「いくつの国があるのか？」と問いました．私たちはその答えを知らず，尋ねるべきGoogleもなかったので，128と見積もりました．これは2の累乗ですが，プログラマは2の指数でものごとを考えるものなのです．

だから私たちは，「世界中の256のネットワークを識別するには8ビットの情報が必要だろう」と当たりをつけ，各ネットワークに接続するコンピューターの数を問いました．そして，その答えもまた知りませんでした．しかし，私たちは気前よくなければいけないとよく話していました．そこで，ネットワーク1個あたり1,600万人ということになりました．当時のコンピューターが数百万ドルのコストを要し，非常に大きくて巨大なエアコンつきの部屋で動作していることを考えれば，とてつもなく巨大な数でした．

こうして，24ビットの情報でその数のマシンを表現することになりました．私たちは，最終的にIPv4のためのアドレス空間を32ビットとしました．インターネット上に存在する終端点の総数は43億であり，1973年にはインターネット上にある可能性のあるコンピューターの数よりも非常に多いように思えました．

そこで私たちはその道を歩み始めました．しかし，ボブと私がこれについて取り組んでいたのと同年の1973年に，Xerox PARCはイーサネットを発明しました．このイーサネットは，当時のラップトップやデスクトップコンピューターのようなデバイスを，同軸ケーブルによってブロードキャストネットワークで一緒に接続できるようにしました．3メガビット/秒という，当時としては非常に高速に思えるものでした．イーサネットの技術は，1980年代または1981年以降，商業的に急速に普及しました．これらのネットワークは，インターネット上の多くのアドレス空間を急速に占めていきました．その結果，1990年代初頭には，最初のアドレス空間が需要を満たすのに十分でないことが明らかになりました．

どれくらい多くのアドレス空間が必要になるかについては，大きな議論がありました．私たちは32ビットのアドレス空間が不十分だと考えました．そのため，サイズを128ビットに増やすべきか，あるいは電話番号のような可変長アドレッシングに進むべきか考えました．可変長は使いたくない理由がありました．だから，私たちは最終的に128ビットを選び，このバージョンをインターネットプロトコルIPv6と呼びました．

今，この会話が行われている2015年のこの段階では，バージョン4（IPv4）のアドレス空間は大部分インターネットで使い尽くされています．利用可能なアドレス空間はこれ以上ありません．これは少し言いすぎで，インターネットアドレス空間の割り当てを担当する一部の機関（いわゆる地域インターネットレジストリ）には依然，ある程度のアドレスが残っていますが，これはわずかです．それらのほとんどはすでに使い果たしています．バージョン4の新しいアドレス空間はありません．

90年代のはじめに，私たちはこれがやがて問題になることに気づき，IPv6は1996年頃に標準化されました．私たちは，IPv6をすばやく実装することがどのくらい重要かを，皆が理解するだろうから，もはやIPv4の限界に縛られる必要はないと思っていましたが，事態はそうなりませんでした．人々はアドレス空間を使い果たしておらず，2011 年頃にやっと枯渇したばかりです．そのため v4 と並行しての IPv6 機能の実装のペースは非常に遅いものでした．現在，バージョン 4 のアドレスは実質的に消費され尽くされているので，これがもち直し始めています．

こうして，IPv4 と並行して IPv6 実装のペースが上がっています．v4 を実行している古いコミュニティと v6 を実行している新しいコミュニティに対応するために，両方のプロトコルを同時に実行する必要があります．128 ビットのアドレスを 32 ビットの空間に収めることはできず，相互運用ができないため，そうする必要があるのです．

Q：歴史をわかりやすく紹介いただきありがとうございます．レイヤーの分割のような興味深いアーキテクチャ上の決定をたくさん含むお話でした．TCP/IP の設計がこのレイテンシーとエラー耐性のトレードオフによって生まれたこと，過去数十年にわたりインターネットがどのようにスケーラブルになったかという魅力的なストーリーに言及されました．今日，サイバー物理システムとスマートシティーが登場しています．これらの物理的な制御システムのなかには，非常に小さく，ほぼ一定のレイテンシーが必要となるものがあります．ネットワークの端にある，あるいはときには人体のなかにあるこれらのサイバー物理システムの台頭も，レイテンシーの問題を再訪させると思いますか？

ヴィントン：それは興味深い質問です．おそらくそうなると思います．なぜなら，あなたが扱っているネットワークコンポーネントは近くにあるため，レイテンシーが非常によく制御されている状況がいくつかあるからです．だから，あなたがプロトコルで何をしていても，距離によって課せられる最小の遅延は避けられないかもしれません．

もちろん，問題を克服する方法は，距離に対して近いネットワークを用いたシステムをデザイン，構築することです．Bluetooth や WiFi のようなものでは，通常は相互作用がローカルなので，遅延が非常に少ないのです．だから，あなたは問題に苦しむことはありません．

もう 1 つの側面として，レイテンシーに敏感でないように設計されたアプリケーションも存在します．私はこれらの両側面を見てきました．いくつかのアプリケーションは，待ち時間の影響を受けないように，アプリケーション空間で対処されています．E メールはよい例です．しかし，あなたが言うように，特定のサイバー物理システム（またはしばしば IoT と呼ばれるもの）では，アプリケーションを動作させるために待ち時間を短くする必要があります．

Q：この対談の前半（訳注：ここには掲載されていない）で，特定のアプリケーションで非常に短い待ち時間を確保するために，「雲（クラウド）」が地面に降りて「霧（フォグ）」になる必要があることについて私たちは言及しました．今日，私たちはさまざまな企業の TV コマーシャルで，IoT が生活や仕事の仕方に革命をもたらし，産業プラントや農業がどのように機能するようになるのかが語られているのを見ます．また，コンシューマ向けウェアラブル端末からスマートシティの青写真にいたるまでが取り沙汰されています．どれがサイエンスフィクションのようなものだと思いますか？　そして，どれが実際に起こるのでしょうか？

ヴィントン：あらゆる局面で何かが起きており，これはかなりすごいことだと思います．人々が身につけることができるデバイスがいくつかあります．Google Glass は，その初期の例の 1 つでした．一方，運動時などの私たちの身体のバイタルサインを追跡するのに役立つ Fitbit やその他の製品は，非常に普及しています．それらはすでに起こっていて，疑問の余地はありません．私たちの環境の一部となっているデバイス，たとえばより優れた視覚体験を楽しむために，ラップトップから情報をテレビの大画面に送信できるようにするものがあります．ネットワーク対応のサーモスタット等を利用して，リモートで温度を制御したり，住宅の今の状態を知ることができます．家が無事であることを確認するために，ビデオカメラを使うことができるかもしれません．

以上のようなことがすべて起こっています．次の数十年で，文字どおりあらゆる面で私たちは何らかのペースでの進歩を目にしていくと思います．だから私は正直に言って，ほとんどのものをサイエンスフィクションとしては見ません．私たちがグーグルで手がけている自動運転車でさえ，実際に道路に出て，自力でナビゲートしようとしており，もはや SF ではありません．

私が心配することは，これらのデバイスの多くが比較的小さな処理能力で設計，構築されていることです．問題は，たとえばデータのプライバシーを確保するためにトラフィックを暗号化するなどの，十分な処理能力があるかどうかです．また，収集された多くのデータが読み取られ，悪用される可能性があるため，これらのシステムの安全性とセキュリティーとプライバシーについてはかなり気を配る必要があります．たとえば，家の周りに多数の温度センサーがあれば，家に住んでいる人の数，所在地，日常的なルーティーン，いつ家にいるのか，いないのかを知ることができるでしょう．

このように，サイバー物理システムやインターネット・オブ・エブリシング（IoE）には安全性やセキュリティー，プライバシーに関する数多くの課題が残されています．これらのサイバー物理システムに潜在する乱用の可能性を克服し，防ぐためには，非常に真剣な研究開発が必要となるでしょう．

Q：あなたが言及した情報プライバシーは，多くの人々の間でまさに懸念されています．セキュリティーが時代遅れであるのを知らずに，接続された「もの」を購入してしまうことを心配する必要がありますよね？

ヴィントン：まさしく，私たちはそれを心配するべきです．実際，脆弱性を導く実装上での間違いを，そのつどアップロードできないデバイスは買うべきではないし，売るべきではないと主張しています．私が心配しているのは，新聞に「100,000 台の冷蔵庫がバンク・オブ・アメリカを攻撃する」などといった見出しが出る事態です．つまり，マルウェアに感染した冷蔵庫が DoS 攻撃を仕掛けることです．私たちは，デバイスが許可された当事者によってのみ管理され，蓄積されたデータは許可された当事者のみアクセス可能であることを「確実にする」という，非常に重大な技術的課題に直面しています．たとえば，強力な認証や，サイバー物理システム内のデバイスから他の監視システムに移行する可能性のあるデータ機密性を保護するための暗号化技術がほとんど常に必要となります．

Q：さらに質問を続けたいと思います．インターネットの周りには巨大なアプリケーションの生態系があります．あなたが最も好きなアプリは何ですか？

ヴィントン：それはとても興味深い質問です．なぜなら，誰かがアプリという言葉を使うとき，もちろん私はモバイルアプリを意味すると仮定するからです．私は，あなたの質問がそうしたとても狭い意味ではないと認識しています．

そうなると，私がどのサービスよりも使っているのは，正直に言って Google です．決して私がグーグル社員だからではありません．ネット上の素材を見つけることはとても価値があり，とても難しいからです．それを Google では簡単に検索できるようにしています．

私は，定期的に株式市場と自分のポートフォリオを確認するためのアプリを使用しています．ストリーミングビデオも便利に使っています．気になった YouTube の短い動画を見るか，Netflix の映画を見るかどちらかです．これらのアプリケーションは，音声と動画のストリーミングをサポートするための十分な帯域幅がある地域では，非常に普及しています．

私にとっては，これらが情報を収集するための便利なアプリケーションです．私は新聞紙はとらず，オンラインで読んでいます．それは私の日常です．多くの同僚や，同世代の人たちと同様に E メールのヘビーユーザーです．Facebook

やGoogle＋のような他のコミュニケーションツールもありますが，私はEメールほどそれらを利用していません．ここ数年になってようやく，ビデオ会議を使うことがとても増えました．私たちが今まさにやっていることですね．これは素晴らしい進化です．複数の当事者が同時に対話することを可能にするGoogleハングアウトは，遠隔地の人とミーティングすることで出張をせずに済ますことができます．

そのほか，Google Docsシステムのスプレッドシート，テキストドキュメント，プレゼンテーションをよく使っています．とくに，テキストドキュメントとビデオ会議アプリケーションは非常に強力な組み合わせです．私は，2，3人の論文共著者とともに，お互いを見ながら会話し，さらに同時にドキュメントを編集しています．1人がテキストの編集を担当するのではなく，誰でも自由に編集を行い，その箇所に注意を引くことができます．リアルタイムでの議論であるため，Eメールで添付ファイルを送信するよりもはるかに早く最終稿にたどりつけます．リアルタイムの共同作業を可能にするこの能力は驚くほど強力です．

Q：ヴィントさん，あなたの考えを共有してくださり，ありがとうございます．

解説

鳥海不二夫

『パワー・オブ・ネットワーク』（原題：The Power of Networks）というタイトルから，「ああ，複雑ネットワークとかソーシャルネットワークとかそういう類の本ね」，「ああ，通信ネットワークの本ね」，あるいは「電力ネットワークかな？」，場合によっては「人工知能技術のニューラルネットワークの本かも」などと思って本書を手に取った方は，目次を見て戸惑うはずだ．そこに並んでいる章題は，一見どのタイプのネットワークの本とも結びつかない．さらに本書を読み進めていくと，その多彩な話題にますます面喰うことになるだろう．本書はネットワークというタイトルがついているにもかかわらず，その扱う範囲は携帯電話，インターネットはもちろん，集合知や広告戦略などと幅広い．一見すると何の関係性があるのかわからないような話題が並んでいるが，しかしそれらの根底には，まさにタイトルにもあるとおりネットワークの威力が存在するのである．

*

第 1 章のタイトル「電力を調整する」は，電線や家電など電気を使った製品の話かと思いきや，この章で扱っているのは携帯電話である．現在の社会はその存在なしには語れないほど，携帯電話（スマートフォン）が普及しており，スマホが手放せない日々を送っている方も多いだろう．にもかかわらず，携帯電話がどのように基地局とつながっているのか理解している人はほとんどいないのではないだろうか．本書で言う「電力を調整する」とは，まさに携帯電話がスムーズに基地局とつながるための方法そのものである．つまり，「電力の調整」こそが，我々をインターネットというネットワーク世界に直接つなぐ，まさにその入り口になくてはならない仕組みなのである．

第2章は，我々が広大なネットワークの世界につながるためのもう一つの手段である，WiFi についての解説である．我々は何も考えずに，WiFi が飛んでいればそれに接続して，スマホ経由，あるいはタブレット経由でインターネットから情報を獲得する．しかし，多数の端末が同時に WiFi を利用できるのはなぜだろうか？　日常生活を送るうえでは，特段そのような疑問をもつこともないかもしれない．しかし，そのような当たり前のことの裏にも，実は皆が効率的にネットワークにつながるための素晴らしいアイデアが隠されているのである．どうでもいい話だが，本章に出てくる ALOHA（Additive Links On-line Hawaii Area）プロトコルというネーミングには感心させられる．こういった名前を考え出すセンスというのはどこから湧いてくるのだろうか．いつか自分の研究でも，こういったセンスある略称をつけてみたいものである．

次に，第3章では，第1，2章で見てきた携帯電話のネットワークや WiFi ネットワークを使って広大なインターネットから情報を取得するために，いくら支払うべきなのか，ということについて論じている．ネットにつながるということは，日本においてはもはや一種の権利とも言えるような状況になっており，つながることが当たり前と考えられている．しかし，動画の閲覧や大量のデータのやりとりをするということは，それだけネットワークの資源を利用しているということであり，データ通信に対してコストを支払わなければならない．パケ放題のような定額制であれば何も考えずに済むが，ネットワークのユーザーが増加するに従ってインフラがその通信量に追いつかなくなりつつある．そこで，現在のデータ通信の主流は，定額制から従量課金制へとシフトしてきている．そこで問題になるのは，我々はデータ通信にどのくらいの金額を払えばよいのか，ということである．そこには，データ通信料との関係だけではなく，我々自身がデータ通信によって得られる満足度（効用）や，個人ではなく社会全体としての効用（共有地の悲劇を防ぐこと）の考慮までもが必要になってくる．第3章は，データ通信の価格という観点から，現代のネットワーク社会のありかたについて警鐘を鳴らしているとも言えるだろう.

*

さて，第I部（第1～3章）の主題がネットワーク社会のインフラに関する話題だったとすれば，第II部（第4～5章）のテーマは，ネットワーク社会におけるサービスの根幹である広告と検索についてである.

第4章では，ウェブ広告の仕組みを説明している．Googleが検索結果に応じて表示している広告枠は，実はオークションによって広告主に売られたものである．オークションといっても，すぐにイメージするような，オークショニアが参加者の札を読み上げながらハンマーを叩いてプライスを決定するようなものではない．すべては自動化され，広告主にとって最も効率のよいとされる一般化セカンドプライスオークションを用いて，検索ごとに高速に広告の価格と提示場所を決定しているのである．広告主がこのような広告にコストを支払っているため，我々ユーザーは無料でインターネット上のさまざまなサービスを利用することができているのである.

高度情報化社会である現代においては，インターネット上には人々が一生かかってもアクセスしきれない量の情報がある．60兆あるとも言われる大量のウェブページのなかから自分にとって有益な情報を取得するためには，検索が欠かせない．第5章では，その検索がどのようなアルゴリズムによって動いているのかを説明している．インターネットを黎明期から利用している方であれば，昔は人手で索引を登録していたディレクトリ型検索が主流だったことを覚えているかもしれない．その後，ページ内の言語情報を利用した全文検索エンジンが主流となった．さらに，1997年にGoogleが登場して検索の世界は一変した．Googleが採用したそれまでとはまったく異なる「重要度」を考慮した検索は，当時の検索エンジンと比較してその精度ははるかに高かったのである．このPageRankと呼ばれるアルゴリズムはネットワーク構造を利用した重要度決定アルゴリズムである．自然発生したウェブ上の構造が検索において重要な役割を果たすという点は非常に興味深い.

＊

インフラ，サービスと見てきた本書が，第Ⅲ部（第6〜8章）で扱うのがユーザーである．「群衆は賢い」というタイトルからわかるように，人間の群衆がもつ力，集合知を扱ったセクションである．

皆さんは本を買おうと思ったら，とりあえず本屋に行くだろうか？かつてはそうするしかなかったが，最近では評判を聞いてAmazonで購入というパターンが多いのではないだろうか．しかし，本屋であれば本を手に取って中身を確認して購入できるが，ネットではそうもいかない．そんなときに頼りになるのが「評価」だろう．第6章では，ウェブで頻繁に見られる評価がどのような仕組みで行われているかを解説している．今やあらゆるサービスで当たり前になったこの評価システムだが，たとえば2人が星5つ（最高点）をつけている商品と，100人が星5つ，20人が星1つ（最低点）をつけている商品があった場合，どちらを信用すればよいのだろうか？　平均点をとると前者のほうが評価は高いが，果たして2人だけの評価が信頼に値するのか――こんな問題をいかに解決するかが本章では解説されている．

さて，評価システムは我々自身で何を購入するべきかの判断を他のユーザーの評価を根拠にしているわけだが，それすら考えるのが面倒だという皆さまへの朗報が，第7章で扱われている推薦システムである．これは，それまでのユーザーの行動に基づいて，そのユーザーが何を好むのかを推測し，次に購入すべき商品を提案してくれるシステムである．評価システムでも登場したAmazonのサイトに行けば，過去の購入履歴や閲覧履歴から次に買うべき本を次々に推薦してくれる．かつてに比べるとこの推薦精度は高く，つい推薦されたものを購入してしまった経験がある方も多いのではないだろうか．ちなみに，どうでもよいことだが，以前某ショッピングサイトで炊飯器を購入したところ，次に同じショッピングサイトを訪れたら色違いの炊飯器を次々と推薦されたことがある．「よーし，白い炊飯器買ったし，次は黒いやつを買おうかな」なんて人が世の中にどれだけいるのかわからないが，某ショッピングサイトの方にも本書を読んでもらい，もうちょっと頑張ってほしいものである．

第8章は一転して，ネットワークを用いた学習についてである．「ネットワーク + 学習」というと，第3次人工知能ブーム真っ只中の2018年現在では，深層学習など機械学習・人工知能の話題かと思ってしまいそうだが，ここで扱われているのは人間の学習である．e-Learningという言葉が日本でブームになったのはずいぶん前のように思うが，ウェブを使った学習の利点について述べられている．この章でも扱われている反転授業は日本の教育界でも話題になっているが，ソーシャルラーニングについてはあまり話題に上っていないように思える．ソーシャルラーニングは，ネットワークの力を使った人の学習であり，今後の教育業界で注目されていく技術になるかもしれない．

*

「群衆は賢い」と我々を持ち上げていた第Ⅲ部から一転し，第Ⅳ部（第9～10章）では突如「群衆はそんなに賢くない」と言い始めるあたりは，実にポイントを押さえた章構成である．ネットワークによって群衆をつなぐのはよいことばかりではないぞという警告と言えるかもしれない．

第9章では，動画共有サイトにおけるバイラル化現象について扱っている．YouTubeで最も有名なバイラル化した動画と言えば，江南スタイルである．江南スタイルは，動画の人気そのものとネットワーク構造がもたらす「ネットワーク効果」の複合効果として現れたものであると言えるだろう．より最近（とはいえ本書が出るころにはすでにだいぶ時代遅れだろうが）の例で言えば，“PPAP” もネットワーク効果が人気を支えたバイラル動画の1つだろう．このようなバイラル化は，「群衆の誤謬」によって生じる「情報カスケード」である．本章の後半では，いかに情報カスケードが偶然に左右されるような状況で生じるかを思考実験によって証明していて興味深い．ソーシャルメディアの研究などをやっていると，よく「口コミマーケティングで何とかできないか」という相談があるが，口コミを通じて自然発生的にバイラル化させるのがいかに難しいかは，本章を読めば理解できるだろう．

では，口コミマーケティングに見込みはないのだろうか？　自然発生的なバイラル化は偶然が左右するため難しいが，ユーザーの影響力を考慮したインフルエンサーマーケティングであれば，可能性は高いと言える．第10章では，ユーザーの影響力を測り，集合影響の最大化を目指す方法について述べている．ここにきてようやく複雑ネットワーク分析の話が出てきたという感じがするが，口コミにおけるインフルエンサー効果のモデルとは，ネットワーク科学が主要なテーマとして長年扱ってきた感染症モデルそのものである．社会的構造をマーケティングに生かしたいと思う方は，第9章でがっかりせずに第10章を読み込み，ネットワーク科学の力を生かす方法を考えていただければよいだろう．

*

第V部（第11～12章）のタイトルは「分割統治」である．突然，政治学の話にでもなったのかと思うようなタイトルだが，その中身はインターネットの仕組みそのものの話である．

第11章では，インターネットがどのようにつくられていったのかという歴史的経緯から，その優れた構造について説明されている．インターネットの歴史は実に1969年までさかのぼる．それほど古い時代につくられたシステムであるにもかかわらず，その根幹は現在までも大きく変わることなく利用され続けている．その理由は何だろうか．本章では，インターネットのシステムのロバストさについて解説されている．現在の社会のインターネットへの依存度の高さを考えれば，TCP/IPというプロトコルは世界の根幹を支える，人類の歴史を変える発明であったと言えるだろう．わずか数台のサーバーからスタートしたインターネットが，現在の数十億ものサーバーに対応できる仕組みをはじめから備えていたというのは驚くべきことだろう．

第12章は，ルーティング，すなわちインターネットにおいてどのようにデータが運ばれていくのかを決めるアルゴリズムについての解説である．第11章を読むとインターネットがサーバーのネットワークによってつくられることが理解できるが，そのなかであるサーバーから別のサーバーまでデータがどのように送られてくるのかはわからない．たとえば，ウェブサーバーとスマホがそれぞれ別のサーバーに接続しているだろうということはわかるが，当該サーバー同士が直接つながっている可能性は極めて低い．だとすると 2 つのサーバー間の通信経路はどのように決められるのだろうか？　中央集権的ではないインターネットでは，どこかのサーバーに経路を決めてもらうことはできず，また，あてもなくデータが広大なインターネットをウロウロしているようではいつまでたっても目的のデータを入手することができない．インターネットのトラフィックルーティング問題は，まさにネットワークにおける分散アルゴリズムの最も重要なものであると言えるだろう．

*

最後の第Ⅵ部（第 13 ～ 14 章）は「エンド・ツー・エンド」である．ここで言うエンドとは，ネットワークの最端点のノードのことだ．

第 13 章は「混雑に対処する」というタイトルであるが，ここで言う混雑とは道路の渋滞や人流などではなく，インターネットにおけるパケットの混雑である．我々は普段とくに深く考えることなくインターネットを通じてデータのやりとりを行っているが，時々パケットの混雑問題に直面することがある．近年ではだいぶ減ってきたが，かつては 1 月 1 日の 0 時直後にはメールや電話がつながりにくいといったことが頻発していた．また，アニメーション映画「天空の城ラピュタ」がテレビで放送されると，23 時 20 分ごろに Twitter に大量の「バルス」という投稿が行われ，Twitter が落ちるといったことも起きていた．このように，通常と比較して明らかに多い量のパケット送信が行われたときにどのようにしてうまく立ち回らせるかは，ロバストなインターネットを維持するためには欠かせない．本章では，インターネットのトラフィックを制御する輻輳制御アルゴリズムについて，どのような工夫によって我々がストレスなくインターネットを使えるようにしているのかを教えてくれる．この輻輳制御アルゴリズムがあるからこそ，我々は地震が起きると「揺れた！」とツイートできるし，テレビを見ながらバルス祭りに参加することができるのである．

最後の第 14 章では，再び人間同士のネットワーク，すなわちソーシャルネットワークに戻り，社会構造がいかに「狭い」世界を構築しているのかを説明する．世界中の人は平均すると 6 人を間に挟めばつながることができると言われている．なぜそのようなことが起きるのかについて，この章では具体例を交えてわかりやすく説明している．まったく別の場所で知り合った 2 人が実は友人同士だった，そんな経験されたことのある方は結構いるのではないだろうか．このような「世間は狭いねえ」という会話の裏に，いったいどのようなネットワーク構造が存在するのかを知ることができるだろう．もっともそれを知ったからといって，「いや，社会ネットワークがスモールワールドネットワークであることを考慮すれば当たり前のことなんだよ」などと得意げに言ったところで，あまりコミュニケーションの活性化には寄与しないだろうが．

*

以上のように，本書は情報化社会を支えるインターネットがどのような仕組みによって成り立っているのかを学びつつ，それを使ったさまざまなシステムの構造やアルゴリズムについて理解を深めることができるような内容となっている．

本書で扱っているさまざまな社会システムの裏には，インターネットはもちろん，通信ネットワーク，社会ネットワーク，そして経済ネットワークなどさまざまな種類の「ネットワーク」が共通の構造として隠されている．たとえば何気なく使っている検索にもウェブページのつながり（ネットワーク）が利用されているし，口コミマーケティングの裏には当然社会ネットワークが存在している．

このように，さまざまなシステムに，ときに表立って，ときには暗黙のうちに利用されているネットワーク科学は，もはや特殊な技術や専門知識というよりも，システム開発者が教養として知るべき常識になりつつあるのかもしれない．本書をきっかけにネットワーク科学をもっと知りたくなった方のために，いくつかの本をご紹介したい．

もし「真面目に」ネットワーク科学を学びたいのであれば，

- 増田直紀，今野紀雄：『複雑ネットワーク—基礎から応用まで』，近代科学社（2010）
- 矢久保考介：『複雑ネットワークとその構造（連携する数学 4)』，共立出版（2013）
- R. J. ウィルソン：『グラフ理論入門』，西関隆夫，西関裕子（訳），近代科学社（2001）
- M. E. J. Newman, *Networks: An Introduction*, Oxford University Press（2010）

などがよいだろう．

読み物を通してネットワーク科学の面白さにさらに触れたいという方は，

- ダンカン・ワッツ：『スモールワールド・ネットワーク〔増補改訂版〕: 世界をつなぐ「6 次」の科学』，辻竜平，友知政樹（訳），ちくま学芸文庫（2016）
- アルバート・ラズロ・バラバシ：『新ネットワーク思考—世界のしくみを読み解く』，青木薫（訳），NHK 出版（2002）
- 増田直紀：『私たちはどうつながっているのか—ネットワークの科学を応用する』，中公新書（2007）

などをご覧になると，わかりやすくネットワーク科学の概観を理解できるだろう．

*

最後に，本書の翻訳を担当したメンバーは，現在複雑ネットワーク科学の分野で活躍している若手研究者たちである．今，世界では，ネットワークを根底においたさまざまなシステムやアルゴリズムが提案され，実装されている．日本でも本書の翻訳メンバーをはじめとする若手研究者たちのアクティブな活動によって，世界と肩を並べるような研究が生み出されている．そのような若手研究者たちの活躍によってこのような素晴らしい訳本が出せたことに感謝するとともに，彼らのさらなる活躍を期待したい．

索引

著者紹介

クリストファー・G・ブリントン（Christopher G. Brinton）

大学在学中に立ち上げたAIベンチャーのZoomi Inc. 社にて，ビッグデータ分析，ソーシャルラーニングの研究開発を手がける．2016年，プリンストン大学にてPh.D. 取得（電気工学）．

ムン・チャン（Mung Chiang）

プリンストン大学教授．Ph.D. ワイヤレスネットワークなどの研究に従事．受賞多数．2012年よりブリントンとともに開講したネットワークについてのMOOC講義は，10万人以上の受講生を獲得する人気コースとなった．

訳者紹介（担当章順．所属は2018年6月現在．）

臼井翔平（うすい・しょうへい）——第1章，第14章
東京大学先端科学技術研究センター　特任助教

鬼頭朋見（きとう・ともみ）——第2，3章
早稲田大学理工学術院創造理工学部　准教授

浅谷公威（あさたに・きみたか）——第4，5章
東京大学イノベーション政策研究センター　特任研究員

坂本陽平（さかもと・ようへい）——第6，7，8章
富士通株式会社　システムエンジニア

高野雅典（たかの・まさのり）——第9，10章
株式会社サイバーエージェント　データマイニングエンジニア

伏見卓恭（ふしみ・たかやす）——第11，12章
東京工科大学コンピュータサイエンス学部　助教

池田圭佑（いけだ・けいすけ）——第13，14章
NECバイオメトリクス研究所

解説者紹介

鳥海不二夫（とりうみ・ふじお）

東京大学大学院工学系研究科准教授．計算社会科学，人工知能技術の社会応用の研究に従事．情報処理学会ネットワーク生態学研究グループ主査．

編集担当　丸山隆一(森北出版)
編集責任　石田昇司(森北出版)
組　　版　コーヤマ
印　　刷　日本制作センター
製　　本　　　　同

パワー・オブ・ネットワーク
—人々をつなぎ社会を動かす6つの原則—

2018年7月18日　第1版第1刷発行

訳　　者　臼井翔平・鬼頭朋見・浅谷公威・坂本陽平・
　　　　　高野雅典・伏見卓恭・池田圭佑
発 行 者　森北博巳
発 行 所　**森北出版株式会社**
　　　　　東京都千代田区富士見1-4-11（〒102-0071）
　　　　　電話 03-3265-8341／FAX 03-3264-8709
　　　　　http://www.morikita.co.jp/
　　　　　日本書籍出版協会·自然科学書協会　会員
　　　　　JCOPY　<(社)出版者著作権管理機構 委託出版物>

落丁·乱丁本はお取替えいたします.

Printed in Japan／ISBN978-4-627-81811-8

MEMO

MEMO

MEMO

MEMO

MEMO